轨道交通装备制造业职业技能鉴定指导丛书

内燃机装配工

中国北车股份有限公司　编写

中国铁道出版社

2015年·北京

图书在版编目(CIP)数据

内燃机装配工/中国北车股份有限公司编写.—北京：
中国铁道出版社,2015.2
(轨道交通装备制造业职业技能鉴定指导丛书)
ISBN 978-7-113-19399-7

Ⅰ.①内…　Ⅱ.①中…　Ⅲ.①内燃机－装配(机械)－
职业技能－鉴定－教材　Ⅳ.①TK406

中国版本图书馆 CIP 数据核字(2014)第 237165 号

书　　名：轨道交通装备制造业职业技能鉴定指导丛书
　　　　　内燃机装配工
作　　者：中国北车股份有限公司

策　　划：江新锡　钱士明　徐　艳
责任编辑：张卫晓　　　　　　编辑部电话:010-51873065
封面设计:郑春鹏
责任校对:龚长江
责任印制:郭向伟

出版发行:中国铁道出版社(100054,北京市西城区右安门西街 8 号)
网　　址:http://www.tdpress.com
印　　刷:三河市兴达印务有限公司
版　　次:2015 年 2 月第 1 版　2015 年 2 月第 1 次印刷
开　　本:787 mm×1 092 mm　1/16　印张:12　字数:292 千
书　　号:ISBN 978-7-113-19399-7
定　　价:38.00 元

序

在党中央、国务院的正确决策和大力支持下,中国高铁事业迅猛发展。中国已成为全球高铁技术最全、集成能力最强、运营里程最长、运行速度最高的国家。高铁已成为中国外交的新名片,成为中国高端装备"走出国门"的排头兵。

中国北车作为高铁事业的积极参与者和主要推动者,在大力推动产品、技术创新的同时,始终站在人才队伍建设的重要战略高度,把高技能人才作为创新资源的重要组成部分,不断加大培养力度。广大技术工人立足本职岗位,用自己的聪明才智,为中国高铁事业的创新、发展做出了重要贡献,被李克强同志亲切地赞誉为"中国第一代高铁工人"。如今在这支近 5 万人的队伍中,持证率已超过96%,高技能人才占比已超过 60%,3 人荣获"中华技能大奖",24 人荣获国务院"政府特殊津贴",44 人荣获"全国技术能手"称号。

高技能人才队伍的发展,得益于国家的政策环境,得益于企业的发展,也得益于扎实的基础工作。自 2002 年起,中国北车作为国家首批职业技能鉴定试点企业,积极开展工作,编制鉴定教材,在构建企业技能人才评价体系、推动企业高技能人才队伍建设方面取得明显成效。为适应国家职业技能鉴定工作的不断深入,以及中国高端装备制造技术的快速发展,我们又组织修订、开发了覆盖所有职业(工种)的新教材。

在这次教材修订、开发中,编者们基于对多年鉴定工作规律的认识,提出了"核心技能要素"等概念,创造性地开发了《职业技能鉴定技能操作考核框架》。该《框架》作为技能人才评价的新标尺,填补了以往鉴定实操考试中缺乏命题水平评估标准的空白,很好地统一了不同鉴定机构的鉴定标准,大大提高了职业技能鉴定的公信力,具有广泛的适用性。

相信《轨道交通装备制造业职业技能鉴定指导丛书》的出版发行,对于促进我国职业技能鉴定工作的发展,对于推动高技能人才队伍的建设,对于振兴中国高端装备制造业,必将发挥积极的作用。

中国北车股份有限公司总裁:

2015. 2. 7

前　言

鉴定教材是职业技能鉴定工作的重要基础。2002年，经原劳动保障部批准，中国北车成为国家职业技能鉴定首批试点中央企业，开始全面开展职业技能鉴定工作。2003年，根据《国家职业标准》要求，并结合自身实际，组织开发了《职业技能鉴定指导丛书》，共涉及车工等52个职业（工种）的初、中、高3个等级。多年来，这些教材为不断提升技能人才素质、适应企业转型升级、实施"三步走"发展战略的需要发挥了重要作用。

随着企业的快速发展和国家职业技能鉴定工作的不断深入，特别是以高速动车组为代表的世界一流产品制造技术的快步发展，现有的职业技能鉴定教材在内容、标准等诸多方面，已明显不适应企业构建新型技能人才评价体系的要求。为此，公司决定修订、开发《轨道交通装备制造业职业技能鉴定指导丛书》（以下简称《丛书》）。

本《丛书》的修订、开发，始终围绕促进实现中国北车"三步走"发展战略、打造世界一流企业的目标，努力遵循"执行国家标准与体现企业实际需要相结合、继承和发展相结合、坚持质量第一、坚持岗位个性服从于职业共性"四项工作原则，以提高中国北车技术工人队伍整体素质为目的，以主要和关键技术职业为重点，依据《国家职业标准》对知识、技能的各项要求，力求通过自主开发、借鉴吸收、创新发展，进一步推动企业职业技能鉴定教材建设，确保职业技能鉴定工作更好地满足企业发展对高技能人才队伍建设工作的迫切需要。

本《丛书》修订、开发中，认真总结和梳理了过去12年企业鉴定工作的经验以及对鉴定工作规律的认识，本着"紧密结合企业工作实际，完整贯彻落实《国家职业标准》，切实提高职业技能鉴定工作质量"的基本理念，在技能操作考核方面提出了"核心技能要素"和"完整落实《国家职业标准》"两个概念，并探索、开发出了中国北车《职业技能鉴定技能操作考核框架》；对于暂无《国家职业标准》，又无相关行业职业标准的40个职业，按照国家有关《技术规程》开发了《中国北车职业标准》。经2014年技师、高级技师技能鉴定实作考试中27个职业的试用表明：该《框架》既完整反映了《国家职业标准》对理论和技能两方面的要求，又适应了企业生产和技术工人队伍建设的需要，突破了以往技能鉴定实作考核中试卷的难度与完整性评估的"瓶颈"，统一了不同产品、不同技术含量企业的鉴定标准，提高了鉴定考核的技术含量，保证了职业技能鉴定的公平性，提高了职业技能鉴定工作质量和管理水平，将成为职业技能鉴定工作、进而成为生产操作者技能素质评价的新标尺。

　　本《丛书》共涉及 98 个职业(工种),覆盖了中国北车开展职业技能鉴定的所有职业(工种)。《丛书》中每一职业(工种)又分为初、中、高 3 个技能等级,并按职业技能鉴定理论、技能考试的内容和形式编写。其中:理论知识部分包括知识要求练习题与答案;技能操作部分包括《技能考核框架》和《样题与分析》。本《丛书》按职业(工种)分册,并计划第一批出版 74 个职业(工种)。

　　本《丛书》在修订、开发中,仍侧重于相关理论知识和技能要求的应知应会,若要更全面、系统地掌握《国家职业标准》规定的理论与技能要求,还可参考其他相关教材。

　　本《丛书》在修订、开发中得到了所属企业各级领导、技术专家、技能专家和培训、鉴定工作人员的大力支持;人力资源和社会保障部职业能力建设司和职业技能鉴定中心、中国铁道出版社等有关部门也给予了热情关怀和帮助,我们在此一并表示衷心感谢。

　　本《丛书》之《内燃机装配工》由中国北车集团大连机车车辆有限公司《内燃机装配工》项目组编写。主编崔绍山;主审李毅聪;参编人员孙珺。

　　由于时间及水平所限,本《丛书》难免有错、漏之处,敬请读者批评指正。

中国北车职业技能鉴定教材修订、开发编审委员会

二〇一四年十二月二十二日

目　　录

内燃机装配工(职业道德)习题 …………………………………………………………………… 1

内燃机装配工(职业道德)答案 ……………………………………………………………… 8

内燃机装配工(初级工)习题 ………………………………………………………………… 9

内燃机装配工(初级工)答案 ……………………………………………………………… 37

内燃机装配工(中级工)习题 ……………………………………………………………… 49

内燃机装配工(中级工)答案 ……………………………………………………………… 84

内燃机装配工(高级工)习题 ……………………………………………………………… 100

内燃机装配工(高级工)习题答案 ………………………………………………………… 139

内燃机装配工(初级工)技能操作考核框架 ……………………………………………… 156

内燃机装配工(初级工)技能操作考核样题与分析 ……………………………………… 159

内燃机装配工(中级工)技能操作考核框架 ……………………………………………… 165

内燃机装配工(中级工)技能操作考核样题与分析 ……………………………………… 168

内燃机装配工(高级工)技能操作考核框架 ……………………………………………… 174

内燃机装配工(高级工)技能操作考核样题与分析 ……………………………………… 177

内燃机装配工(职业道德)习题

一、填空题

1. 忠于职守就是要求把自己（　　）的工作做好。

2. 企业文化的核心是（　　）。

3. 俗话说：国有国法，行有行规。这里的"行规"是指（　　）。

4. 顺利就业的必备条件是（　　）。

5. 企业形象是企业文化的综合表现，其本质是（　　）。

6. 企业价值观主要是指员工的（　　），心理趋向，文化素养。

7. 社会主义道德建设的基本要求是爱祖国、爱人民、爱劳动、（　　）、爱社会主义。

8. 强化职业责任是（　　）职业道德规范的具体要求。

9. 内燃机装配工进行安装调试工作时，要注意（　　）。

10. 职业道德中要求从业人员的工作应该：检查上道工序、（　　）、服务下道工序。

11. 职业纪律是职业活动得以正常进行的基本保证，它体现（　　）、集体利益和企业利益的一致性。

12. 工艺要求越高，产品质量（　　）。

13. 爱岗敬业是社会主义职业道德的（　　）。

14. 社会主义职业道德的基本原则是（　　），其核心是为人民服务。

15. 从业者的职业态度是既为（　　），也为别人。

16. 职业道德是人们在一定的职业活动中所遵守的（　　）总和。

17. 职业纪律是在特定的职业活动范围内，从事某种职业的人们必须共同遵守的（　　）。

18. 职业纪律是职业道德（　　），也是职业道德的具体表现。

19. 企业员工应树立（　　）、提高技能的勤业意识。

20. 文明生产是指在遵章守纪的基础上去创造整洁、（　　）、优美而又有序的生产环境。

21. 职业道德体现了从业者对（　　）的态度。

22. 职业道德基本职能是（　　）职能。

23. 爱岗敬业就是对从业人员（　　）的首要要求。

24. 职业素质的灵魂是（　　）。

25. 在科学文化素质中我们特别强调（　　），它是进行职业活动，完成职业任务的根本保障。

26. 激发和促进人们从事某种职业的动力来源于人们的（　　）。

27. 职业兴趣的形成，一般要经历（　　）个阶段。

28. 在各种人生理想中，（　　）占据着中心位置，决定和制约着人们的其他理想。

29. 《劳动法》的基本立法宗旨是保护（　　）的合法权益。

30. 劳动合同是劳动者与用人单位确立(　　　　)明确双方权利和义务的协议。

二、单项选择题

1. 职业道德行为的最大特点(　　　　)。
(A)实践性和实用性　　　　　　　　(B)普遍性和广泛性
(C)自觉性和习惯性　　　　　　　　(D)时代性和创造性

2. 抵制不正之风靠(　　　　)。
(A)法律法规　　　　(B)领导带头　　　　(C)严于律己　　　　(D)物质丰富

3. 职业道德行为养成是指(　　　　)。
(A)从业者在一定的职业道德知识、情感信念支配下所采取的自觉行动
(B)按照职业道德规范要求,对职业道德行为进行有意识的训练和培养
(C)对本行业从业人员在职业活动中的行为要求
(D)本行业对社会所承担的道德责任和义务

4. 坚持真理、公私分明、公平公正是做到(　　　　)的具体要求。
(A)光明磊落　　　　(B)办事公道　　　　(C)无私奉献　　　　(D)爱岗敬业

5. 职业道德的行为基础是(　　　　)。
(A)从业者的文化素质　　　　　　　(B)从业者的工龄
(C)从业者的职业道德素质　　　　　(D)从业者的技术水准

6. 为人民服务的精神在职业生活中最直接体现的职业道德规范是(　　　　)。
(A)爱岗敬业　　　　(B)诚实守信　　　　(C)办事公道　　　　(D)服务群众

7. 北京同仁堂集团公司下属 19 个药厂和商店,每一处都挂着一副对联。上联是"炮制虽繁从不敢省人工",下联是"品味虽贵必不敢减物力"。这说明了"同仁堂"长盛不衰的秘诀就是(　　　　)。
(A)诚实守信　　　　(B)一丝不苟　　　　(C)救死扶伤　　　　(D)顾客至上

8. 职业道德是人们(　　　　)。
(A)在社会公共生活中所必须遵守的行为规范的总和
(B)在职业活动中所遵守的行为规范的总和
(C)在家庭生活中所应遵守的行为规范的总和
(D)在物质交往和精神将往中产生和发展起来的特殊关系

9. "有了很好的道德,国家才能长治久安"。孙中山这段话强调的是(　　　　)。
(A)道德的定义和内涵　　　　　　　(B)道德的标准
(C)道德的功能和实质　　　　　　　(D)道德的形象

10. 某机械厂的一位领导说:"机械工业工艺复杂,技术密集,工程师在图纸上画的再好、再精确,工人操作中如果差那么一毫米,最终出来的可能就是废品。"这段话主要强调(　　　　)素质的重要性。
(A)专业技能　　　　(B)思想政治　　　　(C)职业道德　　　　(D)身心素质

11. (　　　　)是社会主义职业道德的基础和核心。
(A)为人民服务　　　(B)爱岗敬业　　　　(C)爱社会主义　　　(D)爱国家

12. 从业者的职业态度是既(　　　　),也为别人。

(A)为国家　　　　(B)为人民　　　　(C)为自己　　　　(D)为家人

13. 任何违反职业纪律的行为都是( )。

(A)不道德的行为　　　　　　　　　(B)违法行为

(C)侵害他人行为　　　　　　　　　(D)保护行业行为

14. 职业纪律与职业活动的法律、法规是职业活动能够正常进行的( )。

(A)主要原因　　　　(B)基本保证　　　　(C)必然结果　　　　(D)相对结果

15. ( )是职业道德最基本的要求,也是职业道德的具体表现。

(A)规章制度　　　　(B)行为法规　　　　(C)职业纪律　　　　(D)行为规范

16. 保守企业秘密就是保护职工的切身( )。

(A)利益　　　　(B)效益　　　　(C)收入　　　　(D)利润

17. 职业道德是人们在一定的职业活动中所遵守的( )的总和。

(A)行为规范　　　　(B)行为要求　　　　(C)道德责任　　　　(D)道德义务

18. 职业纪律具有一定的( )。

(A)强制性　　　　(B)自觉性　　　　(C)被迫性　　　　(D)要求性

19. 职业道德是促使人们( )的思想基础。

(A)遵守职业纪律　　　　　　　　　(B)严格要求自己

(C)提高道德责任　　　　　　　　　(D)增加道德义务

20. 职业道德是促使人们遵守职业纪律的思想基础和( )。

(A)工作基础　　　　(B)动力　　　　(C)结果　　　　(D)源泉

21. 职业纪律是职业活动得以正常进行的基本保证,它体现国家利益、集体利益和( )的一致性。

(A)班组利益　　　　(B)整体利益　　　　(C)企业利益　　　　(D)个人利益

22. 职业纪律具有一定的强制性。它是用制度( ),规章的形式强迫人们必须这样做,不许那样做。

(A)法律　　　　(B)法规　　　　(C)守则　　　　(D)共同利益

23. 职业道德是促使人们遵守职业纪律的( )。

(A)思想基础　　　　(B)工作基础　　　　(C)工作动力　　　　(D)理论前提

24. 在履行岗位职责时( )。

(A)靠强制性　　　　　　　　　　　(B)靠自觉性

(C)当与个人利益发生冲突时可以不履行　(D)应强制性与自觉性相结合

25. 树立质量意识是一个职业劳动者恪守( )的要求。

(A)社会主义　　　　(B)职业道德　　　　(C)道德品质　　　　(D)思想情操

26. 不爱护设备的做法是( )。

(A)保持设备清洁　　　　　　　　　(B)正确使用设备

(C)自己修理设备　　　　　　　　　(D)及时保养设备

27. 符合着装整洁、文明生产的是( )。

(A)随便着衣　　　　　　　　　　　(B)未执行规章制度

(C)在工作中吸烟　　　　　　　　　(D)遵守安全技术操作规程

28. 违反安全操作规程的是( )。

(A)自己制定生产工艺　　　　　　(B)贯彻安全生产规章制度
(C)加强法制观念　　　　　　　　(D)执行国家安全生产的法令、规定

29. 具有高度责任心应做到(　　)。
(A)忠于职守、精益求精　　　　　(B)不徇私情、不谋私利
(C)光明磊落、表里如一　　　　　(D)方便群众、注重形象

30. 忠于职守就是要求把自己(　　)的工作做好。
(A)道德范围内　　(B)职业范围内　　(C)生活范围内　　(D)社会范围内

三、多项选择题

1. 遵纪守法对于职业活动具有重要作用,主要表现在(　　)。
(A)职业纪律与职业活动相关的法律、法规是职业活动能够正常进行的基本保证
(B)遵纪守法是抵制行业不正之风的重要内容
(C)遵纪守法是从业人员必备的道德品质
(D)遵纪守法只是公民必备的道德品质

2. 爱国主义在公民基本道德和职业道德中都具有重要意义,它表现在(　　)。
(A)爱国主义是公民的基本价值认同
(B)爱国主义是各民族共同的精神支柱
(C)爱国主义是提高公民道德境界的有效载体
(D)爱国主义是民族、国家自强不息的强大凝聚力和生命力的根本体现。

3. 企业个体形象和整体形象是辩证统一的关系,关于二者关系的正确说法是(　　)。
(A)企业的整体形象是由职工的个体形象组成
(B)个体形象是整体形象的一部分
(C)没有个体形象就没有整体形象
(D)整体形象要靠个体形象来维护

4. 社会主义社会中,人与人之间的关系是(　　)。
(A)竞争　　　　(B)合作　　　　(C)平等　　　　(D)互助

5. 司机违章驾驶造成交通事故是(　　)。
(A)违反职业道德　　　　　　　　(B)违反社会公德
(C)违反法律　　　　　　　　　　(D)违反私德

6. 社会主义职业道德体现了(　　)。
(A)个人、集体和国家之间利益的统一　　(B)国家、企业和人民之间利益的统一
(C)利己主义和集体主义的统一　　　　　(D)公有制和私有制的统一

7. "打假英雄"王海的行为体现了(　　)。
(A)私德　　　　　　　　　　　　(B)消费者的权利意识
(C)公民道德　　　　　　　　　　(D)职业道德

8. 爱岗与敬业的精神是相通的,是相互联系的。下述关于二者关系的正确说法是(　　)。
(A)爱岗是敬业的基础　　　　　　(B)敬业是爱岗的升华
(C)敬业是爱岗的基础　　　　　　(D)爱岗是敬业的升华

9. 文明礼貌的具体要求是( )。

(A)仪表端庄   (B)语言热情   (C)举止得体   (D)待人热情

10. 团结友善作为职业道德规范,对于开展工作,完成任务具有重要作用。主要是( )。

(A)团结友善是集体主义原则在职业活动中的具体体现

(B)团结友善是一切职业活动正常进行的重要保证

(C)团结友善仅仅是对待亲朋好友的为人处事态度

(D)团结友善是从业人员在生产和服务过程中的新型人际关系

11. 勤劳节俭的意义有( )。

(A)是富国强民,建设社会主义的总方针

(B)是一种小家子气

(C)是个人成功立业的根本途径

(D)是企业市场竞争中生存、发展的基础和制胜的秘诀

12. 职业道德培训的基本目标是( )。

(A)学习道德规范   (B)端正职业劳动态度

(C)培养职业良心   (D)树立和坚定职业理想

13. 端正职业劳动态度成为职业道德培养的一个核心内容和重要目标。正确的职业劳动态度就是指( )。

(A)具有遵纪守法的观念   (B)职业道德知识,珍惜劳动成果

(C)培养爱劳动的习惯   (D)尊重他人的劳动

14. 爱岗敬业的具体要求是( )。

(A)树立职业理想   (B)强化职业责任

(C)提高职业技能   (D)抓住择业机遇

15. 文明生产的具体要求包括( )。

(A)语言文雅、行为端正、精神振奋、技术熟练

(B)相互学习、取长补短、互相支持、共同提高

(C)岗位明确、纪律严明、操作严格、现场安全

(D)优质、低耗、高效

16. 要做到平等尊重,需要处理好( )之间的关系。

(A)上下级   (B)同事

(C)师徒   (D)从业人员与服务对象

17. 维护企业信誉必须做到( )。

(A)树立产品质量意识   (B)重视服务质量,树立服务意识

(C)保守企业一切秘密   (D)妥善处理顾客对企业的投诉

18. 职业纪律具有的特点是( )。

(A)明确的规定性   (B)一定的强制性

(C)一定的弹性   (D)一定的自我约束性

19. 职业道德主要通过( )的关系,增强企业的凝聚力。

(A)协调企业职工间   (B)调节领导与职工

(C)协调职工与企业　　　　　　　　　　　(D)调节企业与市场

20.职工个体形象和企业整体形象的关系是(　　)。

(A)企业的整体形象是由职工的个体形象组成的

(B)个体形象是整体形象的一部

(C)职工个体形象与企业整体形象没有关系

(D)整体形象要靠个体形象来维护

21.关于爱岗敬业的说法中,正确的是(　　)。

(A)爱岗敬业是现代企业精神

(B)现代社会提倡人才流动,爱岗敬业正逐步丧失它的价值

(C)爱岗敬业要树立终生学习观念

(D)发扬螺丝钉精神是爱岗敬业的重要表现

22.下列反映职业道德具体功能的是(　　)。

(A)整合功能　　　　　(B)导向功能　　　　　(C)规范功能　　　　　(D)协调功能

23.职业道德的特征包括(　　)。

(A)鲜明的行业性　　　　　　　　　　　　　(B)利益相关性

(C)表现形式的多样性　　　　　　　　　　　(D)应用效果上的不确定性

24.社会主义职业道德的特征有(　　)。

(A)继承性和创造性相统一　　　　　　　　　(B)阶级性和人民性相统一

(C)先进性和广泛性相统一　　　　　　　　　(D)强制性和被动性相统一

25.在职业道德建设中,要坚持集体主义原则,抵制各种形式的个人主义。个人主义错误
思想主要表现为(　　)。

(A)极端个人主义　　　　(B)享乐主义　　　　　(C)拜金主义　　　　　(D)本位主义

26.(　　)可以促进职业道德修养的提高。

(A)学习的方法　　　　　　　　　　　　　　(B)自我批评的方法

(C)积善的方法　　　　　　　　　　　　　　(D)慎独的方法

27.职业道德是指人们在职业生活中应遵循的基本道德,即一般社会道德在职业生活中
的具体体现,是(　　)的总称。

(A)职业品德　　　　　(B)职业纪律　　　　　(C)专业胜任能力　　　(D)职业责任

28.职业道德应包括(　　)。

(A)忠于职守、乐于奉献　　　　　　　　　　(B)实事求是、不弄虚作假

(C)依法行事、严守秘密　　　　　　　　　　(D)公正透明、服务社会

29.为了企业的生存与发展企业员工应树立(　　)的勤业意识。

(A)忠于国家　　　　　(B)钻研业务　　　　　(C)提高技能　　　　　(D)品行端正

30.职业技能包含的要素有(　　)。

(A)职业知识　　　　　(B)职业责任　　　　　(C)职业能力　　　　　(D)职业技术

四、判断题

1.在社会主义市场经济条件下,"双向选择、竞争上岗"已成为就业的必然趋势。(　　)

2.某商店把"顾客至上"的标语写成了"顾客之上"。看来"顾客至上"和"顾客之上"都是

服务群众这一职业道德规范的要求。（　　）

3. 遵守法纪,廉洁奉公是每个从业者应具备的道德品质。（　　）

4. 奉献与索取成正比例,奉献越多,索取就越多,即钱多多干,钱少少干,无钱不干。（　　）

5. 职业道德规范仅仅对那些在工作中立功受奖的先进人物才有意义。（　　）

6. 职业道德修养取决于从业者自发地培养。（　　）

7. 一个人在公共场合的行为也就是其职业行为。（　　）

8. 劳动的目的是为了个人的生存需要和利益。（　　）

9. 职业生涯是指一个人的职业经历。设计自己的职业生涯规划,有利于实现个人的职业理想。（　　）

10. 乐业是爱岗敬业的保证,是一种职业情感;勤业是爱岗敬业的条件,是一种优秀的工作态度;精业是爱岗敬业的前提,是一种执着的完美的追求。（　　）

11. 取得从业资格证并经过规定机构注册登记者,可以依法独立执业。（　　）

12. 办事公道即是市场的内在要求,更是市场经济良性运作的有效保证。（　　）

13. 职业素质是在职业实践的基础上,经过劳动者个人多种能力的组合而形成的一种职业能力。（　　）

14. 为人民服务是职业道德的核心,它体现了社会主义"我为人人,人人为我"的人际关系的本质。（　　）

15. 一个人的社会地位、社会荣誉,从根本上说取决于自己的职业。（　　）

16. 内燃机装配工进行安装调试时可以不参照工艺文件。（　　）

17. 工艺纪律检查是可有可无的工作。（　　）

18. 职业道德是人们在一定的职业活动中所遵守的行为规范的总和。（　　）

19. 职业道德不仅是从业人员在职业活动中的行为要求,而且是本行业对社会所承担的道德责任和义务。（　　）

20. 产业工人的职业道德的要求是,精工细做、文明生产。（　　）

21. 职业纪律主要是指劳动纪律。（　　）

22. 职业道德是促使人们遵守职业纪律的思想基础。（　　）

23. 在履行岗位职责时,应采取自觉性的原则。（　　）

24. 每个职工都有保守企业秘密的义务和责任。（　　）

25. 职业纪律是职业道德最基本的要求也是职业道德的具体表现。（　　）

26. 树立质量意识是一个职业劳动者恪守职业道德的要求。（　　）

27. 职业道德不仅是从业人员在职业活动中的行为要求,而且是本行业对社会所承担的道德责任和义务。（　　）

28. 任何违反职业纪律的行为都是不道德的行为。（　　）

29. 职业纪律与职业活动的法律、法规是职业活动能够正常进行的基本保证。（　　）

30. 质量与信誉不可分割。（　　）

内燃机装配工(职业道德)答案

一、填 空 题

1. 职业范围   2. 企业价值观   3. 行业职业道德规范
4. 扎实的专业知识和技能   5. 企业的信誉   6. 共同取向
7. 爱科学   8. 爱岗敬业   9. 人身安全   10. 干好本道工序
11. 国家利益   12. 越精   13. 基础和核心   14. 集体主义
15. 自己   16. 行为规范   17. 行为准则   18. 最基本的要求
19. 钻研业务   20. 安全、舒适   21. 所从事职业   22. 调节
23. 工作态度   24. 思想政治素质   25. 科学精神   26. 职业兴趣
27. 三   28. 社会理想   29. 劳动者   30. 劳动关系

二、单项选择题

1. C   2. C   3. B   4. B   5. C   6. D   7. A   8. B   9. C
10. A   11. B   12. C   13. A   14. B   15. C   16. A   17. A   18. A
19. A   20. B   21. C   22. C   23. A   24. D   25. B   26. C   27. D
28. A   29. A   30. B

三、多项选择题

1. ABC   2. ABCD   3. ABCD   4. BCD   5. AC   6. AB   7. BC
8. AB   9. ABCD   10. ABD   11. ACD   12. BCD   13. ACD   14. ABC
15. ABCD   16. ABCD   17. ABD   18. AB   19. ABC   20. ABD   21. ACD
22. ABC   23. ABC   24. ABC   25. ABC   26. ABCD   27. ABCD   28. ABCD
29. BC   30. ACD

四、判 断 题

1. √   2. ×   3. √   4. ×   5. ×   6. ×   7. ×   8. ×   9. √
10. ×   11. ×   12. √   13. ×   14. √   15. ×   16. ×   17. ×   18. √
19. √   20. √   21. ×   22. √   23. ×   24. √   25. √   26. √   27. √
28. √   29. √   30. √

内燃机装配工(初级工)习题

一、填 空 题

1. 选择划线基准时要注意,尽量使划线基准与( )一致。

2. 图样中机件要素的线性尺寸与实际机件相应的线性尺寸之比称为( )。

3. 图样所注的尺寸,为该图样所示的( )尺寸。

4. 三视图的名称是:主视图、俯视图、( )。

5. 平行投影法中,投影线与投影面垂直时的投影称为( )。

6. 划线除要求划出的线条清晰均匀外,还应保证( )。

7. 划线分平面划线和( )两种。

8. 在零件图上用来确定其他点、线、面位置的基准,称为( )基准。

9. 大小和方向都不随时间的变化而变化的电流,被称为( )。

10. 导体对电流的阻碍作用称为( )。

11. 两个或两个以上的电阻依次相连,中间无分支的连接方式叫电阻的( )。

12. 操作人员监视运行中的电气控制系统常用听、闻、( )和摸等方法。

13. 操作人员若发现电气系统异常应立即( )。

14. 安全电压一般低于( )。

15. 选择錾子的楔角时,应在保证刀口强度的前提下,尽量选( )数值。

16. 锯条的粗细是以锯条每( )mm 长度的齿数来表示的。

17. 标准麻花钻由柄部、颈部及( )部分组成。

18. 普通螺纹的牙型角的角度为( )。

19. 台虎钳的规格以( )的宽度来表示。

20. 螺纹的公称直径是指螺纹的( )。

21. 每支丝锥的大径、中径、小径都相等的成组丝锥叫( )。

22. 钻孔时,钻头的旋转是( )运动,而钻头的轴向移动是进给运动。

23. 切削用量是指切削深度、( )和切削速度的总称。

24. 标准化的尺寸称为标准尺寸,基本尺寸属于( )尺寸。

25. 允许尺寸变化的两个界限值叫( )。

26. 标准公差共有( )级。

27. 配合的基准制有( )种。

28. 表面粗糙度的参数 R_a 表示( )。

29. 基准孔的基本偏差代号是( )。

30. 金属材料的力学性能包括强度、硬度、塑性、( )及疲劳强度等。

31. 碳素钢按用途分结构钢和( )两种。

32. 钢的常规热处理方法包括退火、正火、（　　　）和回火。

33. GCr15 为轴承钢，15 表示含 Cr 为（　　　）。

34. 45CrMO 为合金调质钢，45 表示钢中的平均含碳量为（　　　）。

35. 组成装配尺寸链至少有（　　　）组成环和 1 个封闭环。

36. 常用的装配方法有完全互换法、（　　　）、修配法、调整法。

37. 最先进入装配的零件，称为（　　　）。

38. 零件的密封性试验有气压法和（　　　）。

39. 普通螺纹连接分为螺栓连接、（　　　）连接和螺钉连接三种类型。

40. 销连接的种类较多，应用广泛，其中最多的是（　　　）和圆锥销。

41. 根据结构特点和用途不同，键连接分为松键连接、紧键连接和（　　　）连接三大类。

42. 过盈连接是依靠包容面和被包容面配合后的（　　　）达到的紧固连接。

43. 按工作方式花键连接有（　　　）和动连接两种。

44. 齿轮装配后，检查齿侧隙的方法有塞尺法、压铅法、（　　　）法。

45. 蜗轮、蜗杆传动机构正确啮合，接触斑点应在齿面中部（　　　）方向。

46. 滑动轴承按结构形状分剖分式和（　　　）两种。

47. 一般用途的滚动轴承，按公差等级分 C、D、E、（　　　）四级。

48. 滚动轴承由内圈、外圈、（　　　）和保持架组成。

49. 内燃机是燃料在（　　　）燃烧产生热能，并对外做功的机器。

50. 活塞离曲轴中心线最远的位置叫（　　　）。

51. 活塞从上止点到下止点的距离叫（　　　）。

52. 柴油机按完成一个工作循环所需要的冲程数分二冲程和（　　　）冲程柴油机。

53. 柴油机按进入气缸的空气压力分（　　　）和非增压柴油机。

54. 柴油机的后端，也叫（　　　）端。

55. 在柴油机曲轴上测得的功率叫（　　　）功率。

56. 活塞环按用途分有气环和（　　　）两种。

57. 活塞环的切口形状有直切口、（　　　）和搭切口。

58. 活塞环装入活塞环槽后、相邻两环彼此之间应错开（　　　）以上。

59. 曲柄销中心与主轴颈中心的距离叫（　　　）。

60. V 型柴油机的气缸数目是曲柄数的（　　　）倍。

61. 柴油机配气机构的形式有（　　　）、气孔式、气门-气孔式三种。

62. 16V240ZJB 型柴油机的气缸直径为（　　　）mm。

63. 机件向基本投影面投影所得的视图称为（　　　）。

64. 用几个互相平行的剖切平面剖开机件的方法称为（　　　）。

65. 假想用剖切平面将机件的某处切断，仅画出断面的图形称为（　　　）。

66. 机件的每一尺寸，一般只（　　　），并标注在反映该结构最清晰的图形上。

67. 使用砂轮机时，操作者必须站在砂轮机的（　　　）面。

68. 定位和（　　　）是安装工件的两个基本过程。

69. 活塞上环带区以上的部分叫（　　　）。

70. 从第一道活塞环槽上边缘到活塞顶面的简体表面称为（　　　）。

71. 活塞顶面的（　　）对保证柴油机的良好燃烧有较大影响。

72. 活塞上环带区以下的部分称为（　　）。

73. 活塞裙部主要承受（　　）以及对活塞起导向作用。

74. 机车柴油机的活塞,通常采用（　　）强制冷却,以保证活塞组的工作可靠性。

75. 活塞环可分为气环和（　　）环两种。

76. 活塞环在自由状态下切口的开度称为环的（　　）。

77. 实验证明,活塞环的漏气与切口的（　　）有关。

78. 活塞环装入气缸后,切口两端的最小距离称为（　　）。

79. 活塞环闭口间隙的大小表征着气体泄漏通道的（　　）。

80. 活塞环与环槽两侧的间隙称为（　　）。

81. 油环的作用是将气缸壁上多余的（　　）刮除,并把它均匀地分布在气缸壁上。

82. 连杆的小头与（　　）相联结。

83. 连杆的大头与（　　）相联结。

84. 连杆大小头孔中心线间的距离叫（　　）。

85. 曲轴的支承轴颈叫（　　）。

86. 用来加工内螺纹的工具叫（　　）。

87. 用来加工外螺纹的工具叫（　　）。

88. 螺纹代号中标出螺距说明该螺纹是（　　）螺纹。

89. V型柴油机的主轴颈数通常为（　　）。

90. 英制螺纹的牙型角的角度是（　　）。

91. 圆柱管螺纹的牙型角的角度是（　　）。

92. 同一条螺旋线上的相邻两牙在中径线上对应两点间的轴向距离称为（　　）。

93. 平面刮削一般要经过粗刮,细刮和（　　）三个步骤。

94. 检查刮研质量通常是检查刮削表面每（　　）mm^{2}的研点数。

95. 钳加工一般是指用手工工具在（　　）上进行的手工操作。

96. 活塞在气缸内有（　　）个极端位置。

97. 台虎钳在钳台上安装时,必须使固定钳身的（　　）处于钳台边缘以外。

98. 铆接可分为活动铆接和（　　）铆接。

99. 钻夹头只能用来安装（　　）柄钻头。

100. 零件作密封性试验,对于承受工作压力较大的零件应用（　　）法。

101. 弹簧按载荷的形式可分为拉伸弹簧、压缩弹簧、（　　）弹簧和弯曲弹簧四种。

102. 常用的黏接剂可分为（　　）黏接剂和有机黏接剂两类。

103. 常用研磨液有煤油、（　　）、10号与20号机油、工业用甘油、透平油及熟猪油等。

104. 常用的研具材料有灰铸铁、（　　）、软钢、铜等。

105. 冷却润滑液的作用是降低温度、减少摩擦、（　　）、提高质量。

106. 部件装配主要工作内容包括零件清洗、整形和补充加工,（　　）,组件装配,部件总装配和调整四个过程。

107. 按照工艺规程的要求,迅速地将工件在机床上正确的定位,并可靠地夹持的辅助设备称为（　　）。

108. 排气冲程,活塞(　　)运动。

109. 常用的磨料有(　　)、碳化物磨料、金刚石磨料。

110. 氧化物磨料主要用于(　　)、合金工具钢、高速钢和铸铁工件的研磨。

111. 氧化物磨料能磨硬度(　　)以上的工件。

112. 碳化物磨料主要用来研磨硬质合金、陶瓷与硬铬之类的(　　)工件。

113. 氧化铝磨料系列有(　　)、棕刚玉、铬刚玉、单晶刚玉等。

114. 为了提高圆柱螺旋弹簧的稳定性,可以采取(　　)、加导杆或导套、采用组合弹簧。

115. 铆钉的排列形式称为(　　)。

116. 铆钉与铆钉间或铆钉与铆接板边缘的距离称(　　)。

117. 颗粒状的燃油在一定温度和气流运动作用下,与空气形成雾状可燃混合气的过程称为(　　)。

118. 轴承常采用的密封有(　　)密封和非接触式密封两种。

119. 内燃机气缸的冷却方式有风冷、(　　)和凝汽冷却。

120. 柴油机的气缸套按是否与冷却水直接接触分为(　　)和干式两种。

121. 废气涡轮增压器由涡轮机和(　　)两部分组成。

122. 柴油机的润滑方式有(　　)、飞溅润滑、人工添加润滑等。

123. 柴油机的主要固定机件有气缸套、气缸盖、油底壳及(　　)等。

124. 柴油机的主要运动机件有活塞组、连杆组、(　　)等。

125. 根据支承表面的摩擦性质,轴承分为(　　)和滚动轴承两大类。

126. 滑动轴承按润滑类型分为(　　)润滑轴承和液体润滑轴承两大类。

127. 长度的基准单位是(　　)。

128. 1 mm=(　　)μm。

129. 1英寸=(　　)mm。

130. 1/20 mm 的游标卡尺,尺身每格 1 mm,游标每格为(　　)mm。

131. 1/50 mm 的游标卡尺,尺身每格 1 mm,游标尺每格为(　　)mm。

132. 千分尺微分筒转动一周,测微螺杆移动(　　)mm。

133. 用百分表测量工件时,长指针转一周,齿杆移动了(　　)mm。

134. 1英寸=(　　)英分。

135. 1 m=(　　)mm。

136. 千分尺的活动套转 1/2 周时,测微杆移动了(　　)mm。

137. 百分表的长指针转 1/2 周时,齿杆移动了(　　)mm。

138. 1/50 mm 的游标卡尺,游标尺 50 格与尺身的(　　)格相等。

139. 测量两结合面之间间隙大小的常用量具是(　　)。

140. 内燃机车的动力部分是(　　)。

141. 游标卡尺的内卡角主要用来测量(　　)。

142. 柴油机中尺寸最大,重量最重,形状最复杂的零件是(　　)。

143. 内燃机是(　　)在气缸内部燃烧产生热能并对外作功的机器。

144. 柴油机是采用(　　)的方法,使气缸内的空气温度升高,使燃油燃烧的。

145. 活塞距曲轴中心线最近时的位置称为(　　)。

146. 上止点和下止点的距离叫（　　）。

147. 活塞移动一个行程时曲轴应转（　　）。

148. 全部气缸工作容积之和称为活塞（　　）。

149. 柴油机完成一套工作过程,既完成一次能量转换过程,称为一个（　　）。

150. 根据完成一个工作循环的冲程数,柴油机可分为（　　）类。

151. 进气冲程,活塞由（　　）向下移动。

152. 压缩冲程,活塞由（　　）上行。

153. 燃烧膨胀作功冲程燃气推动（　　）下行。

154. 电流通过导体,使导体发热的现象叫电流的（　　）。

155. 气缸是由气缸套和（　　）组成的。

156. 油底壳的主要作用是储存润滑油和（　　）。

157. 柴油机通过（　　）把同步主发电机与机体连接起来,形成柴油发电机组。

158. 柴油机三大泵通常指高低温水泵和（　　）。

159. 柴油机安装油气分离器是为了及时放出（　　）内的正压气体。

160. 连杆组是柴油机的主要运动件。它由连杆体、连杆盖、（　　）、小端衬套、连杆瓦、定位销组成。

161. 气缸盖与（　　）、缸套一起组成燃烧室。

162. 柴油机中冷器对经增压器增压后的空气进行冷却,以降低（　　）的温度。

163. 根据柴油机的不同用途,冷却水系统有开式水系统和（　　）水系统之分。

164. 柴油机弹性支承能缓和（　　）与车架间的振动,缓和来自线路的冲击振动。

165. 差示压力计能反馈（　　）的气体压力,并通过自动停车装置使柴油机停机,起到安全保护作用。

二、单项选择题

1. 低碳钢的含碳量一般应小于（　　）。
(A)25%　　　(B)0.025%　　　(C)2.5%　　　(D)0.25%

2. Q235-A·F是（　　）。
(A)中碳钢　　(B)碳素结构钢　　(C)工具钢　　(D)合金结构钢

3. ZG200-400是（　　）。
(A)合金钢　　(B)结构钢　　(C)铸造碳钢　　(D)铸铁

4. 下列钢材中,弹性最好的是（　　）。
(A)20钢　　(B)T10A　　(C)20Cr　　(D)60Mn

5. 对钢的性能有益的元素是（　　）。
(A)硅和锰　　(B)硫和磷　　(C)硅和硫　　(D)锰和硫

6. 碳素钢的质量是根据（　　）来划分的。
(A)含碳量　　(B)性能　　(C)有害杂质的含量　(D)锰的含量

7. 将钢加热到适当的温度,保持一定时间后随炉冷却的热处理工艺叫（　　）。
(A)正火　　(B)回火　　(C)退火　　(D)淬火

8. 对力学性能要求不太高的普通结构零件作最终热处理常选择（　　）。

(A)退火　　　　　(B)正火　　　　　(C)回火　　　　　(D)淬火

9. 淬火后进行(　　)的热处理工艺叫调质。

(A)回火　　　　　(B)高温回火　　　(C)渗碳　　　　　(D)退火

10. GCr15 是(　　)钢。

(A)滚动轴承　　　(B)合金工具　　　(C)特殊性能　　　(D)碳素钢

11. 40Cr 是(　　)钢。

(A)铬不锈　　　　(B)耐磨　　　　　(C)耐热　　　　　(D)合金调质

12. 铸铁是含碳量大于(　　)的铁碳合金。

(A)0.4%　　　　　(B)4%　　　　　(C)2.11%　　　　(D)0.77%

13. 在毛坯上划线常使用(　　)作划线涂料。

(A)蓝油　　　　　(B)红油　　　　　(C)石灰水　　　　(D)漆

14. 常用的手锯锯条长度是(　　)mm。

(A)200　　　　　(B)250　　　　　(C)300　　　　　(D)350

15. 柴油机实际工作循环压缩终点压力与理想循环绝热压缩终点压力在数值上(　　)。

(A)两者相等　　　(B)前者较大　　　(C)后者较大　　　(D)随机型而变

16. 锉齿的粗细规格是以锉刀在(　　)mm 轴向长度内的主锉纹条数来表示的。

(A)10　　　　　　(B)15　　　　　　(C)20　　　　　　(D)25

17. 錾削钢时,錾子楔角取(　　)。

(A)40°～50°　　　(B)50°～60°　　　(C)30°～50°　　　(D)60°～70°

18. 铆钉的直径一般可按连接板厚度的(　　)选取。

(A)1 倍　　　　　(B)1.5 倍　　　　(C)2 倍　　　　　(D)1.8 倍

19. 材料弯曲后,其(　　)长度不变。

(A)外层和中性层　(B)内层和中性层　(C)中性层　　　　(D)外层

20. 下列磨料最细的是(　　)。

(A)W14　　　　　(B)W5　　　　　(C)W20　　　　　(D)W15

21. 铰刀的齿数一般为偶数,这样可以(　　)。

(A)方便测量铰刀直径　　　　　　　(B)提高铰孔质量

(C)便于排屑　　　　　　　　　　　(D)省力

22. 铰孔退刀时应(　　)。

(A)直接拔出铰刀　(B)正转退刀　　　(C)反转退刀　　　(D)打击铰刀

23. 螺纹的公称直径是指螺纹的(　　)。

(A)大径的基本尺寸(B)中径　　　　　(C)小径　　　　　(D)混合径

24. 丝锥的柄部有一条或两条圆环,它是(　　)。

(A)等径丝锥的精锥代号　　　　　　(B)等径丝锥的粗锥代号

(C)不等径丝锥的精锥代号　　　　　(D)不等径丝锥的粗锥代号

25. 手工攻丝时,丝锥旋进一圈左右,就要倒转半圈,这是为了(　　)。

(A)使切屑碎断,便于排屑　　　　　(B)避免乱扣

(C)保护丝锥　　　　　　　　　　　(D)减少切削量

26. 攻丝底孔进行孔口倒角,这是为了(　　)。

(A)起攻顺利,丝锥切入   (B)防止丝锥折断
(C)防止乱扣   (D)减少磨损

27. 轴承的主要作用是( )。
(A)保证精度 (B)传递运动 (C)传递力 (D)支承轴

28. 滚动轴承属于( )。
(A)标准零件 (B)基准件 (C)非标准部件 (D)标准部件

29. 钻头的两主切削刃磨得不等长,钻孔时一定会使( )。
(A)钻头折断 (B)孔径扩大 (C)排屑困难 (D)孔径缩小

30. 完全靠零件的加工精度保证装配精度的装配方法是( )。
(A)完全互换法 (B)选配法 (C)调整法 (D)修配法

31. 修配法适用于( )。
(A)流水线装配 (B)单件生产 (C)大批生产 (D)分组装配

32. 能将旋转运动变成直线运动的是( )。
(A)齿轮传动 (B)带传动 (C)螺旋传动 (D)链传动

33. 活络扳手的规格是以( )来表示。
(A)开口宽度 (B)板手总长度 (C)手柄部分长度 (D)扳手宽度

34. 标准起子的长度规格是指( )。
(A)总长度 (B)刀体宽度 (C)木柄长度 (D)刀体长度

35. 链轮的两轴线应( )。
(A)平行 (B)垂直 (C)倾斜 (D)重叠

36. 水平传动的链条下垂度比垂直传动的链条下垂度应( )。
(A)短些 (B)小些 (C)相同 (D)大些

37. 蜗轮、蜗杆传动时,两轴心线应( )
(A)成 45°角 (B)平行 (C)倾斜 (D)垂直

38. 滑动轴承的装配方法取决于它们的( )。
(A)受力大小 (B)转速高低 (C)结构形式 (D)精度要求

39. 在机床夹具中,保证已确定的工件位置在加工过程中不发生变更的装置,称为( )。
(A)定位元件 (B)夹紧装置 (C)引导元件 (D)夹具体

40. 工件定位时的辅助支承,主要作用是( )。
(A)限制自由度 (B)提高刚度 (C)提高稳定性 (D)提高精度

41. 柴油机工作时,进气门的最初开启时间应在( )。
(A)进气冲程前 (B)排气冲程前 (C)进气冲程后 (D)喷油冲程后

42. 柴油机工作时,燃油喷入的最初时刻应在( )。
(A)进气冲程前 (B)排气冲程前 (C)爆发冲程前 (D)排气冲程后

43. 16V240ZJB 型柴油机连杆大头盖采用( )斜切口剖分面。
(A)45° (B)55° (C)60° (D)40°

44. 四冲程柴油机多采用( )配气机构。
(A)气孔式 (B)气门式 (C)气孔-气门式 (D)惯性式

45.(　　)连杆的缺点之一,是使曲轴长度增加,刚度削弱。
(A)主副　　　　　(B)混合式　　　　　(C)叉片　　　　　(D)并列

46.气缸套组件是柴油机的(　　)。
(A)运动机件　　　(B)配气机构　　　　(C)燃油系统　　　(D)固定机件

47.活塞连杆组件是柴油机的(　　)。
(A)基准件　　　　(B)固定机件　　　　(C)配合机构　　　(D)运动机件

48.16V240ZJB型柴油机的气缸直径为(　　)mm。
(A)160　　　　　 (B)240　　　　　　(C)300　　　　　 (D)624

49.16V240ZJB型柴油机的活塞行程为(　　)mm。
(A)160　　　　　 (B)240　　　　　　(C)275　　　　　 (D)200

50.活塞环表面镀铬、喷钼,主要目的是(　　)。
(A)提高耐磨性　　(B)提高导热性　　 (C)防锈　　　　　(D)提高耐热性

51.在两轴传递距离较远,且工作条件恶劣的环境下传递较大功率时,宜选用(　　)传动。
(A)带　　　　　　(B)链　　　　　　 (C)齿轮　　　　　(D)涡轮蜗杆

52.能保持瞬时传动比恒定的传动是(　　)。
(A)链传动　　　　(B)带传动　　　　 (C)齿轮传动　　　(D)液压传动

53.传动比大且准确的传动是(　　)。
(A)带传动　　　　(B)齿轮传动　　　 (C)蜗杆传动　　　(D)链传动

54.可以承受不大的单方向轴向力,上、下两面是工作面的键连接是(　　)连接。
(A)普通平键　　　(B)楔键　　　　　 (C)半圆键　　　　(D)花键

55.重要的高速、重载的滑动轴承的润滑方法宜采用(　　)。
(A)滴油润滑　　　(B)飞溅润滑　　　 (C)压力润滑　　　(D)间歇润滑

56.家电、车间、公共场所的一般照明用电场可采用(　　)供电。
(A)380 V　　　　 (B)220 V　　　　　(C)36 V　　　　　(D)24 V

57.各种机床的工作灯应采用(　　)的电压供电。
(A)220 V　　　　 (B)110 V　　　　　(C)24 V　　　　　(D)12 V

58.基本尺寸是(　　)。
(A)测量时得到的　　　　　　　　　　(B)加工时得到的
(C)标准定的　　　　　　　　　　　　(D)设计时给定的

59.相互配合的孔、轴之间的(　　)必须相同。
(A)配合公差　　　(B)基本偏差　　　 (C)公差　　　　　(D)基本尺寸

60.间隙配合,孔、轴偏差之间的关系是(　　)。
(A)ES>es　　　　(B)EI≥es　　　　 (C)es>EI　　　　(D)es≥EI

61.柴油机喷油泵柱塞偶件是经过(　　)制成的。
(A)抛光　　　　　(B)精磨　　　　　 (C)光整加工　　　(D)成对研磨

62.刀具对工件的同一表面每一次切削称为(　　)。
(A)工步　　　　　(B)工序　　　　　 (C)加工次数　　　(D)走刀

63.工序基准、定位基准和测量基准都属于机械加工的(　　)。

(A)粗基准　　　　　(B)工艺基准　　　　　(C)精基准　　　　　(D)设计基准

64. 零件加工时一般要经过粗加工、半精加工和精加工三个过程,习惯上把它们称为(　　)。

(A)加工方法的选择　　　　　　　　(B)加工过程的划分
(C)加工工序的划分　　　　　　　　(D)加工工序的安排

65. 从零件表面上切去多余的材料,这一层材料的厚度称为(　　)。

(A)毛坯　　　　(B)加工余量　　　　(C)工序尺寸　　　　(D)切削用量

66. 一般情况下,曲轴轴颈都是经过(　　)来完成的。

(A)车削和钻削　　　(B)车削和铣削　　　(C)钻削和铣削　　　(D)车削和磨削

67. 柴油机机体主轴孔是经过(　　)加工来完成的。

(A)镗削　　　　(B)钻削　　　　(C)铣削　　　　(D)车削

68. 切削时控制切屑变形的主要刀具角度是(　　)。

(A)前角　　　　(B)后角　　　　(C)主偏角　　　　(D)副偏角

69. 切削时控制切屑流出方向的主要刀具角度是(　　)。

(A)前角　　　　(B)后角　　　　(C)刃倾角　　　　(D)主偏角

70. 一大型工件上加工尺寸为 $\phi 10_{-0.018}^{0}$ 的孔,应选择(　　)加工最合适。

(A)钻削　　　　(B)铰削　　　　(C)镗削　　　　(D)研磨

71. 中碳钢的含碳量应在(　　)之间。

(A)0.25%～0.06%　　　　　　　(B)0.25%～0.6%
(C)0.025%～0.06%　　　　　　　(D)2.5%～6%

72. 高碳钢的含碳量一般应大于(　　)。

(A)0.06%　　　(B)0.6%　　　(C)6%　　　(D)2%

73. 碳素工具钢的含碳量都在(　　)以上。

(A)0.50%　　　(B)0.60%　　　(C)0.70%　　　(D)0.80%

74. 碳素工具钢经热处理后应具有(　　)。

(A)较高的硬度和耐磨性　　　　　　(B)良好的塑性和韧性
(C)较好的切削加工性　　　　　　　(D)较高的抗拉强度

75. 对钢性能有害的元素是(　　)。

(A)硅和锰　　　(B)硫和磷　　　(C)硅和硫　　　(D)锰和磷

76. 钢淬火后要获得(　　)组织。

(A)奥氏体　　　(B)珠光体　　　(C)索氏体　　　(D)马氏体

77. 丝锥开出容屑槽,以便形成(　　)。

(A)前角　　　(B)后角　　　(C)楔角　　　(D)切削角

78. 公制梯形螺纹的牙型角是(　　)。

(A)30°　　　(B)40°　　　(C)20°　　　(D)29°

79. 与外螺纹牙顶或内螺纹牙底相重合的假想圆柱直径称为(　　)。

(A)顶径　　　(B)大径　　　(C)小径　　　(D)中径

80. 与外螺牙底或内螺纹牙顶相重合的假想圆柱直径称为(　　)。

(A)底径　　　(B)大径　　　(C)小径　　　(D)中径

81. 螺纹的公称直径是指螺纹的(   )。
(A)大径   (B)大径的基本尺寸 (C)顶径   (D)底径
82. 螺纹的规定画法中,牙底用(   )。
(A)粗实线   (B)细实线   (C)虚线   (D)点划线
83. 下列材料中可用做研具的是(   )。
(A)工具钢   (B)合金钢   (C)硬质合金   (D)灰铸铁
84. 下列磨料最细的是(   )。
(A)100#   (B)120#   (C)W14   (D)W5
85. 研磨是微量切削,一般研磨量为(   )mm。
(A)0.1～0.2   (B)0.01～0.1   (C)0.001～0.003   (D)0.005～0.03
86. 圆锥面过盈连接,(   ),连接越牢固。
(A)锥度越小,轴、孔位移量越大   (B)锥度越大,轴、孔位移量越大
(C)锥度越小,轴、孔位移量越小   (D)锥度越大,轴、孔位移量越小
87. 检验两结合面间隙应使用(   )。
(A)游标卡尺   (B)百分尺   (C)厚薄规   (D)塞规
88. 卡钳是一种(   )。
(A)量具   (B)划线工具   (C)找正工具   (D)测量工具
89. 检查轴的轴向窜动和径向跳动通常使用(   )。
(A)游标卡尺   (B)百分尺   (C)角度尺   (D)百分表
90. 下面不属于机油系统的是(   )。
(A)滤清器   (B)喷油泵   (C)减压阀   (D)溢流阀
91. (   )是传动链各末端执行件之间运动的协调性和均匀性。
(A)传动精度   (B)运动精度   (C)重复精度   (D)机械精度
92. 卡钳和剪刀的铆合部分是(   )。
(A)活动铆接   (B)固定铆接   (C)紧密铆接   (D)坚固铆接
93. 500 r/min 的柴油机属于(   )。
(A)低速柴油机   (B)中速柴油机   (C)高速柴油机   (D)不确定
94. 弹簧在不受外力作用时的高度称为(   )。
(A)总高度   (B)自由高度   (C)工作高度   (D)有效高度
95. 圆柱螺旋压缩弹簧必须将其两端(   )。
(A)拨开   (B)撬起   (C)磨平   (D)拉长
96. 无机黏结剂和有机黏结剂是根据(   )来划分的。
(A)黏结剂使用的材料   (B)黏结的对象
(C)辅助填料的成分   (D)黏结的性能
97. 内燃机车柴油机使用的活塞销是一个(   )。
(A)空心圆柱体   (B)空心阶梯轴   (C)实心阶梯轴   (D)实心圆柱体
98. 无机黏结剂主要缺点是(   )。
(A)强度高   (B)脆性大   (C)强度低脆性大   (D)硬度高
99. 16V240ZJB 型柴油机机体的 V 形夹角是(   )。

(A)45°　　　　　(B)50°　　　　　(C)55°　　　　　(D)60°

100. 不属于蜗杆传动的是(　　)。

(A)圆柱蜗杆传动　　　　　　　　(B)弧面蜗杆传动

(C)锥蜗杆传动　　　　　　　　　(D)梯形蜗杆传动

101. 16V240ZJC 型柴油机的转速范围是(　　)r/min。

(A)430~800　　　(B)600~1 500　　(C)400~1 000　　(D)430~1 000

102. 下述柴油机装车功率最大的是(　　)。

(A)12V240ZJC　　(B)16V240ZJB　　(C)16V240ZJD　　(D)16V280ZJB

103. 16V280ZJ 型柴油机是(　　)柴油机。

(A)高速　　　　　(B)中速　　　　　(C)低速　　　　　(D)重载

104. 柴油机机体通常是由(　　)构成的整体。

(A)气缸和曲轴箱　　　　　　　　(B)连接箱和机座

(C)机座和气缸体　　　　　　　　(D)曲轴箱和气缸体

105. 零件的腐蚀是一种(　　)。

(A)物理作用　　(B)化学反应　　(C)内部组织的变化　　(D)疲劳机理

106. 目前我国正在使用的内燃机车,柴油机气缸数最多的是(　　)缸。

(A)10　　　　　　(B)12　　　　　　(C)16　　　　　　(D)18

107. 我国目前使用的内燃机车,柴油机缸径最大为(　　)mm。

(A)240　　　　　(B)260　　　　　(C)280　　　　　(D)285

108. 我国目前使用的内燃机车,活塞行程最大的是(　　)mm。

(A)260　　　　　(B)275　　　　　(C)285　　　　　(D)320

109. 镗缸配活塞和活塞环的修理方法是(　　)。

(A)标准尺寸修理法　　　　　　　(B)修理尺寸法

(C)附加零件法　　　　　　　　　(D)机械修复法

110. 主要起增加支承面,遮盖较大孔眼作用的垫圈是(　　)。

(A)圆垫圈　　　　(B)弹簧垫圈　　(C)橡胶垫圈　　　(D)止动垫圈

111. 钩头锁紧扳手用来拧紧(　　)。

(A)带槽螺母　　　(B)圆螺母　　　(C)六方螺母　　　(D)双头螺母

112. 锥柄钻头的锥度是(　　)。

(A)公制锥度　　　(B)莫氏锥度　　(C)1/15　　　　　(D)1/20

113. 新钻头一般要经过刃磨才能使用,这主要是因为新钻头(　　)。

(A)没有切削刃　　(B)没有前角　　(C)后角为 0°　　(D)锋角太大

114. 柴油机的本质特征是(　　)。

(A)内部燃烧　　(B)压缩发火　　(C)使用燃油作燃料　(D)用途不同

115. 根据柴油机的基本工作原理,下列定义最准确是(　　)。

(A)柴油机是一种往复式内燃机

(B)柴油机是一种在气缸中进行二次能量转换的内燃机

(C)柴油机是一种压缩发火的往复式内燃机

(D)柴油机是一种压缩发火的回转式内燃机

116. 活塞在气缸内从上止点到下止点所扫过的容积称为(　　)。
(A)燃烧室容积　　　(B)气缸总容积　　　(C)气缸工作容积　　　(D)存气容积

117. 柴油机的下止点是指(　　)。
(A)气缸的最低位置　　　　　　　　　(B)工作空间的最低位置
(C)曲柄处于最低位置　　　　　　　　(D)活塞离曲轴中心线的最近位置

118. (　　)研制成功世界上第一台内燃机。
(A)美国人狄塞尔　　　　　　　　　　(B)德国人狄塞尔
(C)美国 GE 公司　　　　　　　　　　(D)德国 GE 公司

119. 柴油机内燃烧的物质是(　　)。
(A)空气　　　(B)燃油　　　(C)氧气　　　(D)可燃混合气

120. 柴油机对外做功的行程是(　　)。
(A)进气行程　　　(B)压缩行程　　　(C)膨胀行程　　　(D)排气行程

121. 钻削塑性材料时,以产生(　　)为好。
(A)崩碎切屑　　　(B)粒状切屑　　　(C)节状切屑　　　(D)带状切屑

122. 游标卡尺属于(　　)量具类型。
(A)万能　　　(B)专用　　　(C)标准　　　(D)特殊

123. 量块属于(　　)量具类型。
(A)万能　　　(B)专用　　　(C)标准　　　(D)特殊

124. 卡规和塞规属于(　　)量具类型。
(A)万能　　　(B)专用　　　(C)标准　　　(D)精密

125. 8 英分等于(　　)mm。
(A)254　　　(B)0.254　　　(C)2.54　　　(D)25.4

126. 精度为 1/20 mm 的游标卡尺,游标尺每格为(　　)mm。
(A)0.9　　　(B)1　　　(C)0.98　　　(D)0.95

127. 精度为 1/50 mm 游标卡尺,游标尺每格为(　　)。
(A)49/50　　　(B)19/20　　　(C)9/10　　　(D)99/100

128. 不能用游标卡尺去测量(　　)工件。
(A)毛坯　　　(B)车削表面　　　(C)磨削表面　　　(D)研磨表面

129. 千分尺的精度比游标卡尺(　　)。
(A)高　　　(B)低　　　(C)一样　　　(D)不确定

130. 1/50 mm 的游标卡尺,游标上的 50 格与尺身上(　　)mm 对齐。
(A)19　　　(B)39　　　(C)49　　　(D)29

131. 千分尺的制造精度分为 0 级和 1 级两种,零级精度(　　)。
(A)稍差　　　(B)一般　　　(C)一样　　　(D)最高

132. 双头螺柱与机体表面的垂直度应用(　　)检查。
(A)游标尺　　　(B)百分表　　　(C)直角尺　　　(D)量角器

133. 气缸套与水套之间的密贴性用(　　)检查。
(A)百分表　　　(B)千分尺　　　(C)塞尺　　　(D)游标卡尺

134. 气缸套组件的圆度用(　　)检查。

(A)千分尺　　　(B)游标卡　　　(C)量角器　　　(D)内径指示器

135. 16V240ZJB型柴油机的连杆工艺螺栓,拧到连杆体上后,用(　　)检查伸长度。

(A)百分表　　　(B)千分尺　　　(C)量块　　　(D)游标卡尺

136. 曲轴主轴承的圆度和圆柱度用(　　)检查。

(A)千分尺　　　(B)游标卡尺　　　(C)内径指示器　　　(D)量角器

137. 钢质曲轴使用的毛坯一般为(　　)。

(A)铸件　　　(B)锻件　　　(C)型材　　　(D)焊接件

138. 用煮洗法清洗零件通常使用(　　)。

(A)矿化水　　　(B)碱溶液　　　(C)有机溶剂　　　(D)金属清洗剂

139. 除少量窄轨铁路外,我国铁路的轨距是(　　)mm。

(A)1 100　　　(B)1 250　　　(C)1 435　　　(D)1 450

140. 转向架相邻两动轮的轴中心之间的距离叫(　　)。

(A)轮距　　　(B)轴距　　　(C)轴心距离　　　(D)轮心距离

141. 内燃机车和电力机车相比最具优势的是(　　)。

(A)客运　　　(B)货运　　　(C)调车　　　(D)高速

142. 内燃机车上相对运动的零件其失效形式最多的是(　　)。

(A)磨损　　　(B)变形　　　(C)断裂　　　(D)蚀损

143. 内燃机车修理时,对拆下的零件进行检验后区分成(　　)类进行处理。

(A)2　　　(B)3　　　(C)4　　　(D)5

144. 在铁路干线上运用的内燃机车,一个大修期大约为(　　)km。

(A)40万　　　(B)(50±10)万　　　(C)(60±10)万　　　(D)(80±10)万

145. 内燃调车机车一个大修期大约为(　　)年。

(A)4～5　　　(B)5～6　　　(C)7～8　　　(D)8～9

146. 原铁道部规定内燃机车的修程为(　　)级。

(A)2　　　(B)3　　　(C)4　　　(D)5

147. 用机械加工的方法修理曲轴,再按轴颈配轴瓦的修理方法是(　　)。

(A)标准尺寸修理法　　　　　　(B)修理尺寸法

(C)附加零件法　　　　　　(D)机械修复法

148. 镗缸配活塞和活塞环的修理方法是(　　)。

(A)标准尺寸修理法　　　　　　(B)修理尺寸法

(C)附加零件法　　　　　　(D)机械修复法

149. 清除活塞表面的油垢和积炭通常采用(　　)的方法。

(A)煮洗　　　(B)喷洗　　　(C)化学反应　　　(D)机械加工

150. 用专用钳子拆装活塞环时,应注意环的开口不应大于(　　)mm,以免损坏活塞环。

(A)10　　　(B)20　　　(C)50　　　(D)80

151. 内燃机车柴油机使用的活塞销为(　　)。

(A)优质碳素结构钢　　　　　　(B)优质碳素工具钢

(C)优质低碳合金钢　　　　　　(D)优质高碳合金钢

152. 活塞销与销座孔为(　　)连接,可以使销减轻偏磨、承载均匀。

(A)固定式　　　　(B)浮动式　　　　(C)摆动式　　　　(D)旋转式

153. 为适应强化柴油机功率,现在机车用柴油机活塞多为(　　)。

(A)锻铝组合式　　(B)整体铸铁式　　(C)整体锻钢式　　(D)钢顶组合式

154. 活塞销磨损后可用镀铬法修复,但镀层厚度不能大于(　　)mm。

(A)0.2　　　　　　(B)0.3　　　　　　(C)0.1　　　　　　(D)0.05

155. 16V240ZJB型柴油机同一列相邻气缸孔中心距为(　　)mm。

(A)200　　　　　　(B)300　　　　　　(C)400　　　　　　(D)500

156. 柴油机气缸属于(　　)。

(A)固定件　　　　(B)运动件　　　　(C)燃烧系统　　　　(D)运动系统

157. 东风4C型内燃机车设计使用的是(　　)型柴油机。

(A)16V240ZJA　　(B)16V240ZJC　　(C)12V240ZJ　　(D)12V240ZJC

158. 我国使用过的内燃机车,柴油机气缸数最少为(　　)缸。

(A)4　　　　　　　(B)6　　　　　　　(C)8　　　　　　　(D)10

159. 我国生产的内燃机车采用的罩式车体主要用于(　　)机车。

(A)客运　　　　　(B)货运　　　　　(C)调车　　　　　(D)大功率

160. 国产内燃机车柴油机气缸的布置形式多采用(　　)。

(A)直立式　　　　(B)V形　　　　　(C)H形　　　　　(D)对置式

161. 内燃机车大修的基本目的是(　　)。

(A)恢复机车的性能　　　　　　　　(B)进行技术改造

(C)恢复机车的功率　　　　　　　　(D)恢复机车的效率

162. 机车大修以(　　)为基础进行配件互换修。

(A)柴油机　　　　(B)转向架　　　　(C)车架　　　　　(D)车体

163. 一般来说,内燃机车的最大运用速度为(　　)km/h。

(A)200　　　　　　(B)180　　　　　　(C)160　　　　　　(D)140

164. 内燃机车代号ND5中数字表示该机车的(　　)。

(A)最大功率　　　(B)柴油机缸数　　(C)投入运营顺序　(D)生产日期

165. 钢和铁的区别是由(　　)决定的。

(A)含碳量　　　　(B)冶炼方法　　　(C)性能指标　　　(D)用途

166. 全球的环境问题按其相对的严重性排在前三位的是(　　)。

(A)全球增温问题、臭氧空洞问题、酸雨问题

(B)海洋污染问题、土壤荒漠化问题、物种灭绝

(C)森林面积减少、饮用水污染问题、有害废弃物越境迁移

(D)饮用水污染问题、土壤荒漠化问题、噪声污染问题

167. 通常负责制定并实施企业质量方针和质量目标的人是(　　)。

(A)上层管理者　　(B)中层管理者　　(C)基层管理者　　(D)管理者代表

168. 企业应当建立、健全(　　)档案和劳动者健康监护档案。

(A)工资　　　　　(B)人事　　　　　(C)设备管理　　　(D)职业卫生

169. 用人单位应当在解除或终止劳动合同后为劳动者办理档案和社会保险关系转移手续,具体时间为解除或终止劳动关系后的(　　)。

(A)7 日内 (B)10 日内 (C)15 日内 (D)30 日内

170. 某企业在其格式劳动合同中约定：员工在雇佣工作期间的伤残、患病、死亡,企业概不负责。如果员工已在该合同上签字,该合同条款( )。

(A)无效 (B)是当事人真实意思的表示,对当事人双方有效

(C)不一定有效 (D)只对一方当事人有效

三、多项选择题

1. 准确地表达物体的( )的图称为图样。

(A)形状 (B)加工方法 (C)尺寸 (D)技术要求

2. 根据图样使用的场合不同,生产中常用的图样有( )。

(A)零件图 (B)装配图 (C)工序图 (D)草图

3. 三视图的投影规律是( )。

(A)主、俯视图长对正 (B)主、左视图高平齐

(C)主、俯视图高平齐 (D)俯、左视图宽相等

4. ( )是《机械制图》在国家标准中规定的基本视图。

(A)剖视图 (B)主视图 (C)俯视图 (D)左视图

5. 剖面图分( )。

(A)组合剖面 (B)阶梯剖面 (C)移出剖面 (D)重合剖面

6. 国标规定的辅助视图有( )。

(A)斜视图 (B)局部视图 (C)旋转视图 (D)仰视图

7. 提高产品清洁度的主要采取的措施是( )。

(A)充实工位器具 (B)净化组装场地 (C)加强防锈 (D)加强管理

8. 平面刮刀包括( )。

(A)手握刮刀 (B)挺刮刀 (C)三角刮刀 (D)精刮刀

9. ( )刮刀是用来刮曲面的。

(A)直角刮刀 (B)蛇头刮刀 (C)弯刮刀 (D)柳叶刮刀

10. 滚动轴承的精度等级分为( )四级。

(A)AB (B)CD (C)BF (D)EG

11. 平面锉削包括( )。

(A)顺向锉 (B)交叉锉 (C)推锉 (D)往返锉

12. 选用铰刀的原则是( )。

(A)铰削锥孔时,应按孔的锥度选择相应的锥度铰刀

(B)工件批量大时,应选用手用铰刀

(C)铰削带键槽的孔,应选用螺旋铰刀

(D)工件过硬应选用硬质合金铰刀

13. 机件连接的方式有( )。

(A)固定连接 (B)不可拆连接 (C)可拆连接 (D)软连接

14. ( )是造成錾子刃口卷边的主要原因。

(A)錾子硬度太低 (B)錾削量太小 (C)楔角太小 (D)錾子强度降低

15. 螺纹连接装配方法有（　　）。

(A)定力拧矩手法　　(B)拧断螺母法　　(C)切割法　　(D)液力拉伸法

16. 柴油机燃油系统包括（　　）。

(A)稳压箱　　(B)喷油泵　　(C)滤清器　　(D)燃油箱

17. 对产品清洁度分类说法正确的是（　　）。

(A)零部件清洁度　　(B)组装清洁度　　(C)出厂清洁度　　(D)工序清洁度

18. 喷油器雾化不良说法正确的是（　　）。

(A)油压继电器动作　　　　　　　　(B)针阀体变形或磨损

(C)喷油压力过低　　　　　　　　　(D)弹簧折断

19. 按照材料不同,柴油机曲轴可分为（　　）。

(A)铸铁曲轴　　(B)合金曲轴　　(C)锻钢曲轴　　(D)生铁曲轴

20. 对气缸套作用说法正确的是（　　）。

(A)承受很高的气体压力　　　　　　(B)承受很大的热负荷

(C)承受活塞的侧压力　　　　　　　(D)对活塞起到导向作用

21. 下述属于机器的有（　　）。

(A)柴油机　　(B)连杆机构　　(C)机床　　(D)传动机构

22. 工厂中一般的动力电源电压为（　　）V。

(A)36　　(B)380　　(C)220　　(D)120

23. 下述属于划线工具的是（　　）。

(A)千分尺　　(B)划针　　(C)直角尺　　(D)曲线板

24. 内燃机机油系统包括（　　）

(A)机油滤清器　　(B)防爆安全阀　　(C)机油泵　　(D)冷却器

25. 对柴油机配气系统的要求是（　　）。

(A)应有足够的流通能力　　　　　　(B)良好的自动性能

(C)很好的冷却能力　　　　　　　　(D)足够的强度和耐磨性

26. 柴油机配气机构由（　　）等组成。

(A)推杆　　(B)摇臂　　(C)气阀　　(D)气缸盖

27. 游标卡尺有（　　）之分。

(A)游标卡尺　　　　　　　　　　　(B)深度游标卡尺

(C)锥度游标卡尺　　　　　　　　　(D)高度游标卡尺

28. 属于钳工常用设备的有（　　）。

(A)验电笔　　(B)虎钳　　(C)清洗机　　(D)手电钻

29. 滚动轴承的拆卸方法有（　　）。

(A)敲击法　　(B)拉出法　　(C)推压法　　(D)热拆法

30. 手工矫正的常用方法有（　　）。

(A)液压法　　(B)扭转法　　(C)变曲法　　(D)延展法

31. 常用的研具材料有（　　）。

(A)弹簧钢　　(B)灰铸铁　　(C)软钢　　(D)铜

32. 下列构成连杆组的零件有（　　）。

(A)连杆体 　　(B)连杆瓦 　　(C)止推瓦 　　(D)定位销

33. 柴油机三大泵通常指(　　)。

(A)高温水泵 　　(B)机油泵 　　(C)燃油泵 　　(D)低温水泵

34. 标准麻花钻由(　　)组成。

(A)柄部 　　(B)颈部 　　(C)工作部分 　　(D)辅助部分

35. 金属材料的力学性能包括(　　)。

(A)金相组织 　　(B)强度 　　(C)硬度 　　(D)疲劳强度

36. 齿轮装配后,检查齿侧隙的方法有(　　)。

(A)塞尺法 　　(B)目测法 　　(C)压铅法 　　(D)百分表法

37. 柴油机的润滑方式有(　　)等。

(A)飞溅润滑 　　(B)机械润滑 　　(C)人工添加润滑 　　(D)压力润滑

38. 柴油机的主要固定机件有(　　)等。

(A)气缸套 　　(B)气缸盖 　　(C)油底壳 　　(D)凸轮轴

39. 柴油机的主要运动机件有(　　)等。

(A)活塞组 　　(B)连杆组 　　(C)连接箱 　　(D)曲轴

40. (　　)共同构成柴油机燃烧室。

(A)气缸内壁 　　(B)密封盖 　　(C)气缸盖底面 　　(D)活塞顶

41. 要做好装配工作,应掌握的要点有(　　)。

(A)做好零部件清洗工作 　　　　(B)配合表面加一些润滑油

(C)配合表面要经过修整 　　　　(D)配合尺寸要正确

42. 切削用量的计算要素有(　　)。

(A)材料硬度 　　(B)吃刀深度 　　(C)走刀量 　　(D)切削速度

43. 按划线的线条在加工中的作用,线条可分(　　)。

(A)加工线 　　(B)证明线 　　(C)找正线 　　(D)基准线

44. 对影响研磨工件表面粗糙度的因素,说法正确的是(　　)。

(A)压力小,工件表面粗糙 　　　　(B)压力大,工件表面粗糙

(C)研磨时要及时进行清洁 　　　　(D)磨料越细,工件表面越细

45. 对双头螺柱装配要求说法正确的是(　　)。

(A)必须与机体表面垂直 　　　　(B)不能产生弯曲变形

(C)可以有轻微松动 　　　　(D)要紧密贴合,连接牢固

46. 剖视图一般应标注(　　)。

(A)精度等级 　　(B)剖切位置 　　(C)投影方向 　　(D)名称

47. 起锯的基本要领是(　　)。

(A)确定锯位 　　(B)行程要短 　　(C)压力要小 　　(D)速度要慢

48. 三视图的投影规律,说法正确的是(　　)。

(A)主、俯视图长对正 　　　　(B)主、左视图长对正

(C)主、左视图高平齐 　　　　(D)俯、左视图宽相等

49. 一个完整的尺寸,应包括(　　)这几个基本要素。

(A)尺寸位置 　　(B)尺寸线 　　(C)尺寸界线 　　(D)尺寸数字

50. 操作人员监视运行中的电气控制系统常用( )等方法。

(A)听 (B)闻 (C)看 (D)摸。

51. 平面刮削一般要经过( )几个步骤。

(A)粗刮 (B)细刮 (C)精刮 (D)麻花刮

52. 锤击的基本要求是( )。

(A)稳 (B)准 (C)重 (D)狠

53. 气缸是由( )组成的。

(A)橡胶圈 (B)气缸套 (C)水套 (D)过水套

54. 油底壳的主要作用是( )。

(A)支撑机体 (B)储存燃油 (C)储存润滑油 (D)和构成曲轴箱。

55. 活塞环的切口形状有( )几种。

(A)平切口 (B)直切口 (C)斜切口 (D)搭切口

56. 一张完整的装配图应包括( )。

(A)必要的尺寸 (B)必要的技术条件

(C)零件序号和明细栏 (D)标题栏

57. 对齿轮传动机构装配技术要求说法正确的是( )。

(A)传动平稳 (B)无冲击 (C)保证传动比 (D)承载能力强

58. 齿轮与轴的连接有( )等形式。

(A)空转 (B)平移 (C)滑移 (D)固定

59. 齿轮安装在轴上的常见误差有( )等。

(A)齿轮偏心 (B)歪斜 (C)尺寸超差 (D)端面未贴紧轴肩

60. 滚动轴承一般由( )等组成。

(A)内圈和外圈 (B)滚动套 (C)滚动体 (D)保持架

61. 提高产品清洁度的措施主要有( )。

(A)加强清洗手段 (B)减少场地污染

(C)改进产品包装 (D)充实工位器具

62. 内燃机车按照用途可分为( )等。

(A)客运机车 (B)干线机车 (C)货运机车 (D)调车机车

63. 内燃机车传动装置有( )等。

(A)辅助传动 (B)机械传动 (C)电力传动 (D)液力传动

64. 柴油机按照机体的形状可分为( )等几种。

(A)直列式 (B)并列式 (C)H型机体 (D)V型机体

65. 柴油机按照机体的铸造方法可分为( )等几种。

(A)铸造机体 (B)焊接机体 (C)铸焊机体 (D)锻造机体

66. 对柴油机喷油器喷油压力下降的原因说法正确的是( )。

(A)调压螺栓未锁紧 (B)弹簧断裂 (C)调压螺栓过紧 (D)球面硬度低

67. 柴油机燃油系统主要由( )等组成。

(A)燃油箱 (B)精滤器 (C)喷油泵 (D)稳压箱

68. 内燃机气缸的冷却方式有( )等几种。

(A)压力冷却　　　　(B)风冷　　　　　　(C)水冷　　　　　　(D)凝汽冷却

69. 柴油机按照转速分可分为(　　　)等几种。

(A)低速柴油机　　(B)中速柴油机　　(C)高速柴油机　　(D)匀速柴油机

70. 柴油机零部件拆卸时应注意(　　　)。

(A)可敲击拆卸　　　　　　　　(B)使用合适的拆卸工具

(C)由表及里　　　　　　　　　(D)相关部件做好标记

71. 链条装配后,过紧或过松会造成(　　　)。

(A)加剧磨损　　(B)产生断裂　　(C)产生振动　　(D)增加负载

72. 过盈连接装配方法有(　　　)等几种。

(A)压入法　　(B)热胀配合法　　(C)液压套合法　　(D)冷缩法

73. 键连接装配方法有(　　　)等几种。

(A)平键　　(B)斜键　　(C)花键　　(D)半圆键

74. 键按照结构特点和用途可分为(　　　)等几种。

(A)组合键连接　　(B)松键连接　　(C)紧键连接　　(D)花键连接

75. 管子弯形式常见的弊病有(　　　)。

(A)断裂　　(B)管子有裂痕　　(C)形状尺寸不准确　　(D)过热

76. 零件和部件密封性试验的方法有(　　　)。

(A)压缩法　　(B)液压法　　(C)气压法　　(D)检查法

77. 螺纹连接的防松方法有(　　　)。

(A)加弹簧垫　　(B)加锁紧螺母　　(C)加大扭紧力矩　　(D)加止动垫

78. 螺纹按照螺纹的旋向不同可分为(　　　)。

(A)正旋螺纹　　(B)左旋螺纹　　(C)反旋螺纹　　(D)右旋螺纹

79. 平面的锉削方法有(　　　)。

(A)顺向锉　　(B)压锉　　(C)交叉锉　　(D)推锉

80. 锉刀的种类有(　　　)。

(A)普通锉　　(B)特种锉　　(C)合金锉　　(D)什锦锉

81. 锯条的损坏形式有(　　　)。

(A)锯条磨损　　(B)锯条折断　　(C)锯齿崩裂　　(D)锯齿磨损快

82. 划线基准通常有(　　　)等类型。

(A)以两个相互垂直平面为基准　　　　(B)以两个相互平行的中心线为基准

(C)以两条中心线为基准　　　　　　　(D)以一个平面和一条中心线为基准

83. 以下是钳工常用气(风)动工具的有(　　　)。

(A)风动砂轮机　　(B)气锯　　(C)气动螺丝刀　　(D)气动除锈机

84. 以下属于钳工常用工艺装备的是(　　　)。

(A)组装胎具　　(B)液压拉伸器　　(C)试验台　　(D)扳手

85. 下述属于柴油机工作过程的是(　　　)。

(A)排气　　(B)进气　　(C)压缩　　(D)燃烧膨胀

86. 柴油机机油系统中通常设置有(　　　)继电器。

(A)漏油保护　　(B)卸载油压　　(C)过载保护　　(D)停机油压

87. 属于柴油机固定件的有（　　　）。

(A)连接箱　　　　(B)凸轮轴　　　　(C)气缸套　　　　(D)盘车机构

88. 属于柴油机运动件的有（　　　）。

(A)弹性支承　　　　(B)曲轴　　　　(C)凸轮轴　　　　(D)活塞连杆组

89. 柴油机的（　　　）共同组成柴油机的燃烧室。

(A)气缸套　　　　(B)气缸盖　　　　(C)连杆　　　　(D)活塞

90. 对柴油机轴瓦组装要求说法正确的是（　　　）。

(A)轴瓦应有涨量　　　　　　　　(B)不允许自由脱落

(C)瓦背与座孔必须密贴　　　　　　(D)允许有轻微转动

91. 活塞组通常由（　　　）组成。

(A)活塞销　　　　(B)卡环　　　　(C)活塞本体　　　　(D)活塞环

92. 对活塞环安装要求说法正确的是（　　　）。

(A)不得装反　　　　　　　　　　(B)能在环槽内自由滑动

(C)环的开口可以在同一侧　　　　　(D)各环开口错开 90°

93. 对活塞裙的材质要求是（　　　）。

(A)抗拉强度高　　(B)热膨胀系数小　　(C)强度高　　(D)耐磨性好

94. 活塞环按用途分为（　　　）。

(A)气环　　　　(B)油环　　　　(C)锥环　　　　(D)平环

95. 属于柴油机曲轴直接或间接驱动的有（　　　）。

(A)盘车机构　　(B)配气机构　　(C)喷油泵　　(D)水泵

96. 柴油机联轴节内部充满机油，能起到（　　　）作用。

(A)阻尼　　　　(B)减振　　　　(C)润滑　　　　(D)散热

97. 柴油机弹性联轴节漏油，会造成（　　　）。

(A)影响柴油机清洁　　　　　　　(B)增加机油消耗

(C)加大柴油机振动　　　　　　　(D)影响主发电机工作

98. 16V240ZJD 型柴油机的传动装置包括（　　　）。

(A)随动机构传动装置　　　　　　(B)凸轮轴转动装置

(C)机械传动装置　　　　　　　　(D)泵传动装置

99. 16V240ZJD 型柴油机凸轮轴传动装置由（　　　）组成。

(A)左右侧齿轮装配　　　　　　　(B)凸轮轴齿轮

(C)中间齿轮装配　　　　　　　　(D)曲轴齿轮

100. 对柴油机配气机构的要求是（　　　）。

(A)足够的气流通过能力　　　　　(B)良好的动力性能

(C)足够的刚度和强度　　　　　　(D)良好的耐热性能

四、判　断　题

1. 划线是机加工的第一道工序。（　　　）

2. 划线广泛的应用于单件或小批量生产。（　　　）

3. 划线时，应从划线基准开始。（　　　）

4. 在所划的加工线条上冲点,若为曲线点距要小些,若为直线点距应大些。(　　)

5. 一般来讲,切削塑性材料时,易产生崩碎切屑。(　　)

6. 切削工件时的切削用量越大,切削力应越大。(　　)

7. 一般刀具前角越大,切削刃越锋利。(　　)

8. 车削时的进给量越大,则工件的表面粗糙会增大。(　　)

9. 偏差可正、可负、可零。(　　)

10. 尺寸公差可正、可负、可零。(　　)

11. 极限尺寸应大于基本尺寸。(　　)

12. 同一基本尺寸,公差等级越高,则标准公差值越小。(　　)

13. 基本偏差为正值时,则公差带一定在零线上方。(　　)

14. 弹性变形是随载荷消除而消失的变形。(　　)

15. 渗碳体的性能特点是硬度高、脆性大。(　　)

16. 导热性好的金属材料,导电性也好。(　　)

17. 拉伸试验可测定金属材料的强度和塑性。(　　)

18. 重要的焊接件,如机体,都应进行去应力退火处理。(　　)

19. 铸钢可用于铸造形状复杂,而力学性能要求较高的零件。(　　)

20. 碳素工具钢的含碳量一般都小于 0.7%。(　　)

21. 比例 1∶2 为较大比例,比实物放大 1 倍。(　　)

22. 机件的真实大小,就是图形的大小。(　　)

23. 剖视图一般应标注剖切位置,投影方向、名称。(　　)

24. 錾子楔角越大,錾削越省力。(　　)

25. 锉削时的精度越高时,应选用细齿锉刀。(　　)

26. 手锯在回程时,也应施加压力,这样可以提高锯割速度。(　　)

27. 在钻床上钻孔时,不允许戴手套。(　　)

28. 锉刀上锉屑可用油、水冲洗。(　　)

29. 一般平面的研磨轨迹多为八字形和仿八字形。(　　)

30. 钻圆锥销子孔时,应按销子的大端直径选择钻头。(　　)

31. 装配时,零件的清洗是一项很重要的工作,对于橡胶制品,如橡胶密封圈,一定要用汽油清洗。(　　)

32. 滚动轴承装配前一定要用毛刷、棉纱进行清洗。(　　)

33. 除普通螺纹连接以外的螺纹连接称为特殊螺纹连接。(　　)

34. 松键连接的同轴度比紧键连接的同轴度高。(　　)

35. 往带轮上安装三角带时,一般是先将带套在大轮上,后套在小轮上。(　　)

36. 链传动机构,适用于距离较近的两轴之间的传动。(　　)

37. 两齿轮啮合齿侧间隙与中心距偏差无关。(　　)

38. 蜗杆、蜗轮传动只能单向传动。(　　)

39. 用六个定位支承点可限制工件的六个自由度。(　　)

40. 柴油机的排量一般与其产生的功率成反比。(　　)

41. 四冲程柴油机是曲轴旋转一周,完成一个工作循环的柴油机。(　　)

42. 柴油机通向涡轮增压器的冷却水管路是高温水冷却系统。（　　）

43. 曲柄是组成曲轴的基本单元,曲柄的数目必定等于气缸数目。（　　）

44. 四冲程柴油机凸轮轴的转速是曲轴轮转速的一半。（　　）

45. 16V240ZJB 型柴油机主机油泵,只有柴油机工作时才工作。（　　）

46. 柴油机启动时,因主机油泵尚未工作,故应使用辅助机油泵。（　　）

47. 空气中间冷却器是冷却增压后的空气的。（　　）

48. 废气涡轮增压器是将废气的能量转换成空气的压能和动能。（　　）

49. 进气门的冷间隙应比排气门大。（　　）

50. 成批生产的柴油机出厂前应进行性能试验。（　　）

51. 柴油机的活塞环装到活塞上后,其开口位置彼此应错开 90°。（　　）

52. 三角带传动装置,必须安装安全防护罩。（　　）

53. 三角带和平型带一样,都是利用底面与带轮之间的摩擦力来传递动力的。（　　）

54. 普通螺纹的牙型角为 60°。（　　）

55. M24 表明螺纹的大径是 24 mm。（　　）

56. 通常在蜗轮蜗杆传动中,蜗轮是主动件。（　　）

57. 曲柄连杆机构只能用来将回转运动转变为直线往复运动。（　　）

58. 推力球轴承主要承受径向载荷。（　　）

59. 滑动轴承工作时的噪声和振动小于滚动轴承。（　　）

60. 液压传动装置本质上是一种能量转换装置。（　　）

61. 单向阀的作用是控制油液的流动方向,接通或关闭油路。（　　）

62. 不允许用水和泡沫灭火器扑救电火灾。（　　）

63. 两相电压触电是最危险的一种触电形式。（　　）

64. 当 1 A 的电流通过某一段导体时,其电阻的大小为 8 Ω。因此,当 2 A 的电流通过该导体时,其电阻大小为 4 Ω。（　　）

65. 在电路中,如果流过两电阻的电流相等,则这两电阻一定是串联。（　　）

66. 熔断器具有短路保护作用。（　　）

67. 电动机铭牌上的额定电压,就是定义绕组规定使用的线电压。（　　）

68. 剪切下料的主要设备是剪床。（　　）

69. 台虎钳应用的是螺旋传动机构。（　　）

70. 在钳台上工作时,一般都将手锤、錾子、锉刀等放在台钳的右侧。（　　）

71. 刮刀在砂轮刃磨后,必须在油石上精磨。（　　）

72. 刮削时用力过大,刀痕过长容易产生振痕。（　　）

73. 使用大前角的刮刀,刮削轻快,刮削效果好。（　　）

74. 平面刮削时,刮刀一般为负前角。（　　）

75. 曲面刮削时,刀迹和曲面轴线应基本垂直,以保证刮削质量。（　　）

76. 刮削是一种效率低的重复加工,不会产生废品。（　　）

77. 研磨棒用来研磨内孔。（　　）

78. 研磨环用来研磨外圆柱面和外圆锥面。（　　）

79. 一般手用铰刀都是等齿距的。（　　）

80. 手工与机器相结合研磨圆柱体,工件表面出现 45°角的交叉网纹线,说明研磨速度适中。(　　)

81. 机动起重机用的钢丝绳其安全系数不得小于 3。(　　)

82. 机动起重机用的焊接链条其安全系数不得小于 2。(　　)

83. 手动起重机用的焊接链条其安全系数不得小于 15。(　　)

84. 不能使用破损钢丝绳起吊重物。(　　)

85. 吊装及吊运柴油机、曲轴等重大部件时,一定要使用专用吊具。(　　)

86. 吊运加工后的精密零件,应使用三角带作吊具,以防损坏加工表面。(　　)

87. 用编结法结钢丝绳绳套时,编结部分长度不应小于钢丝直径的 10 倍。(　　)

88. 钢丝绳折断一股或绳股松散即应报废。(　　)

89. 焊接起重链条应用气焊。(　　)

90. 吊钩、吊环必须经过负荷试验和探伤检查合格后方可使用。(　　)

91. 起重用的吊具只要达到它的强度计算值即可使用。(　　)

92. 不能站在工作物上指挥吊车。(　　)

93. 不能用天车吊运氧气瓶、乙炔发生器等具有爆炸性的危险物品。(　　)

94. 吊挂重物时,要找好重心。重物吊起后不能倾斜、转动。(　　)

95. 重物落吊后,要放置平稳。不准放在蒸汽、煤气管道及电缆线上。(　　)

96. 在吊运组装工作中,多人一起操作,一定要指派专人指挥吊车。(　　)

97. 吊装及吊运配件时,配件下禁止站人。(　　)

98. 划线时有精加工面的以精加工面为划线基准。(　　)

99. 加工内孔以非加工外圆为依据,来确定划线基准。(　　)

100. 加工外圆以非加工的内孔为依据,来确定划线基准。(　　)

101. 为了提高圆柱螺旋弹簧的稳定性,可以增加高径比。(　　)

102. 铆钉的排列形式称为铆道。(　　)

103. 无机黏接剂的特点是能耐高温,强度较高。(　　)

104. 有机黏接剂的特点是强度较高,但不耐高温。(　　)

105. 研磨液在研磨加工中起到调和磨料、冷却和润滑作用。(　　)

106. 在钻孔时注入充足的切削液,主要起冷却和润滑作用。(　　)

107. M24×2 的含义是:普通螺纹,大径 $\phi24$,螺距 2 mm,左旋螺纹。(　　)

108. 常用的划线涂料有品绿、品紫、无水涂料、锌钡、硫酸铜溶液及石灰水、大白粉等。(　　)

109. 基准是用来确定生产对象上几何要素间的几何关系所依据的那些点、线、面。(　　)

110. 平面划线时,确定两个基准,立体划线时,确定三个基准。(　　)

111. 凡是将两个以上的零件组合在一起或将零件与组件(或称组合件)结合在一起,成为一个装配单元的装配工作称部件装配。(　　)

112. 机械工程图样上,常用的长度单位是 mm。(　　)

113. 塞规是专用量具,可以测出孔的实际尺寸。(　　)

114. 3 英分可直接写成 3/8 英寸。(　　)

115. 量块可以对量具和量仪进行检验校正。（　　　）

116. 千分尺的测量精度较高，它属于标准量具。（　　　）

117. 用塞尺可测量齿轮传动的齿侧隙。（　　　）

118. 检验孔用的量规叫塞规。（　　　）

119. 检验轴用的量规叫环规。（　　　）

120. 用塞规检验孔时，过端通过，止端不通过，此孔为不合格。（　　　）

121. 1 mm＝100 μm。（　　　）

122. 应用直角尺在三个互相垂直的方向上检查机体双头螺栓与机体表面的垂直度。

（　　　）

123. 齿轮装到轴上后，应用游标卡尺检查圆跳动。（　　　）

124. 千分尺的制造精度分为 0 级和 1 级，1 级最高。（　　　）

125. 调整气门间隙是在该气门打开状态下进行的。（　　　）

126. 气缸压缩间隙是用气缸与气缸盖结合面间的调整垫片进行调整。（　　　）

127. 移出剖面的轮廓线可用粗实线，也可用细实线。（　　　）

128. 在阶梯剖视中，不应画出剖切平面转折处的投影。（　　　）

129. 剖面图与剖视图在表达方法上相同。（　　　）

130. 所有的金属材料都具有磁性。（　　　）

131. 奥氏体具有良好的塑性。（　　　）

132. 所谓粗糙度小，就是指粗糙度的高度参数值小。（　　　）

133. 内燃机车轴箱有两种定位形式。（　　　）

134. 焊接时对人的眼睛、皮肤刺激性最大的是红外线。（　　　）

135. 氩弧焊和二氧化碳气体保护焊都是气体保护焊。（　　　）

136. 电阻焊不需要焊条。（　　　）

137. 电阻焊生产效率低。（　　　）

138. 对焊缝进行外部检验可用 X 光机。（　　　）

139. 检验压力容器的焊缝质量可用气压试验法。（　　　）

140. 铆工下料的主要方法是剪切和气割。（　　　）

141. 放样和号料是制造金属结构的第一道工序。（　　　）

142. 产品要求是对质量管理体系要求的补充。（　　　）

143. 企业应该对供方提供的产品质量进行检查，根据检查结果来选择合格的供方。

（　　　）

144. 弯管时在管内填砂子是为了尽可能减小管子的压缩变形。（　　　）

145. 金属的强度和硬度属于金属的物理性能。（　　　）

146. 冷却液的品质对柴油机的性能和寿命没有影响。（　　　）

147. 不合乎要求的冷却水可能会造成柴油机气缸套穴蚀和腐蚀。（　　　）

148. 对柴油机冷却过度，会造成机油流动性差，柴油机的机械效率下降。（　　　）

149. 船用柴油机采用闭式冷却水系统。（　　　）

150. 燃油进入气缸后，不会对气缸造成腐蚀。（　　　）

151. 通常机油的黏度随工作温度的升高而降低。（　　　）

152. 采用何种机油,需要根据柴油机的结构、性能和材料而定。(　　)
153. 油压继电器是柴油机燃油压力的一种保护装置。(　　)
154. 在活塞环与气缸壁之间的机油,可阻止燃气窜入曲轴箱的作用。(　　)
155. 柴油机中冷器可提高增压空气的温度。(　　)
156. 主轴瓦的高出度不足会造成轴瓦工作时,在瓦孔内发生转动。(　　)
157. 检修时,旧的主轴瓦使用时可以任意互换。(　　)
158. 柴油机盘车机构是柴油机正常运转时使用的。(　　)
159. 柴油机防爆安全阀被顶开时,立即打开曲轴箱安全孔盖进行检查。(　　)
160. 柴油机的气缸套与气缸盖、活塞共同组成柴油机的燃烧室。(　　)
161. 气缸套和水套的安装密封圈部位不得有贯通的腐蚀缺陷。(　　)
162. 主轴瓦应有涨量,在轴瓦座孔内安装时,不许自由脱落。(　　)
163. 连杆组把活塞的直线往复运动转变为曲轴的回转运动。(　　)
164. 连杆螺钉螺纹连接工件时,螺钉发生压缩变形,螺母是拉伸变形。(　　)
165. 曲轴的一端通过法兰对外进行功率输出,成为后端。(　　)

五、简 答 题

1. 读零件图的方法有哪些?
2. 说明锉刀的选择原则。
3. 简述整体式滑动轴承的装配要点。
4. 说明钳工常用的装配方法。
5. 简述柴油机的结构。
6. 什么是零件图?
7. 一张完整的零件图包括哪些内容?
8. 一张完整的装配图应包括哪些内容?
9. 装配图中只标注哪几种尺寸?
10. 识读装配图的方法与步骤是什么?
11. 什么叫金属切削加工?
12. 金属切削加工的主要形式有哪些?
13. 切削用量包括哪些内容?
14. 什么是吃刀深度?
15. 什么是走刀量?
16. 对刀具切削部分的材料一般要求有哪些?
17. 影响刀具耐用度的主要因素有哪些?
18. 齿轮上正确接触印痕的面积应该是多少?
19. 选择切削用量的基本要求是什么?
20. 控制切削温度过高的措施有哪些?
21. 何谓主截面?在主截面内测量的角度有哪些?
22. 机床夹具中常见的基本夹紧机构有哪些?
23. 简述磨削加工的特点。

24. 砂轮的成分是什么？砂轮的选择主要有哪些内容？
25. 夹具的作用是什么？
26. 对夹具定位元件有什么要求？
27. 夹紧力方向的选择原则是什么？
28. 夹紧力作用点的选择原则是什么？
29. 简述减少夹紧变形的方法。
30. 什么是金属材料的机械性能？
31. 金属材料的机械性能主要包括哪几个方面？
32. 什么是金属的工艺性能？
33. 金属的工艺性能包括哪些内容？
34. 什么叫划线？
35. 什么是平面划线？
36. 划规的用途？
37. 何谓划线基准？它有几种类型？
38. 简述划线的作用。
39. 如何判别螺纹的旋向？
40. 螺纹的主要参数有哪些？
41. 三角螺纹分为哪两种？它们有什么特点？
42. 一英制螺纹每寸牙数为19,其螺距是多少毫米？
43. 螺纹螺距与导程之间有何关系？
44. 常用的螺纹防松装置有哪些？
45. 齿轮的运动精度与工作平稳性有什么区别？
46. 对冷却润滑液有哪些要求？
47. 常用的冷却、润滑液有哪几种？它们的作用如何？
48. 钻削各类结构钢、不锈钢、耐热钢时各使用什么冷却润滑液？
49. 什么是组合夹具？
50. 刮刀的种类及用途？
51. 手工研磨圆孔时,应注意些什么问题？
52. 工业上常用的弹簧有哪几种？
53. 什么是产品清洁度？产品清洁度分哪几种？
54. 喷油器喷油压力下降是什么原因及处理方法？
55. 喷油器回油量过大是什么原因？如何处理？
56. 简述 1/20 mm 游标卡尺的刻线原理。
57. 简述游标卡尺的读数方法。
58. 说明塞尺的作用及应用时的注意事项。
59. 说明测量与检验的区别。
60. 说明高度游标卡尺的作用。
61. 说明游标卡尺的作用。
62. 量具按用途和特点分哪几种？

63. 说明测量的概念。

64. 测量工件尺寸时,根据什么去选择游标卡尺?

65. 什么叫燃烧室? 什么叫燃烧室容积?

66. 何谓气缸的总排量?

67. 多缸柴油的做功,为什么都不按气缸排列顺序依次进行?

68. 活塞环的开口间隙为什么不能太大或太小?

69. 柴油机上喷油泵的作用是什么?

70. 柴油机调速器有什么作用?

六、综 合 题

1. 什么叫锯路? 作用是什么?

2. 在零件图上标注尺寸要注意哪些问题?

3. 识读零件图 1,并回答问题。

问题:(1)零件图采用了什么表达方法?

(2)零件的外形尺寸是多少?

(3)M33×1.5 的含义是什么?

(4)主视图上 $\phi31$ 这一部分结构在俯视图上表示哪里?

4. 识读装配图 2,并回答下列问题。

问题:(1)装配图所表示的装配体由几个零件组成? 它们的基本连接关系怎样?

(2)剖切平面通过装配体轴线,为什么只有零件 4、5 画出剖面线?

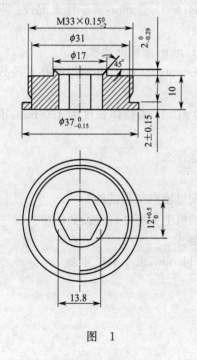

图 1

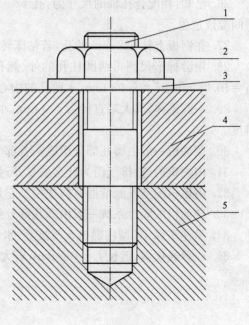

图 2

5. 常用的划线工具都有哪些?

6. 如何做好划线平台的维护保养工作?

7. 根据牙型的不同，螺纹可分为哪几种？它们各适用于什么场合？

8. 简述锈死螺纹连接的拆卸方法。

9. 螺纹传动中导程与螺杆(或螺母)的移动距离之间有何关系？

10. 螺纹有什么用途？可分哪几种？

11. 试述组合夹具的应用范围。

12. 通用可调夹具的结构主要由哪两部分组成？其特点如何？

13. 工件装夹的方法有哪几类？

14. 怎样组装和维护保养好组合夹具？

15. 刮削的步骤及刮削的要点？

16. 影响研磨工件表面粗糙度的因素有哪些？

17. 弹簧的作用主要有哪些？

18. 铆钉的直径和长度如何选择？

19. 铆接时常见废品的形式及原因？

20. 喷油器不雾化或雾化不良的原因及处理方法。

21. 试述轴承的功能作用及种类？

22. 选择滚动轴承类型的根据是什么？

23. 常用的滚动轴承精度有哪几级？

24. 液压泵的作用是什么？

25. 已知相配合孔、轴的尺寸为孔：$\phi 30^{+0.025}_{0}$ mm，轴 $\phi 30^{-0.02}_{-0.04}$ mm，属于什么配合？求出极限间隙或过盈。

26. 已知：相配合孔轴的尺寸为：孔 $\phi 20^{+0.02}_{0}$ mm，轴：$\phi 20^{+0.05}_{+0.03}$ mm，属于什么配合？求出极限间隙或过盈。

27. 在钢板上钻 $\phi 22$ mm 的孔，若钻床转速为 350 r/min，求切削速度。

28. 用游标卡尺测得两圆柱孔的外、侧孔壁尺寸 $L = 80.02$ mm，并测得两孔直径分别为 $d_1 = 10.02$ mm，$d_2 = 9.98$ mm，求两孔的中心距。

29. 一圆锥体，其大端直径为 $\phi 30$ mm，小端直径为 $\phi 10$ mm，锥体长度为 100 mm，求锥体锥度。

30. 柴油机一般由哪几部分组成？各部分的作用是什么？

31. 内燃机的进、排气门为什么要早开迟关？

32. 内燃机的空气滤清器有何作用？它是怎样达到过滤空气目的的？

33. 柴油机的润滑系统一般由哪几部分组成？柴油机上有哪些部位需要润滑？

34. 简述东风 4C 型内燃机车气缸套、水套的组装要求。

35. 一普通楔键，键长 $L = 100$ mm，若大端高 $h_1 = 11$ mm，求小端尺寸 h_2。

内燃机装配工(初级工)答案

一、填 空 题

1. 设计基准	2. 比例	3. 最后完工	4. 左视图
5. 正投影	6. 尺寸精确	7. 立体划线	8. 设计
9. 直流电	10. 电阻	11. 串联	12. 看
13. 切断电源	14. 36 V	15. 较小	16. 25
17. 工作	18. 60°	19. 钳口	20. 大径
21. 等径丝锥	22. 主	23. 进给量	24. 标准
25. 极限尺寸	26. 20	27. 两	28. 轮廓算术平均偏差
29. H	30. 韧性	31. 工具钢	32. 淬火
33. 1.5%	34. 0.45%	35. 2个	36. 选配法
37. 基准件	38. 液压法	39. 双头螺柱	40. 圆柱销
41. 花键	42. 过盈值	43. 静连接	44. 百分表
45. 稍偏于蜗杆旋出	46. 整体式	47. G	48. 滚动体
49. 气缸内	50. 上止点	51. 活塞行程	52. 四
53. 增压	54. 输出	55. 有效	56. 油环
57. 斜切口	58. 90°	59. 曲柄半径	60. 2
61. 气门式	62. 240	63. 基本视图	64. 阶梯剖
65. 剖面图	66. 标注一次	67. 斜侧	68. 夹紧
69. 活塞头	70. 火力岸	71. 形状	72. 活塞裙部
73. 侧压力	74. 机油循环	75. 油	76. 自由开口或开口间隙
77. 开度大小	78. 闭口间隙	79. 大小	80. 侧向间隙
81. 机油	82. 活塞销	83. 曲柄销	84. 连杆的长度
85. 主轴颈	86. 丝锥	87. 板牙	88. 细牙
89. 1/2缸数+1	90. 55°	91. 55°	92. 导程
93. 精刮	94. 25×25	95. 台虎钳	96. 2
97. 工作面	98. 固定	99. 直	100. 液压
101. 扭转	102. 无机	103. 汽油	104. 球墨铸铁
105. 防止锈蚀	106. 零件的预装	107. 夹具	108. 从下止点向上
109. 氧化物磨料	110. 碳素工具钢	111. HRC60	112. 高硬度
113. 白刚玉	114. 减少高径比	115. 铆道	116. 铆距
117. 雾化	118. 接触式	119. 水冷	120. 湿式
121. 压气机	122. 压力润滑	123. 机体	124. 曲轴组

125. 滑动轴承	126. 不完全	127. 米（m）	128. 1 000
129. 25.4	130. 0.95	131. 0.98	132. 0.5
133. 1	134. 8	135. 1 000	136. 0.25
137. 1.5	138. 49	139. 塞尺	140. 柴油机
141. 孔	142. 机体	143. 燃料	144. 压缩
145. 下止点	146. 活塞行程（活塞冲程）	147. 180°	
148. 总排量	149. 工作循环	150. 2	151. 上止点
152. 下止点	153. 活塞	154. 热效应	155. 水套
156. 构成曲轴箱	157. 连接箱	158. 机油泵	159. 曲轴箱
160. 连杆螺钉	161. 活塞	162. 增压空气	163. 闭式
164. 柴油发电机组	165. 曲轴箱内		

二、单项选择题

1. D	2. B	3. C	4. D	5. A	6. C	7. C	8. B	9. B
10. A	11. D	12. C	13. C	14. C	15. C	16. A	17. D	18. D
19. C	20. B	21. A	22. B	23. A	24. D	25. A	26. A	27. D
28. D	29. B	30. A	31. B	32. C	33. B	34. D	35. A	36. D
37. D	38. C	39. B	40. B	41. A	42. C	43. D	44. B	45. D
46. D	47. D	48. B	49. C	50. A	51. B	52. C	53. C	54. B
55. C	56. B	57. C	58. D	59. D	60. B	61. D	62. D	63. B
64. B	65. B	66. D	67. A	68. A	69. C	70. B	71. B	72. B
73. C	74. A	75. B	76. D	77. A	78. D	79. D	80. C	81. B
82. B	83. D	84. D	85. D	86. A	87. C	88. D	89. D	90. B
91. A	92. A	93. B	94. B	95. C	96. A	97. A	98. C	99. B
100. D	101. D	102. D	103. B	104. D	105. B	106. C	107. C	108. D
109. D	110. A	111. B	112. C	113. C	114. D	115. C	116. C	117. D
118. B	119. D	120. C	121. D	122. A	123. C	124. B	125. C	126. D
127. A	128. A	129. A	130. C	131. D	132. C	133. C	134. D	135. A
136. C	137. B	138. B	139. C	140. B	141. C	142. A	143. B	144. D
145. D	146. C	147. B	148. B	149. A	150. C	151. C	152. C	153. D
154. A	155. C	156. A	157. B	158. B	159. C	160. B	161. A	162. D
163. A	164. C	165. A	166. A	167. A	168. D	169. C	170. A	

三、多项选择题

1. ACD	2. ABCD	3. ABD	4. BCD	5. CD	6. ABC	7. ABCD
8. ABD	9. BD	10. BD	11. ABC	12. ACD	13. BC	14. ACD
15. ABD	16. BCD	17. ABC	18. BCD	19. AC	20. ABCD	21. AC
22. BC	23. BCD	24. ACD	25. ABD	26. ABC	27. ABD	28. BCD
29. ABCD	30. BCD	31. BCD	32. ABD	33. ABD	34. ABC	35. BCD

36. ACD	37. ACD	38. ABC	39. ABD	40. ACD	41. ABD	42. BCD
43. ABC	44. BCD	45. ABD	46. BCD	47. ABCD	48. ACD	49. BCD
50. ABCD	51. ABC	52. ABD	53. BC	54. CD	55. BCD	56. ABCD
57. ABCD	58. ACD	59. ABD	60. ACD	61. ABCD	62. ACD	63. BCD
64. AD	65. ABC	66. ABD	67. ABC	68. BCD	69. ABC	70. BCD
71. ACD	72. ABCD	73. ABCD	74. BCD	75. ABC	76. BC	77. ABD
78. BD	79. ACD	80. ABD	81. BCD	82. ACD	83. ABCD	84. ABC
85. ABCD	86. BD	87. ACD	88. BCD	89. ABD	90. ABC	91. ABCD
92. ABD	93. BCD	94. AB	95. BCD	96. ACD	97. ABD	98. BD
99. ABCD	100. ABC					

四、判断题

1. ×	2. √	3. √	4. √	5. ×	6. ×	7. √	8. √	9. √
10. ×	11. ×	12. √	13. √	14. √	15. √	16. √	17. √	18. √
19. √	20. ×	21. ×	22. ×	23. √	24. √	25. √	26. √	27. √
28. ×	29. √	30. ×	31. ×	32. ×	33. √	34. √	35. √	36. ×
37. ×	38. √	39. √	40. √	41. √	42. √	43. √	44. √	45. √
46. ×	47. √	48. √	49. ×	50. √	51. √	52. √	53. ×	54. √
55. √	56. √	57. √	58. √	59. √	60. √	61. √	62. √	63. √
64. ×	65. √	66. √	67. √	68. √	69. √	70. √	71. √	72. √
73. ×	74. √	75. ×	76. ×	77. √	78. √	79. √	80. √	81. ×
82. ×	83. √	84. √	85. √	86. √	87. √	88. √	89. √	90. √
91. ×	92. √	93. √	94. √	95. √	96. √	97. √	98. √	99. √
100. √	101. ×	102. √	103. ×	104. √	105. √	106. √	107. ×	108. √
109. √	110. √	111. √	112. √	113. √	114. √	115. √	116. √	117. √
118. √	119. √	120. √	121. √	122. √	123. √	124. √	125. √	126. √
127. √	128. √	129. √	130. √	131. √	132. √	133. √	134. √	135. √
136. √	137. ×	138. √	139. ×	140. √	141. √	142. √	143. √	144. √
145. ×	146. √	147. √	148. √	149. √	150. √	151. √	152. √	153. ×
154. √	155. √	156. √	157. ×	158. ×	159. √	160. √	161. √	162. √
163. √	164. ×	165. ×						

五、简 答 题

1. 答:(1)看标题栏;(2)分析图形想象零件的结构形状;(3)分析尺寸标注;(4)了解技术要求。(每小项1.25分)

2. 答:锉刀的规格有粗细,尺寸和形状。所以选择锉刀是应根据锉削工件表面的形状和尺寸大小选用锉刀的断面形状和长度(3分)。根据工件材料的性质,加工余量的大小,加工精度和表面粗糙度要求选择锉刀的粗细(2分)。

3. 答:(1)选套压入;(2)轴套定位;(3)修整轴套孔;(4)轴套检验。(每小项1.25分)

4. 答:(1)完全互换装配法。(2)选择装配法:分直接选择装配法和分组选配法。(3)修配装配法。(4)调整装配法。(每小项 1.25 分)

5. 答:(1)固定机件。(2)运动机件。(3)配气机构。(4)进、排气系统。(5)燃油系统。(6)调控系统。(7)润滑系统。(8)冷却预热系统。(每少一个小项扣 0.5 分)

6. 答:零件图指能清楚完整的表达零件的形状、大小和技术要求(3 分),以指导生产制造零件的图样(2 分)。

7. 答:(1)一组图形;(2)完整的尺寸;(3)技术要求;(4)标题栏。(每小项 1.25 分)

8. 答:(1)一组图形;(2)必要的尺寸;(3)必要的技术条件;(4)零件序号和明细栏;(5)标题栏。(每小项 1 分)

9. 答:一般在装配图中只标注下列几种尺寸:(1)规格(性能尺寸);(2)配合尺寸;(3)安装尺寸;(4)外形尺寸;(5)极限尺寸。(每小项 1 分)

10. 答:(1)概括了解、弄清表达方法(1.25 分);(2)具体分析,掌握形体结构(1.25 分);(3)分析工作原理和相互关系(1.25 分);(4)归纳总结,获得完整概念(1.25 分)。

11. 答:利用工具或刀具与工件间的相对运动,从毛坯上切去多余的金属(2 分),以获得所需的几何形状,尺寸精度和表面粗糙度的零件(3 分),这种加工方法叫金属切削加工,俗称冷加工。

12. 答:它的主要形式有车、铣、刨、磨、钻、镗、齿轮加工和钳工等。(每少一个知识点扣 0.5 分)

13. 答:切削用量包括切削速度 v(1.5 分),吃刀深度 t(1.5 分),及走刀量 s(2 分)三个基本要素。

14. 答:已加工表面和待加工表面间的垂直距离(mm)叫吃刀深度(5 分)。

15. 答:工件每转一转,车刀沿走刀方向移动的距离(mm)(5 分)。

16. 答:(1)较高的硬度;(2)足够的强度和韧性;(3)较高的耐磨性;(4)较高的耐热性;(5)较好的导热性;(6)较好的工艺性。(每少一项扣 1 分)

17. 答:影响刀具耐用度的主要因素有:(1)工件材料(1 分);(2)刀具材料(1 分);(3)切削用量(1 分);(4)刀具刃磨质量(1 分);(5)冷却润滑条件(1 分)。

18. 答:一般情况下,在齿轮的高度上接触斑点应不小于 30%～50%(2.5 分);在轮齿的宽度上应不小于 40%～70%(具体随齿轮的精度而定)(2.5 分)。

19. 答:选择切削用量时的基本要求是:(1)保证安全(1 分);(2)保证工件的加工质量(2 分);(3)充分发挥机床和刀具的潜力,提高劳动生产率,降低成本(2 分)。

20. 答:(1)在刀具强度允许的条件下,适当增大前角(1.25 分)。(2)在工艺系统刚性允许的条件下,适当减小主偏角(1.25 分)。(3)合理选择切削用量(1.25 分)。(4)提高刀具的刃磨质量,减小摩擦热的产生(1.25 分)。

21. 答:通过主切削刃上的一点,并与主切削刃在基面上的投影相垂直的平面称为主截面(3 分)。在主截面内测量的角度是:前角、后角和楔角(2 分)。

22. 答:基本夹紧机构主要有:(1)楔块夹紧机构(1.25 分);(2)螺旋夹紧机构(1.25 分);(3)偏心夹紧机构(1.25 分);(4)螺旋压板夹紧机构(1.25 分)。

23. 答:磨削与其他使用金属刀具进行切削加工的方法相比具有如下特点:(1)能获得很高的加工精度(1.25 分);(2)能加工材料硬度很高的工件(1.25 分);(3)切削温度

很高,通常都要使用冷却液(1.25 分);(4)一般不适于加工毛坯件或加工余量太大的工件(1.25 分)。

24. 答:(1)砂轮是由磨料和黏结剂黏结而成的(2 分)。

(2)砂轮的选择主要包括砂轮种类的选择;砂轮硬度的选择;砂轮粗细的选择和砂轮组织的选择四个方面(3 分)。

25. 答:(1)能够保证工件的加工精度(1.25 分);

(2)能够减少辅助时间,提高劳动生产率,降低加工成本(1.25 分);

(3)可以改善操作者的劳动条件(1.25 分);

(4)可以扩大机床工艺范围,充分发挥机床性能(1.25 分)。

26. 答:夹具定位元件应具有一定的精度、较高的耐磨性能、足够的刚度和强度,以及良好的工艺性。(每缺 1 项知识点扣 1 分)

27. 答:(1)应不破坏工件的定位(1 分);(2)应使工件变形小(2 分);(3)应使所需夹紧力小(2 分)。

28. 答:(1)夹紧力应落在支撑元件上或落在几个支撑所形成的支撑面内(2 分);(2)夹紧点应在工件刚度大的部位上(2 分);(3)夹紧点应尽量靠近加工面(1 分)。

29. 答:(1)正确选择夹紧力的方向、大小和作用点,尽量减小夹紧力(2 分)。(2)使夹紧力的作用点作用在工件刚性较好的部位(1 分)。(3)使夹紧力分散在较大的平面上,以减少工件变形(2 分)。

30. 答:机械零件在使用过程中,受到不同形式外力的作用,如拉伸力、压缩力、剪切力等(4 分),所谓金属的机械性能,是指金属抵抗外力的能力(1 分)。

31. 答:机械性能的基本指标有强度、塑性、硬度、冲击韧性和疲劳强度等。(每个知识点1 分)

32. 答:工艺性能是指金属材料加工的性能,包括铸造性、锻压性、焊接性、切削加工性、热处理性等。(每个知识点 1 分)

33. 答:(1)铸造性(1 分);(2)锻压性(1 分);(3)焊接性(1 分);(4)切削加工性(1 分);(5)热处理工艺性(1 分)。

34. 答:根据图纸要求,准确地在毛坯或已加工表面上划出加工界线叫划线(5 分)。

35. 答:只需在工件的一个表面上划线,就能明确表示加工界线的称为平面划线(5分)。

36. 答:划规又称分线规,用它可把钢尺上的尺寸移到工件上(2 分),也可等分线段、角度或划圆周和测量两点间距离(3 分)。

37. 答:划线时,选择工件上的某个点、线、面作为依据,用它来确定工件各部尺寸、几何形状和相对位置,这些点线面就是划线基准(2 分)。

划线基准有三种类型:(1)以两个互相垂直的平面为基准(1 分)。(2)以两条中心线为基准(1 分)。(3)以一个平面和一条中心线为基准(1 分)。

38. 答:(1)确定工件的加工余量,使机械加工有明确的尺寸界限(1.25 分)。

(2)便于复杂工件在机床上安装,可以按划线找正定位(1.25 分)。

(3)能够及时发现和处理不合格毛坯,避免加工后造成损失(1.25分)。

(4)采用借料划线可以使误差不大的毛坯得以补救,避免浪费(1.25分)。

39. 答:螺纹的旋向可用以下方法判别:将螺纹零件竖立在工作台上,看螺线是往哪一面上升的,如果螺线由左向右上升的,就称为右旋(3分);相反如果螺线由右向左升的,就称为左旋(2分)。

40. 答:螺纹的主要参数有:(每缺一项0.5分)

(1)D、d—螺纹大径:是螺纹的公称直径;

(2)D_2、d_2—螺纹中径:是计算螺纹几何尺寸和受力分析的基准;

(3)D_1、d_1—螺纹小径:是进行螺纹断面强度校核的直径;

(4)P—螺距;

(5)S—导程;

(6)Z—线数;

(7)Ψ—螺旋升角;

(8)旋向。

41. 答:三角螺纹分为公制和英制两种。我国采用公制螺纹,螺纹剖面为等边三角形,牙形角等于60°,螺距P以mm来表示(2分)。

英制三角形螺纹的剖面为等腰三角形,牙形角等于55°;螺纹牙的大小以每英寸内的牙数来表示,为英、美等国的联接用螺纹(3分)。

42. 答:因为1英寸=25.4mm(2分),则螺距为:25.4/19=1.337mm(3分),其螺距为1.337mm。

43. 导程(S)是指同一条螺旋线上的相邻两牙在中径上对应两点间的轴向距离(2分)。显然,单线螺纹的导程就等于螺距,因为螺纹线数$Z=1$,所以$S=P$。多线螺纹的导程为:$S=Z \cdot P$(3分)

44. 答:常用的螺纹防松装置有:(1)用锁紧螺母防松(1分);(2)用弹簧垫圈防松(1分);(3)用开口销与带槽螺母结合防松(1分);(4)用止动垫圈防松(1分);(5)串联钢丝防松(1分)。

45. 答:齿轮的运动精度,是指齿轮在转动一周中的最大转角误差(2分),而工作平稳性则是指瞬时的传动比变化(3分)。

46. 答:(1)具有好的冷却性,要具有合适的导热性和比热(1.25分)。

(2)具有良好的润滑性及洗涤性,要求有合适的黏度,并能形成紧固的吸附膜(1.25分)。

(3)防蚀性,要求形成吸附膜与氧化膜(1.25分)。

(4)应具备经济性、稳定性、使用方便及对健康无害等(1.25分)。

47. 答:常用的冷却润滑液及作用如下:

(1)水溶液,主要起冷却、防锈作用(2分);

(2)乳化液,在低浓度时有冷却与清洗作用,在高浓度时有润滑作用(2分);

(3)切削油主要起润滑作用(1分)。

48. 答:各类结构钢,可使用3%~5%乳化液,7%硫化乳化液(2.5分);

不锈钢、耐热钢,可使用3%肥皂加2%亚麻油水溶液、硫化切削油作冷却润滑液(2.5分)。

49. 答:组合夹具是机床夹具标准化的较高形式,它是由一套预先制造好的各种不同形状、规格、又具有完全互换性及高耐磨性的标准元件组成的(3分)。根据各种零件的加工要求,利用各种组合夹具元件的特点,可以组装出机械加工、检验及装配等工种用的夹具(2分)。

50. 答:(1)平面刮刀包括:手握刮刀(粗刮)、挺刮刀(粗刮)、精刮刀(精刮)(2.5分)。

(2)曲面刮刀包括:三角刮刀(刮曲面)、蛇头刮刀(精刮曲面)、柳叶刮刀(刮曲面)(2.5分)。

51. 答:磨时应正反方向转动研磨棒,并同时作轴向往复运动。研磨棒一定要伸出工件孔外,但不能伸出过长,以免摇晃使两端孔扩大或不等(4分)。如用双锥心轴可调研磨棒,调整时一定要严格保持两端尺寸一致(1分)。

52. 答:按载荷的形式可分为拉伸弹簧、压缩弹簧、扭转弹簧和弯曲弹簧四种(2.5分)。

按弹簧形状可分为螺旋弹簧、环形弹簧、蝶形弹簧、盘簧、板弹簧或片弹簧(2.5分)。

53. 答:产品清洁度是表示产品的清洁程度(1分)。对铸造残砂、飞边、毛刺、锈垢、金属切削和其他油垢杂质等脏物清理的干净程度(2分)。以特定的方法,从特定的取样部位所收集到的机械脏物杂质来度量(2分)。

产品清洁度分为毛坯清洁度、零部件清洁度、组装清洁度、出厂清洁度四种。

54. 答:原因和处理办法:

(1)调压螺栓未锁紧。重调后背紧螺母(1.5分)。

(2)弹簧断,有残余变形。更换、重调压(1.5分)。

(3)下弹簧座球面硬度低。更换、重调压(2分)。

55. 答:(1)偶件配合间隙过大(更换)。

(2)各件密封平面不严(修研、消除划痕、锈蚀和不平度)。

(3)进油管接头垫圈不良(更换)。

(4)喷油器体O形圈老化损坏(更换)。

56. 答:主尺每格1 mm,当两量爪合并时,游标卡尺上的20格与尺身的19格对齐,则游标尺每格为19/20=0.95 mm(3分),主尺与游标尺每格之差为1−0.95=0.05 mm(2分)。

57. 答:(1)读出游标尺上零线左面主尺上的整毫米数(2分);

(2)读出游标尺哪一条刻线与主尺刻线对齐的不足1 mm的数(2分)。

(3)将以上二者加起来即为测得尺寸(1分)。

58. 答:作用是用来检验两结合面之间间隙的大小(2分)。由于塞尺的片很薄,容易弯曲和折断,测量时根据间隙大小,用一片或数片重叠在一起,插入间隙内,用力不要太大,不要测温度较高的工件,用完后应擦试干净,及时合到夹板中去(3分)。

59. 答:测量是要确定被测对象量值为目的全部操作(2.5分)。而检验只是确定被测几何量是否合格,而无需得出具体量值(2.5分)。

60. 答:高度游标卡尺主要是用来测量工件的高度尺寸(2.5分)或进行精密划线(2.5分)。

61. 答:游标卡尺一般用来测量内、外径尺寸、长度、孔距、宽度等。(每个知识点1分)

62. 答:(1)万能量具(1.5分)。(2)专用量具(1.5分)。(3)标准量具(2分)。

63. 答:测量的实质是被测量的参数与一个标准量进行比较的过程(5分)。

64. 答:应根据工件尺寸大小(2.5分)和尺寸精度(2.5分)要求去选择合适的游标卡尺。

65. 答:当活塞位于上止点时,活塞顶面以上的空间,称为燃烧室(2分)。其空间容积称燃烧室容积(又称压缩室容积)(3分)。

66. 答:多缸内燃机所有气缸的工作容积之和,称为气缸的总排量(4分),又称内燃机的工作容积(1分)。

67. 在多缸柴油机中,连续做功的两个气缸都间隔较远,这是为了减轻曲轴的负荷(2分),保证机器的转速均匀和平稳(3分)。

68. 答:开口间隙太大,会使漏气漏油严重(2.5分)。开口间隙太小,会因膨胀而造成卡死或折断现象(2.5分)。

69. 答:根据柴油机的不同工作情况(1分),将一定数量的柴油提高到一定的压力(2分),并按规定的时间输送给喷油器(2分)。

70. 答:调速器的作用是用来限制超速和稳定怠速(2分),并能使柴油机在其工作转速范围内的任一选定转速下稳定的工作(3分)。

六、综 合 题

1. 答:为了减小锯缝两侧面对锯条的摩擦阻力,避免锯条被卡住或折断,锯条在制造时,使锯齿按一定的规律左右错开,排列成一定形状,称为锯路(5分)。锯条有了锯路以后,使工件上的锯缝宽度大于锯条背部的宽度,从而防止了夹锯和锯条过热,并减少锯条磨损(5分)。

2. 答:(1)标注尺寸一定要选择好基准,即标注的起点。这个基准要考虑设计要求,加工工艺要求,最好是两者结合起来。这样既可保证零件的重要尺寸直接标出,同时方便测量和检验,以利减少误差(4分)。

(2)不允许在标注时出现封闭尺寸链,就是尺寸的头尾相接,绕成一整圈的一组尺寸。为此可选择其中一个不重要尺寸不予标注,使尺寸链留有开口,保证精度(3分)。

(3)采用一些常见的结构的尺寸标注,有利于看图和绘图(3分)。

3. 答:(1)零件图采用了一个全剖视的主视图和一个俯视图(2.5分)。

(2)零件的外形尺寸是高 12 mm,长和宽都是 37 mm(2.5分)。

(3)M33×1.5 表示外径(大径)为 33 mm,螺距为 1.5 mm 的普通细牙螺纹(2.5分)。

(4)主视图上 φ31 这一部分,由于与表示螺纹内径(小径)的 3/4 细实线圆重合,故在俯视图未画出(2.5分)。

4. 答:(1)共有 5 个零件组成。零件 1 通过螺纹与零件 5 连接,然后套上零件 4,垫上零件 3,最后用零件 2 通过螺纹与零件 1 相连接,使零件 4、5 成为一个整体(5分)。

(2)根据国标规定,剖切平面若通过机器上的紧固件,均不画剖面符号。零件 1、2、3 均属紧固件,所以可不画剖面线(5分)。

5. 答:有划线平台、划针、样冲、圆规、划卡、游标划规(定规)、专用圆规、划针盘、尺架、钢板尺、游标高度尺、直角尺、三角板、曲线板、分度头、方箱、V 形铁、角铁、千斤顶、楔铁、板直尺、求心器、磁性吸盘、涂料刷子、涂料瓶、涂料筒等(每三项 1 分)。

6. 答:为长期保持平台表面的平面度的平整性,因此安装时必须使工作表面保持水平位置(3分);使用时要随时保持表面清洁,防止铁屑、灰砂等在划线工具或工件的拖动(滑动)下划伤平台表面(3分);工件和工具在平台上都要轻放,防止重物撞击,也不允许在平台上做敲击工作,平台使用后应擦净并涂油防锈(4分)。

7. 答:可分为下列六种:

（1）三角形螺纹：自锁性能好，用于连接（1.5分）。

（2）矩形螺纹：效率高，用于传动。由于制造困难，螺母与螺杆的同心度差，常为梯形螺纹所代替（2分）。

（3）梯形螺纹：用于传动，效率略低于矩形螺纹。易于制造，易于对中，应用较普遍（2分）。

（4）锯齿形螺纹：根部强度高，能承受较大载荷，效率高。但只宜单向传动，适用于起重螺旋、螺旋压力机等单向受力的传动机构（1.5分）。

（5）管螺纹：螺纹面间没有间隙，密封性能好，用于管件连接（1.5分）。

（6）圆锥螺纹：用牙的变形来保证螺纹联接的密封性。用于高温高压系统的管件连接（1.5分）。

8. 答：（1）向拧紧方向拧动一下，再旋松，如此反复，逐步拧出（2分）。

（2）用手锤敲击螺钉头、螺母及其周围，振松锈层，然后拧出（2分）。

（3）用煤油浸透、软化锈层（约20 mm左右）再拧出（2分）。

（4）条件允许时，可用迅速加热外螺纹的方法，使锈层变软（2分）。

（5）用錾、锯、钻等方法，破坏拆卸（2分）。

9. 答：在普通螺旋传动中，螺杆（或螺母）的移动距离，由导程决定（2分）。即螺杆（或螺母）每转一圈，螺杆（或螺母）移动一个导程，转几圈移动几个导程（3分）。即：

$$L = n \cdot S \quad (3\text{分})$$

式中　L——移动距离，mm；

　　　n——圈数；

　　　S——导程，mm。

对单头螺杆移动距离等于圈数与螺距的乘积（2分）。

10. 答：螺纹有下列用途：

（1）用于制造紧固和联接零件，如螺栓及螺母中的螺纹（2分）；

（2）用于传递动力及改变运动形式，如机床进给机构用的螺旋上的螺纹（2分）；

（3）用于调节和测量，如机床卡盘或夹具内的微调机构用的螺旋上的螺纹（2分）；

（4）用于举重或克服相当大的摩擦阻力，如螺旋千斤顶的螺旋上的螺纹（2分）。

按螺纹的旋向不同，螺纹可分为右旋螺纹和左旋螺纹（1分）。

顺时针旋入的螺纹为右旋螺纹，逆时针旋入的螺纹为左旋螺纹（1分）。

11. 答：组合夹具适用范围广泛，适应性强，可应用以下方面：

（1）从生产类型看，它最适用于产品变化较大的生产，如新产品试制、单件小批生产、临时性突击任务等（2.5分）。

（2）从加工工种看，它适用于钻、车、镗、铣、刨、磨、检验等工种，其中以钻夹具用量最大（2.5分）。

（3）从加工工件的公差等级方面看，虽然组合夹具元件本身的公差等级为6级，但由于各组装环节必有累积误差，因此在一般情况下，工件的公差等级可达7级；如果精心选配与调整，也能使工件的公差等级达到6级（2.5分）。

（4）从加工工件的几何形状和尺寸来看，使用组合夹具一般不受工件形状的限制。我国目前大量采用的是中型系列组合夹具，通常适于加工长度为20～1 000 mm的工件（2.5分）。

12. 答：通用可调夹具，其结构由两个主要部分组成。一是与机床工作台或主轴端相连接的夹具底座部分,它有产生夹紧力的动力源装置,是标准通用设计,因而可长期固定在机床上而不必随产品而更换,故又称为通用底座(4分)。另一是工件的定位和夹紧部分,它因工件的变化而需要更换和调整,故称为可换调整件。这样,加工不同零件或不同尺寸的同类零件时,只要更换或调整相应的可换调整件即可(4分)。

当需要按新产品重新设计与制造夹具时,也只需设计与制造可换调整件而已。这样就大大减少了夹具设计与制造的劳动量,缩短了生产技术准备时间。(2分)

13. 答:在机械加工工艺过程中,常见的工件装夹方法,按其实现工件定位的方式来分,可以归纳为以下两类:

(1)按找正方式定位的装夹方法:这是常用于单件、小批生产中装夹工件的方法。一般这种方法是以工件的有关表面,或专门划出的线痕作为找正依据,用划针或指示表进行找正,以确定工件的正确定位的位置。然后再将工件夹紧,进行加工(6分)。

(2)用专用夹具装夹工件的方法(4分)。

14. 答:在组装时,根据工艺人员提出的工序草图(图上说明工件的定位基准和夹压部位),或者直接根据该工序加工用的毛坯(或半成品)实物,由组合夹具组装站进行组装。并按工序加工要求进行调试合格,然后交付生产使用(6分)。一般须经首件加工检验合格后,才可正式使用。待一批工件加工完毕后,应将该夹具及时送回组装站,以便将元件、合件拆开清洗入库,供重新组装新夹具使用(4分)。

15. 答:(1)粗刮:在整个刮削面上采用连续推铲的方法,使刮出的刀迹连成长片,粗刮时,有时会出现平面四周高中心低的现象,故四周必须多刮几次且每刮一遍应转过 $30°\sim45°$ 的角度交叉刮削,直至每 25 mm×25 mm 面积内含 4~6 个研点为止(2.5分)。

(2)细刮:采用刮刀宽以 15 mm 为宜,刮削时刀迹长度不超过刀刃的宽度,每刮一遍要变换一个方向,以形成 $45°\sim60°$ 的网纹,整个细刮过程中随着研点的增多,刀迹应逐渐缩短,每 25 mm×25 mm 内含 12~25 个研点为止(2.5分)。

(3)精刮:刀迹长度一般为 5 mm 左右,落刀要轻,起刀后迅速挑起。每个研点上只能刮一刀,不能重复,并始终交叉进行,当研点增至 25 mm×25 mm 内含 20 个研点时,应按以下三个步骤刮削直至达到规定的研点数(2.5分)。①最大最亮的研点全部刮去;②中等研点在其顶点刮去一小片;③小研点不刮。

(4)刮花:常见花纹有斜纹花和月牙花两种(2.5分)。

①刮斜纹花时,精刮刀与工件边成 45° 方向刮削,花纹大小视刮削面的大小而定,刮削时应一个方向刮成再刮另一个方向。

②刮月牙花时,左手按刮刀前部,起压和掌握方向的作用,右手握刮刀中部作适当的扭动,然后起刀,以形成花纹,依次交叉成 45° 方向连续推扭刮削。

16. 答:(1)磨料越细,工件表面粗糙度也越细(2.5分)。

(2)压力大,研磨工件表面粗糙,压力小,研磨工件表面精细(2.5分)。

(3)直线研磨运动轨迹由于不能相互交叉,容易直线重叠,故研磨时工件表面难以得到较细的表面粗糙度,而螺旋形研磨运动轨迹则能使工件获得较细的表面粗糙度(2.5分)。

(4)研磨时清洁工作也很重要,如不清洁会使工件拉毛,拉出深痕导致工件报废(2.5分)。

17. 答:弹簧是一种机械零件,它的作用是避振、回弹和夹紧等(5分)。它的特征是当外力消除后仍能恢复原状(5分)。

18. 答:铆钉直径一般取被铆合板料厚度的1.8倍(3分)。半圆头铆钉的长度应为其直径的1.25~1.5倍(3分);沉头铆钉的长度应取其直径的0.8~1.2倍(4分)。

19. 答:(1)铆合头偏歪。原因是:铆钉太长,铆钉歪斜,铆钉孔没对准,镦粗铆合头时不垂直(2分)。

(2)铆合头不光洁或有凹痕。原因是:凹模工作面不光洁,铆接时锤击力过大或连续锤击,凹模弹回棱角碰在铆合头上(2分)。

(3)半圆铆合头不完整。原因是:铆钉太短(2分)。

(4)沉头座没填满。原因是:铆钉太短,镦粗时锤击方向和板料不垂直(2分)。

(5)铆钉头没紧贴工件。原因是:铆钉孔直径太小,孔口没倒角(2分)。

20. 答:喷油器雾化不良的因素很多,以下几种为例:

(1)偶件密封座面处有脏物(喷射冲洗或解体清洗)(1.5分)。

(2)偶件穴蚀(研修或更换)(1.5分)。

(3)偶件滑动性不良(互研、抛光、更换)(1.5分)。

(4)各密封平面不平,有损伤(研修各密封面)(1分)。

(5)弹簧变形不平行,不垂直(更换)(1.5分)。

(6)下弹簧座球面凹坑不良(更换)(1分)。

(7)调压螺旋等件有缺陷(检修或更换)(1分)。

(8)燃油不清洁(加强滤清或换新机油)(1分)。

21. 答:轴承是用来支撑轴的(4分)。根据支承表面的摩擦性质,轴承分为滑动轴承和滚动轴承两大类(6分)。

22. 答:选择滚动轴承应根据轴承承受载荷能力的大小(2分)、方向和性质(2分);轴承的转速(2分);对轴承的特殊要求(2分);经济性(2分)。

23. 答:目前常用的滚动轴承精度有四级,分别用C、D、E、G表示(4分),C级为超精密级;D级为精密级;E级为高级;G级为普通级(6分)。

24. 液压泵是将原动机输出的机械能转变为液体压力能的能量转换装置(5分)。它的主要作用是向液压系统提供一定流量、压力的液压能源,它是液压系统的动力部分(5分)。

25. 解:间隙配合

$X_{max}=E_s-e_i=+0.025-(-0.04)=+0.065$ mm(5分)

$X_{min}=E_i-e_s=0-(-0.02)=+0.02$ mm(5分)

26. 解:属于过盈配合:

$Y_{min}=E_s-e_i=+0.02-(+0.03)=-0.01$ mm(5分)

$Y_{max}=E_i-e_s=0-(+0.05)=-0.05$ mm(5分)

27. 解:$V=\dfrac{\pi dn}{1\,000}=\dfrac{3.14\times22\times350}{1\,000}=24$ mm/min(10分)

28. 解:$L=L_1-\left(\dfrac{d_1}{2}+\dfrac{d_2}{2}\right)=80.02-\dfrac{10.02+9.98}{2}=80.02-10=70.02$ mm(10分)

29. 解:$K=(D-d)/L=(30-10)/100=1/5$(10分)

30. 答:柴油机的主要组成部分及作用如下:

机体组件:包括气缸套、气缸盖和油底壳等。它是柴油机的骨架(1分)。

曲柄连杆机构:包括活塞,连杆、曲轴和飞轮等。它是柴油机的主要运动件(1 分)。

配气机构:包括进、排气门组件,挺柱与推杆、凸轮轴、传动机构和进排气管、空气滤清器等。它的作用是定时的控制进排气(1.5 分)。

燃料供给和调节系统:包括喷油泵、喷油器、输油泵、燃油滤清器和调速器等。它们的作用是定时定量的向燃烧室内喷入柴油,并创造良好的燃烧条件(1.5 分)。

润滑系统:包括机油泵和机油滤清器等。它们的作用是将润滑油输送到柴油机运动件的各摩擦表面,以减少运动中的摩擦阻力和磨损(1.5 分)。

冷却系统:包括水泵、散热器和风扇等。作用是利用冷却水,将受热零件的热量带走,保持柴油机的正常工作温度(1.5 分)。

起动系统:包括起动电动机、继电器和蓄电池等。作用是借助于外部能源(电力)带动柴油机转动,是柴油机实现第一次着火(2 分)。

31. 答:进气门早开的目的是为了保证进气行程开始时,进气门早已经开得较大,使气体顺利地冲入气缸。进气门迟关的目的是可以利用气流惯性和压力差继续充气。

排气门早开的目的是使气缸内尚有一定压力的废气迅速的排出(5 分);排气门迟关的目的是由于废气的压力仍高于大气压力和利用气流的惯性,可使废气排得比较干净(5 分)。

32. 答:空气滤清器的作用是滤去空气中的灰尘杂质,使干净的空气吸入气缸,以减少活塞组和气门机件的磨损。它是一个在内部装有滤芯的铁壳(5 分)。工作时,空气从进气口被吸入,经过代微孔的纸质滤芯后,空气中的灰尘杂质便被滤芯滤在外面,这样比较干净的空气穿过滤芯再由出气管道进入气缸,从而达到了进入气缸的空气都是比较干净的(5 分)。

33. 答:润滑系统一般有机油泵,机油滤清器和机油冷却器等三部分组成(4 分)。柴油机上需要润滑的部位有:

(1)活塞和气缸。机油从连杆大头轴承处流出,借曲轴旋转时离心作用,飞溅到气缸壁上进行润滑(1.5 分)。

(2)曲轴上所有滚动轴承,由曲轴箱内的油雾和飞溅起来的机油进行润滑(1.5 分)。

(3)活塞销和连杆衬套。它是由活塞油环刮下的机油,溅入连杆小头上的油孔内进行润滑(1.5 分)。

(4)凸轮工作面。由推杆套筒上的油孔中流出的机油和飞溅起来的机油进行润滑(1.5 分)。

34. 答:(1)缸套、水套间配合间隙须符合设计要求(2 分)。

(2)缸套法兰下端面与水套法兰上端面须密贴(2 分)。

(3)气缸套水腔须进行 0.4 MPa 的水压试验,保持 10 min,不许泄漏;缸套磨削后,按下列条件进行水压试验,保持 5 min,不许泄漏或冒水珠(距下端面 68 mm 范围内允许冒水珠)(2 分)。

①内表面全长试压 1.5 MPa(2 分)。

②上端面至其下 120 mm 长度范围内试压 18 MPa(2 分)。

35. 解:因为普通楔键的斜度为 1/100(3 分),

有 $h_2 = h_1 - L \times 1/100 = 11 - 100 \times 1/100 = 10$ mm(7 分)

答:该楔键的小端尺寸为 10 mm。

内燃机装配工(中级工)习题

一、填 空 题

1. 有电流通过,负载可以正常工作的电路叫( )。

2. 电路被短接的现象称为( )。

3. 用电器在额定工作状态下工作叫( )。

4. 已知 $U_A=20$ V, $U_B=10$ V,则 $U_{AB}=$( )。

5. 一负载接在 220 V 电源上,工作时流过的电流为 2.5 A,则该负载的电阻为( )Ω。

6. 一用电器的功率为 100 W,则每小时耗电( )度。

7. 机床上应用最广的是( )电动机。

8. 平行于一个投影面,而对于另外两个投影面倾斜的直线,称为( )线。

9. 点的 Y 坐标值,表示空间点到( )面的距离。

10. 任何复杂的零件,都可以看作由若干个( )组成。

11. 组合体的尺寸分三类,有( )、定位尺寸和总体尺寸。

12. 立体划线一般要在( )三个方向上进行。

13. 找正就是利用划线工具,使工件上有关毛坯表面处于( )。

14. 借料能使( )和缺陷在加工后排除。

15. 划线时,如果毛坯误差超出许可范围,就不能用( )方法来补救了。

16. 当毛坯上没有不加工表面时,通过各加工表面自身位置的找正后再划线,可使各加工表面的( )得到合理和均匀分布。

17. 选择錾子的楔角时,根据工件材料的( )不同,选取不同的楔角度数值。

18. 锉刀的断面形状,应根据被锉削工件的( )选用。

19. 标准麻花钻的顶角 $2\psi=$( )。

20. 麻花钻顶角的大小影响主切削刃上( )力的大小。

21. 钻孔一般属于粗加工,冷却润滑的目的应以( )为主。

22. 攻丝时,底孔直径应该稍大于( )的基本尺寸。

23. 铰削有键槽的孔时,必须选用( )手铰刀。

24. 研磨的基本原理包含( )的两个作用。

25. 柱形分配切削用量的丝锥叫( )丝锥。

26. 表示磨料粗细的参数叫( )。

27. 微粉的号越大,则磨料( )。

28. 前角的作用使切削刃锋利,切削省力,并使切屑( )。

29. 影响切削力的主要因素有工件材料、( )、刀具角度和冷却润滑条件等。

30. 刀具材料的硬度应该( )工件材料的硬度。

31. 尺寸由数字和（　　）两部分组成。

32. 互换性按其程度和范围不同分为（　　）和不完全互换两种。

33. 确定公差带位置的偏差称为（　　）。

34. 标准公差数值的大小，分别与（　　）和公差等级有关。

35. 标准设置了二十个标准公差等级，其中（　　）级精度最高。

36. 选择公差等级的原则是在满足使用要求的前提下，尽量选用（　　）公差等级。

37. 形状和位置公差的作用是限制形状和位置（　　）。

38. 公差原则就是处理尺寸公差与（　　）公差关系的规定。

39. 表面粗糙度代号由表面粗糙符号和（　　）及有关规定的项目组成。

40. 金属材料的变形一般分弹性变形和（　　）变形两种。

41. 常用的不锈钢有铬不锈钢和（　　）不锈钢。

42. 高速钢刀具的切削温度达到 600 ℃，仍能保持高的硬度和（　　）性。

43. 黄铜是以（　　）为主加元素的铜合金。

44. 柴油机的连杆一般用中碳合金钢制造，它最终的热处理应该是（　　）处理。

45. 采用分组装配法时，装配质量不决定于零件的制造公差，而决定于（　　）公差。

46. 装配尺寸链的调整方法有（　　）调整和固定调整。

47. 零件的清理和清洗的重要作用是提高装配（　　）延长产品使用寿命。

48. 旋转零件、部件的平衡方法有静平衡和（　　）。

49. 在对规定了预紧力的螺纹进行连接时，常用控制扭矩法、控制螺母扭角法和控制（　　）法来保证准确的预紧力。

50. 圆锥销装配，钻孔时按圆锥销的（　　）直径来选择钻头。

51. 圆柱面过盈连接的装配方法有压入法、冷缩法、（　　）法三种。

52. 带传动是摩擦传动，适当的（　　）是保证带传动正常工作的重要因素。

53. 当用弹簧卡片固定活动销轴时，弹簧卡片开口端方向与链条的速度方向应（　　）。

54. 齿轮的接触精度的主要指标是（　　）。

55. 相互啮合的一对齿轮的（　　）是影响其齿侧隙的主要因素。

56. 装配推力球轴承时，一定要使（　　）靠在转动零件的平面上。

57. 滚动轴承的外圈与轴承座孔的配合为（　　）制。

58. 调整滚动轴承的径向游隙的方法是使轴承内外圈作适当的（　　）。

59. 按结构和使用情况分，标准化的钻套分为固定钻套，可换钻套和（　　）钻套三种。

60. 夹具的夹紧力由力的大小、方向和（　　）三个要素来体现。

61. 在气缸内测得的功率，称为（　　）。

62. 柴油机的前端也叫（　　）。

63. 废气涡轮增压器的涡轮机的作用是将（　　）转换成转子轴的机械能。

64. V 型柴油机的连杆型式有（　　）、主副、叉片形式三种。

65. 曲轴的轴向移动量用（　　）来调整。

66. 燃油系统中的放气阀，其作用是用来排除燃油系统中的（　　）。

67. 大功率柴油机多采用增加（　　）的方法来加大进气通道的截面积。

68. 将轴瓦置于标准胎具内，测得轴瓦高出标准胎具的高度值称为（　　）。

69. 切削油是以（   ）为主的冷却润滑液。

70. 活塞环在自由状态下的开度称为（   ）。

71. 柴油机中机油的作用是：润滑、（   ）、清洗、密封和防锈。

72. 柴油机排白烟说明（   ）进入燃烧室。

73. 柴油机的燃油消耗率是评价柴油机（   ）的一个重要指标。

74. 齿轮传动的传动比等于主从动齿轮的转速比，也等于（   ）的反比。

75. 溢流阀的主要作用是溢流稳压和（   ）。

76. 台虎钳的规格以（   ）的宽度来表示。

77. 台虎钳在钳台上安装时，必须使固定钳身的（   ）处于钳台边缘以外。

78. 标注尺寸的起始点称为（   ）。

79. 专为某一产品所用的工艺装备叫（   ）。

80. 能为几种产品所共用的工艺装备叫（   ）。

81. 由代表上、下偏差的两条直线所限定的一个区域，称（   ）。

82. 标准公差等级是用来确定（   ）的等级。

83. 矫正后的金属材料会发生冷作硬化现象，使其（   ）提高，性质变脆。

84. 由于弹性变形的恢复，使弯曲角和弯曲半径发生变化的现象叫（   ）。

85. 结合部分可以互相转动的铆接称为（   ）。

86. 结合部分固定不动的铆接称为（   ）。

87. 铆钉与铆钉间或铆钉与铆钉板边缘的距离称为（   ）。

88. 麻花钻的横刃大小与后角有关，当后角磨得偏大时，横刃斜角就会（   ）。

89. 平行于一个投影面，而对于另外两个投影面倾斜的直线，称为（   ）线。

90. 由两个形体表面彼此相交而产生的表面交线，称为（   ）。

91. 垂直于一个投影面，而对于另外两个投影面平行的直线，称为（   ）线。

92. 利用划线工具，使工件上有关的毛坯表面处于合适位置的划线过程叫（   ）。

93. 曲轴轴瓦在自由状态和安装状态时两者直径之差值称为（   ）。

94. 表示装配单元装配先后顺序的图称为（   ）。

95. 尺寸链的（   ）是指当其他各尺寸确定后，最后形成的一个环。

96. 活塞环中气环的作用是保证密封和（   ）。

97. 锥形分配切削量的丝锥叫（   ）丝锥。

98. 为了防止活塞环受热膨胀卡死在环槽中，故在活塞环装配好后上下留有（   ）。

99. 柴油机工作时进气门的最初开启时间是在（   ）冲程开始前。

100. 在发动机工作温度下，能在连杆衬套和活塞销座内自由转动的活塞销叫做（   ）活塞销。

101. 研磨剂是由磨料和（   ）调和而成的混合剂。

102. 向心滚动轴承主要承受（   ）载荷。

103. 推力滚动轴承主要承受（   ）载荷。

104. 箱体的第一划线位置，一般应选择在箱体上待加工的（   ）最多的位置。

105. 箱体上划出（   ）线，是机械加工过程的校正依据。

106. 大型工件划线首先要解决的是划线用的（   ）基准问题。

107. 仿划线是仿照（   ），直接从中量取尺寸进行划线的方法。

108. 钻深孔的关键是解决冷却和（　　　　）问题。

109. 在斜面上钻孔,用（　　　　）先钻出定位孔,再用钻头钻削可防止钻头偏斜。

110. 借料可以使各个加工表面的（　　　　）合理分配,互相借用。

111. 在装配尺寸链中,封闭环通常就是（　　　　）。

112. 尺寸链原理可以用来分析机器的（　　　　）问题。

113. 厚薄规是用来检验两个相结合面之间的（　　　　）的片状量规。

114. 1/50 mm 的游标卡尺其读数值为（　　　　）mm。

115. 百分尺的读数值为（　　　　）mm。

116. 百分表的示值误差为（　　　　）。

117. 游标卡尺的内卡角主要用来测量（　　　　）。

118. 气门式配气机构主要由气门机构和（　　　　）两部分组成。

119. 柴油机向外（　　　　）的一端叫输出端。

120. 与柴油机（　　　　）相对的一端叫自由端。

121. 确定柴油机左右侧时,面对（　　　　）,左手一侧为左侧,右手一侧为右侧。

122. 活塞裙部在活塞工作时起（　　　　）作用。

123. 活塞裙部在活塞工作时承受（　　　　）力。

124. 主轴瓦口处作削薄处理,是为了预防瓦口向内（　　　　）变形。

125. 手用铰刀的切削锥角一般为（　　　　）。

126. 多缸柴油机曲轴上的多个曲柄其（　　　　）一般是相同的。

127. 曲柄是构成（　　　　）的基本单元。

128. 供油提前角可用装在推杆体与（　　　　）之间的垫片进行调整。

129. 喷油器喷射压力的调整是通过调压螺钉改变（　　　　）来实现的。

130. 燃油系统的任务是定质、（　　　　）、定量地向气缸喷射雾化的燃油。

131. 燃油精滤器处于低压输油管系的（　　　　）位置。

132. 燃油系统中的放气阀设在燃油精滤器的（　　　　）。

133. 离心式机油滤清器一般只与主工作循环油路（　　　　）联。

134. 柴油机的喷油器试验应在专用的（　　　　）上进行。

135. 柴油机的机油泵一般都是（　　　　）泵。

136. 柴油机起动时（　　　　）泵先开始工作,向机内油路供油。

137. 机油滤清器有（　　　　）两种。

138. 柴油机按照完成一个循环所需的冲程数的多少可分为二冲程和（　　　　）冲程两种。

139. 离心式机油精滤器一般只与主工作循环油路（　　　　）联。

140. 柴油机冷却水系统,有（　　　　）种形式。

141. 循环冷却水管系与大气相通的冷却型式称为（　　　　）开式循环冷却。

142. 冷却水管系为封闭式的循环水冷却型式称为（　　　　）闭式循环冷却。

143. 镗床适合于加工（　　　　）、机架等结构复杂、尺寸较大的零件。

144. 切削用量包括切削速度、吃刀深度及（　　　　）三个基本要素。

145. 千分尺的活动套管转 1/2 周时,测微杆移动了（　　　　）mm。

146. 百分表的长指针转了 1.5 周时,齿杆移动了（　　　　）mm。

147. 万能游标量角器是用来测量工件(   )的量具。

148. 柴油机转速一定,负荷增加时,燃油消耗率(   )。

149. 万能游标量角器,能测量 0°~(   )°的外角。

150. 选用量块组时,应尽可能采用(   )的块数。

151. 用塞尺测量间隙时,如用 0.2 mm 片可塞入,0.25 mm 片不能塞入,说明间隙大于 0.2 mm,而小于(   )mm。

152. 塞尺是用来检验零件(   )间隙大小的片状量规。

153. 为了保持量块的精度,延长其使用寿命,一般不允许用量块(   )测量工件。

154. 千分尺的制造精度分为(   )两种。

155. 用卡规测量轴颈时,过端通过而止端不通过,则这根轴直径尺寸是(   )。

156. 用塞规测孔径,过端通过而止端不通过,则这孔的尺寸是(   )。

157. 双头螺柱的轴线应与机体表面垂直。检查方法有目测法和(   ),在互相垂直的两个方向检查。

158. 气缸组件装入机体气缸套安装孔后应用内径指示仪检查气缸套组件的(   )。

159. 内燃机车上,用冷却水将机油冷却的装置叫(   )。

160. 柴油机中的主轴承用来支撑(   )。

161. 由发电设备、输配电设备以及用电设备组成的总体叫(   )。

162. 柴油机对配气机构的要求是严格按照规定的(   )位置,正确及时地开、闭各缸的进、排气门。

163. 在从理论上说,四冲程柴油机的压缩和燃烧膨胀过程中,配气机构必须(   )气门。

164. 配气机构是柴油机(   )过程的控制机构。

165. 柴油机连杆的作用是连接活塞与曲轴,并将活塞的往复运动变为(   )。

166. 锉刀的材料一般为(   )。

167. 丝锥和板牙通常用(   )钢来制造。

168. 普通麻花钻是用(   )钢制成的。

169. W18Cr4V 是一种(   )钢。

170. 手锯锯条的前角为(   )。

171. 磨削工具钢、高速钢制成的刀具应选用(   )类砂轮。

172. 磨削硬质合金类刀具应选用(   )类砂轮。

173. V 形铁适用于(   )表面定位。

174. 工件在没有定位时,具有(   )个自由度。

175. 刨削时,刨刀只能作(   )线进给运动。

二、单项选择题

1. 立体划线,一般要选择(   )划线基准。
(A)二个   (B)三个   (C)四个   (D)一个

2. 合理的选用冷却润滑液,可使切削时的切削力(   )。
(A)增大   (B)增大或减小   (C)不变   (D)减小

3. 对于铰削有键槽的孔,必须选用(   )铰刀。

(A)右旋槽　　　　　(B)直槽　　　　　(C)左旋槽　　　　　(D)右旋或左旋槽

4. 单头螺纹的螺距（　　）导程。

(A)大于　　　　　(B)等于　　　　　(C)小于　　　　　(D)不确定

5. 螺纹的公称直径是指螺纹的（　　）的基本尺寸。

(A)大径　　　　　(B)中径　　　　　(C)小径　　　　　(D)内径

6. 研具材料应比被研磨的工件（　　）。

(A)稍软　　　　　(B)稍硬　　　　　(C)相同　　　　　(D)硬两倍

7. 清洗橡胶密封垫圈应选用（　　）清洗。

(A)汽油　　　　　(B)煤油　　　　　(C)精洗液　　　　　(D)酒精

8. 尺寸链中,封闭环的公差（　　）任一组成环公差。

(A)大于　　　　　(B)小于　　　　　(C)等于　　　　　(D)小于或等于

9. 对于过盈量较大的大、中型连接件,常采用（　　）装配。

(A)压入法　　　　　(B)热胀法　　　　　(C)冷缩法　　　　　(D)打入法

10. 两带轮传动时,两轮的中心平面应（　　）。

(A)平行　　　　　(B)垂直　　　　　(C)重合　　　　　(D)倾斜

11. 旋转零件在径向各截面上有不平衡量,但由此产生的惯性力合力通过旋转件重心,不会引起垂直于旋转轴线的力矩,这种不平衡称（　　）。

(A)静不平衡　　　　　(B)动不平衡　　　　　(C)静平衡　　　　　(D)动平衡

12. 旋转零件在径向各截面上有不平衡量,且由此产生的惯性力合力不通过旋转件的重心,旋转件旋转时,不仅产生垂直旋转轴的振动,而且产生使旋转轴倾斜的振动,这种不平衡称（　　）。

(A)静平衡　　　　　(B)静不平衡　　　　　(C)动平衡　　　　　(D)动不平衡

13. 用测力扳手拧紧螺纹目的是为了（　　）。

(A)防松　　　　　(B)控制拧紧力矩　　　　　(C)保证正确连接　　　　　(D)安全

14. 滚动轴承预紧的根本目的是（　　）。

(A)消除游隙　　　　　　　　　　(B)增大载荷

(C)提高轴承工作时的刚度和旋转精度　　　(D)减小载荷

15. 切削刀具的前刀面与后刀面的交线,称为（　　）。

(A)刀尖　　　　　(B)主切削刃　　　　　(C)副切削刃　　　　　(D)楔角

16. 修配法解尺寸链的主要任务是确定（　　）在加工时的实际尺寸。

(A)增环　　　　　(B)封闭环　　　　　(C)修配环　　　　　(D)减环

17. 装配时,通过调整某一零件的（　　）来保证装配精度要求的方法叫调整法。

(A)精度　　　　　(B)形状　　　　　(C)尺寸或位置　　　　　(D)大小

18. 四冲程柴油机多采用（　　）配气机构。

(A)气孔式　　　　　(B)气门式　　　　　(C)气孔一气门式　　　　　(D)换气式

19. 脉冲增压的结构特点是（　　）。

(A)有排气总管　　　　　(B)无排气总管　　　　　(C)有稳压箱　　　　　(D)无排气支管

20. 计算夹紧力的主要依据是（　　）。

(A)工件的重量　　　　(B)切削力的大小　　　(C)工件的形状　　　　(D)加工方法

21. 极限调速器限制柴油机的（　　）转速。

(A)恒定 　　(B)最高 　　(C)最高和最低 　　(D)最低

22. 柴油机气缸套的润滑是( )润滑。

(A)压力 　　(B)人工 　　(C)飞溅 　　(D)混合

23. 机车柴油机常用的冷却方式为( )。

(A)常温开式循环 　(B)高温闭式循环 　(C)组合循环 　(D)喷水

24. 柴油机的活塞组件是( )。

(A)运动机件 　(B)固定机件 　(C)配气机件 　(D)供油机件

25. 柴油机的连杆一般应进行( )热处理。

(A)正火 　　(B)淬火 　　(C)调质 　　(D)退火

26. 疲劳破坏的断口表面是( )。

(A)粗糙的

(B)光亮的

(C)光亮和粗糙相结合

(D)细密的

27. 柴油机的喷油泵柱塞副应选用( )钢。

(A)20Cr 　　(B)65Mn 　　(C)GCr15 　　(D)T13

28. GCr15 的含 Cr 量为( )。

(A)15% 　　(B)1.5% 　　(C)0.15% 　　(D)1%

29. 用高碳钢锻造的零件,在加工前应进行( )以改善其加工性。

(A)淬火 　　(B)正火 　　(C)回火 　　(D)退火

30. 下列( )尺寸的标注是错误的。

(A)$\phi 30^{+0.03}_{0}$ mm 　(B)$\phi 30\pm0.03$ mm 　(C)$\phi 30^{0}_{+0.03}$ mm 　(D)$\phi 30^{+0.03}_{-0.03}$ mm

31. 下列配合中,公差等级选择不适当的是( )。

(A)H7/f6 　　(B)H7/f8 　　(C)H7/f7 　　(D)F7/h6

32. 孔、轴之间要求传递力比较大时,应选用( )配合。

(A)间隙 　　(B)过盈 　　(C)过渡 　　(D)混合配合

33. 下列标准公差等级中,公差等级最高的是( )。

(A)IT6 　　(B)IT01 　　(C)IT18 　　(D)IT12

34. 标准公差数值的大小与( )有关。

(A)配合公差 　(B)基本偏差 　(C)公差 　(D)基本尺寸的大小

35. 1 kW·h 电可供 220 V,40 W 灯泡正常发光的时间为( )。

(A)20 h 　　(B)40 h 　　(C)25 h 　　(D)15 h

36. 能在电路中起短路保护作用的元件是( )。

(A)按钮 　　(B)接触器 　　(C)熔断器 　　(D)热继电器

37. 能在电路中起过载保护作用的电器元件是( )。

(A)熔断器 　(B)热继电器 　(C)接触器 　(D)电压继电器

38. 接触器具有( )的作用。

(A)短路保护 　(B)过盈保护 　(C)欠电压失电压 　(D)过载保护

39. 两铜丝的重量相同,其中甲的长度是乙的 10 倍,则甲的电阻是乙的( )倍。

(A)10 　　(B)100 　　(C)1 　　(D)1 000

40. 液压传动装置实质上是一种( )装置。

(A)力的传递　　　　(B)液体变换　　　　(C)速度传递　　　　(D)能量转换

41.（　　）是液压系统的动力部分。

(A)电机　　　　(B)液压泵　　　　(C)油压缸　　　　(D)油马达

42.液压传动是依靠（　　）来传递运动的。

(A)压力的变化　　　　　　　　　　(B)流量的变化

(C)密封容积的变化　　　　　　　　(D)速度的变化

43.若要改变油缸的运动速度,只要改变流入液压缸中油液的（　　）即可。

(A)压力　　　　(B)流量　　　　(C)速度　　　　(D)方向

44.油液流经无分支管道时,每一横截面上通过的（　　）一定是相等的。

(A)压力　　　　(B)流量　　　　(C)速度　　　　(D)方向

45.图1中,剖面正确的是（　　）。

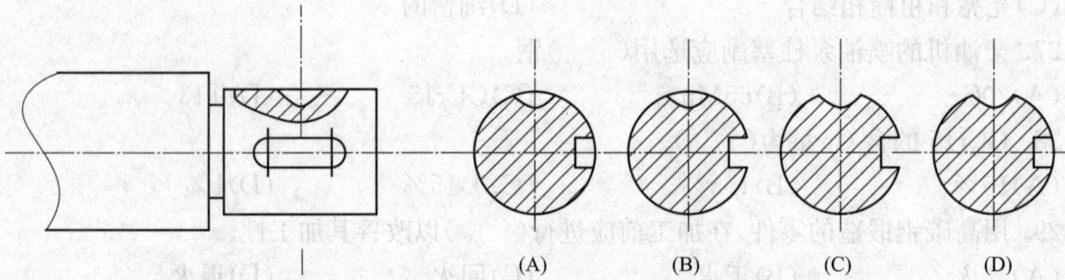

图　1

46.图2中,左视图正确的是（　　）。

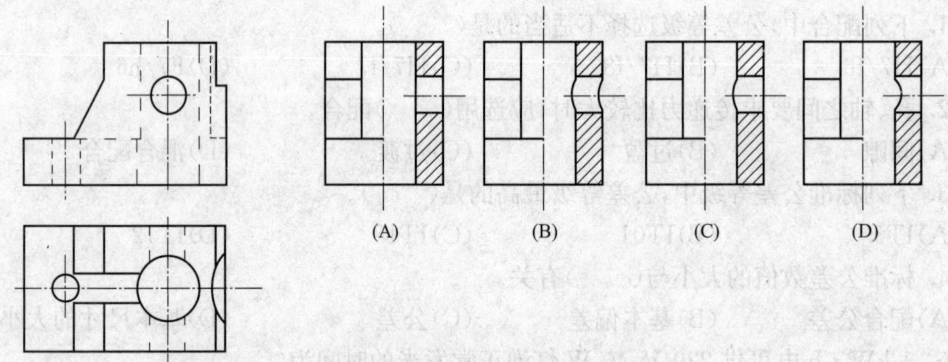

图　2

47.图3中,左视图正确的是（　　）。

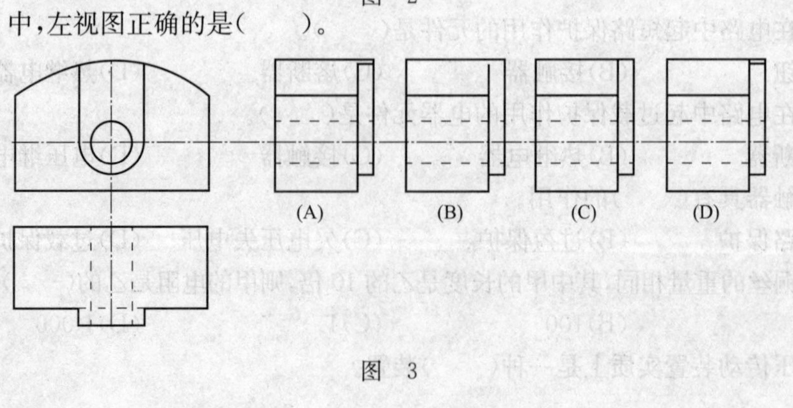

图　3

48. 图 4 中,主视图正确的是( )。

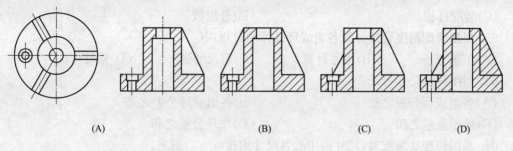

(A)　　　　　　　　　(B)　　　　　　(C)　　　　　　(D)

图　4

49. 摇臂钻床适用于( )工件加工。

(A)较大及多孔　　(B)较小及多孔　　(C)中等　　　　(D)以上都可以

50. 组合夹具是由各种( )元件拼装组合而成的。

(A)专用　　　　　(B)可调　　　　　(C)标准　　　　(D)特殊

51. 检查轴的轴向窜动和径向跳动通常使用( )。

(A)游标卡尺　　　(B)百分尺　　　　(C)角度尺　　　(D)百分表

52. 卡钳是一种( )。

(A)量具　　　　　(B)划线工具　　　(C)找正工具　　(D)测量工具

53. 当加工的孔需要依次进行钻、扩、铰等多种工步加工时,一般应使用( )。

(A)可换钻套　　　(B)快换钻套　　　(C)特殊钻套　　(D)多孔钻套

54. 组合夹具拼装后具有( )。

(A)专用性　　　　(B)通用性　　　　(C)较高的刚性　(D)较小的外形尺寸

55. 由一个或一组工人在一台机床或一个工作地点对一个或同时几个工件进行加工所连续完成的那一部分工艺过程称为( )。

(A)工序　　　　　(B)工步　　　　　(C)工位　　　　(D)安装

56. 部件装配是从( )开始的。

(A)零件　　　　　(B)基准零件　　　(C)装配单元　　(D)基准部件

57. 螺纹连接属于( )。

(A)可拆的活动连接　　　　　　　　　(B)不可拆的固定连接

(C)可拆的固定连接　　　　　　　　　(D)不可拆的活动连接

58. 楔键连接属于( )。

(A)可拆的活动连接　　　　　　　　　(B)不可拆的固定连接

(C)可拆的固定连接　　　　　　　　　(D)不可拆的活动连接

59. 销连接属于( )。

(A)可拆的活动连接　　　　　　　　　(B)不可拆的固定连接

(C)可拆的固定连接　　　　　　　　　(D)不可拆的活动连接

60. 操作简便,生产效率高的装配方法是( )。

(A)完全互换法　　(B)选配法　　　　(C)调整法　　　(D)修配法

61. 采用分组选配法装配,配合精度的高低取决于(　　)。

(A)零件的加工精度　　　　　　　(B)装配方法

(C)装配过程　　　　　　　　　　(D)分组数

62. 根据装配精度合理分配各组成环公差的过程叫(　　)。

(A)工艺分析　　　(B)尺寸计算　　　(C)解尺寸链　　　(D)精度保证

63. 封闭环的公差等于(　　)。

(A)各组成环公差之和　　　　　　(B)各组成环公差之差

(C)减环公差之和　　　　　　　　(D)增环公差之和

64. 采用修配法装配时,尺寸链中的各尺寸均按(　　)制造。

(A)装配精度要求　　(B)经济公差　　　(C)修配量　　　(D)封闭环公差

65. 两孔的中心距一般都用(　　)法测量。

(A)直接测量　　(B)间接测量　　　(C)随机测量　　　(D)系统测量

66. 箱体加工时,是用箱体的(　　)来找正的。

(A)面　　　　(B)孔　　　　　(C)安装基准　　　(D)划线

67. 锪孔的轴线应与原孔的轴线(　　)。

(A)平行　　　　(B)相交　　　　　(C)垂直　　　(D)同轴

68. 工件只限制了四个自由度就能保证加工要求,这种定位是(　　)。

(A)不完全定位　　(B)完全定位　　　(C)过定位　　　(D)欠定位

69. 盖板式钻床夹具的特点是(　　)。

(A)没有夹具体　　　　　　　　　(B)没有夹紧装置

(C)没有导向原件　　　　　　　　(D)没有定位原件

70. 弹簧垫圈上开出斜口目的是为了(　　)。

(A)增大预紧力　　(B)产生弹力　　　(C)防止螺母回转　　(D)增大摩擦力

71. 圆锥面过盈连接是利用包容件与被包容件的(　　)而获得过盈量的。

(A)相对轴向位移　　(B)过盈值的大小　(C)配合性质　　　(D)装配方法

72. 中冷器、涡轮增压器属于柴油机的(　　)。

(A)调控系统　　(B)进、排气系统　(C)配气系统　　　(D)冷却系统

73. 压缩比大些(　　)。

(A)柴油机起动容易　　　　　　　(B)柴油机起动困难

(C)燃油消耗量大　　　　　　　　(D)柴油机工作粗暴

74. 当司机控制器手柄位置固定后,柴油机转速起伏不定,供油拉杆来回移动,此种现象称为(　　)。

(A)游车　　　　(B)失控　　　　　(C)冲击　　　(D)振动

75. 一般情况下,曲轴轴颈都是经过(　　)来完成的。

(A)车削和钻削　　(B)车削和铣削　(C)钻削和铣削　　(D)车削和磨削

76. 16V240ZJB型柴油机压缩比是(　　)。

(A)1.25　　　(B)12.5　　　　(C)125　　　　(D)0.125

77. 改变柱塞偶件的几何供油始点和几何供油终点就能(　　),进而改变供油量。

(A)改变供油行程　　　　　　　(B)改变通油孔的位置

(C)改变空行程　　　　　　　　(D)改变充油行程

78. 当进、排气门处于同时开启时,这一现象叫(　　)。

(A)扫气过程　　　(B)自由排气　　　(C)气门重叠　　　(D)进、排气融合期

79. 同一气缸的进、排气门同时开启的曲轴转角,称为(　　)。

(A)曲轴重叠角　　(B)扫气过程　　　(C)气门重叠角　　(D)自由换气过程

80. 在冷机状态下,活塞处于上止点时,其顶面与气缸盖火力面之间的间隙称为(　　)。

(A)压缩比　　　　(B)垫片厚度　　　(C)气缸压缩间隙　(D)有效压缩比

81. 若供油提前角小于测定值,会造成(　　)。

(A)喷油提前　　　(B)后燃现象　　　(C)供油减少　　　(D)雾化不良

82. 柴油机机体主轴孔是经过(　　)加工来完成的。

(A)镗削　　　　　(B)钻削　　　　　(C)铣削　　　　　(D)车削

83. 16V240ZJB型柴油机的活塞行程是(　　)mm。

(A)240　　　　　(B)260　　　　　(C)275　　　　　(D)280

84. 畸形工件需多次划线时,为保证加工质量必须做到(　　)。

(A)安装方法一致　(B)划线方法一致　(C)划线基准统一　(D)借料方法相同

85. 修磨钻铸铁的群钻,主要是磨出(　　)。

(A)三尖　　　　　(B)刃　　　　　　(C)分屑槽　　　　(D)双重顶角

86. 用6个定位支承点限制了工件的4个自由度,这种定位是(　　)。

(A)不完全定位　　(B)完全定位　　　(C)过定位　　　　(D)欠定位

87. 气门座圈与气缸盖座孔通常采用(　　)装配。

(A)压入法　　　　(B)位移法　　　　(C)热胀法　　　　(D)冷缩法

88. 将柴油机主轴瓦放入标准胎具内,测量出瓦口高出胎具平面的距离,此距离称为(　　)。

(A)轴瓦的紧余量　　　　　　　(B)主轴瓦的削薄量

(C)主轴瓦的自由胀量　　　　　(D)主轴瓦的厚度

89. (　　)是选配柴油机主轴瓦的主要各根据。

(A)主轴孔直径　　(B)主轴颈直径　　(C)主轴瓦的厚度　(D)润滑间隙

90. 紧固喷油泵压紧螺套时,若拧紧力矩过大,会(　　)。

(A)损坏泵体　　　　　　　　　(B)使柱塞偶件卡滞

(C)使出油阀卡滞　　　　　　　(D)使出油阀弹簧压力过大

91. 对柱塞偶件进行滑动性检查,通常是将其倾斜(　　),再提起柱塞看其是否能自由滑动落下。

(A)30°　　　　　(B)45°　　　　　(C)60°　　　　　(D)80°

92. 气门驱动机构中的摇臂,从原理上说它实际是个(　　)。

(A)挺杆　　　　　(B)摇杆　　　　　(C)杠杆　　　　　(D)摆杆

93. 目测麻花钻(　　),可以判断出麻花钻后角的大小。

(A)横刃斜角　　　(B)顶角　　　　　(C)前角　　　　　(D)钻心角

94. 钻黄铜或青铜,主要要解决钻头的(　　)。

(A)抗力　　　　　　(B)挤刮　　　　　　(C)散热　　　　　　(D)扎刀

95. 在毛坯上扩孔主要解决的是(　　)的问题。

(A)切削深度　　　　(B)定心难　　　　　(C)进给量　　　　　(D)转速选定

96. 普通麻花钻扩孔切削时容易产生(　　)。

(A)进给困难　　　　(B)扎刀　　　　　　(C)加工效率低　　　(D)加工质量差

97. 若气缸压缩间隙大于设计要求,则(　　)。

(A)气缸有效压缩比增大　　　　　　　　(B)气缸有效压缩比减小

(C)气缸容积减小　　　　　　　　　　　(D)爆发压力增大

98. 若气缸压缩间隙小于设计要求,则(　　)。

(A)气缸有效压缩比增大　　　　　　　　(B)气缸有效压缩比减小

(C)气缸容积增大　　　　　　　　　　　(D)爆发压力减小

99. 蜗杆传动机构正确啮合,在蜗轮轮齿上的接触斑点位置应在(　　)。

(A)齿面中部　　　　　　　　　　　　　(B)齿面端部

(C)齿面中部稍偏蜗杆旋出方向　　　　　(D)齿面中部稍偏蜗杆旋入方向

100. 当齿轮的接触斑点位置正确,而接触面积太小时,是由于(　　)所致。

(A)侧隙太大　　　　(B)中心距偏大　　　(C)中心距偏小　　　(D)齿形差太大

101. 齿轮安装中心距误差不仅影响齿轮的接触位置,而且影响(　　)。

(A)齿侧间隙　　　　(B)接触面积　　　　(C)传动比　　　　　(D)传动效率

102. 两啮合齿轮(　　),会产生同向偏接触。

(A)中心距太大　　　　　　　　　　　　(B)中心距太小

(C)安装轴线不平行　　　　　　　　　　(D)径向跳动

103. 两啮合齿轮接触面积的大小,是根据齿轮的(　　)要求而定的。

(A)接触精度　　　　(B)齿侧间隙　　　　(C)运动精度　　　　(D)转速高低

104. 从 1/50 mm 游标卡尺上读数,读法正确的是(　　)。

(A)8.99　　　　　　(B)8.995　　　　　　(C)9.01　　　　　　(D)9.02

105. 柱塞偶件严密度过大,说明(　　)。

(A)配合间隙过小,滑动性差　　　　　　(B)配合间隙过大,会造成漏油

(C)密封性能好,工作状态好　　　　　　(D)密封性能差,工作状态不好

106. 喷油泵的 B 尺寸是指柱塞顶面与上进油孔下边缘平齐时,(　　)间的距离。

(A)柱塞顶面与柱塞套底面　　　　　　　(B)柱塞顶面与泵体支承面

(C)柱塞尾部端面与柱塞套底面　　　　　(D)柱塞尾部端面与泵体支承面

107. 配气机构的调整包括(　　)调整和配气相位的调整两个方面。

(A)凸轮位置　　　　(B)曲轴转角　　　　(C)冷态气门间隙　　(D)发火顺序

108. 将某一发生故障的气缸喷油泵停止供油,使该气缸不发火的操作过程,称为(　　)。

(A)手动配速　　　　(B)甩缸　　　　　　(C)停车　　　　　　(D)关机

109. 柴油机转速失控而急速上升超过规定的极限转速的现象叫(　　)。

(A)失控 (B)机破 (C)甩缸 (D)飞车

110. 人工扳动供油拉杆,使柴油机运转的操作过程称为( )。

(A)手动调速 (B)盘车 (C)撬车 (D)手动供油

111. 从喷油器开始喷油到喷油泵停止供油,这一阶段称为( )。

(A)喷射滞后期 (B)主喷射期 (C)自由喷射期 (D)正常喷射期

112. 缓冲式出油阀减压环带的作用是( )。

(A)缓和冲击 (B)降低喷油压力 (C)降低剩余油压 (D)减少供油量

113. 中冷器主要是用来冷却( )。

(A)机油 (B)水 (C)增压空气 (D)柴油机

114. 在一般精度的钻床上钻 $\phi2\sim\phi3$ mm 小孔时,其转速取( )为宜。

(A)1 000~1 500 r/min (B)1 500~2 000 r/min

(C)2 000~2 500 r/min (D)2 500~3 000 r/min

115. 下列连接中属于不可拆连接的是( )。

(A)键 (B)焊接 (C)销 (D)螺纹

116. 下列连接中属于可拆连接的是( )。

(A)键 (B)焊接 (C)铆接 (D)黏接

117. 1/12 英尺等于( )mm。

(A)203.2 (B)25.4 (C)250.4 (D)0.254

118. 测量尺寸为 24.24 mm 的工件,选用精度为( )游标卡尺较好。

(A)1/50 (B)1/20 (C)1/10 (D)1/30

119. 测量工件尺寸 2.57 mm 时,应选用的量具为( )较好。

(A)1/50 的游标卡尺 (B)千分尺 (C)百分表 (D)1/20 的游标卡尺

120. 检查两结合面的间隙大小应选用( )。

(A)百分表 (B)千分尺 (C)塞尺 (D)游标卡尺

121. 内径千分尺刻线方向与外径千分尺刻线方向( )。

(A)相同 (B)不确定 (C)相同或相反 (D)相反

122. 用百分表测量平面的平面度时,触头应与平面( )。

(A)垂直 (B)倾斜 (C)水平 (D)平行

123. 用万能游标量角器测量工件时,当测量角大于 90°而小于 180°时,应加一个( )。

(A)360° (B)180° (C)90° (D)45°

124. 为了保证测量过程中,计量单位的统一,我国法定计量单位的基准是( )。

(A)公制 (B)公制和英制 (C)国际单位制 (D)英制

125. 下列量具中属于标准量具的是( )。

(A)量块 (B)游标卡尺 (C)塞规 (D)千分尺

126. 下列零件或部件中( )不需要做平衡试验。

(A)曲轴 (B)电机转子 (C)飞轮 (D)活塞

127. 齿轮传动,齿侧隙的测量工具是( )。

(A)百分表 (B)游标卡尺 (C)量块 (D)千分尺

128. 带传机构装配时,中心距较小的用( )检查两带轮相互位置的正确性。

(A)游标卡尺　　　　(B)千分尺　　　　(C)百分表　　　　(D)直尺

129. 齿轮轴部件装入箱体前,应对箱体孔中心线与端面的垂直度用(　　)进行检验。

(A)直尺　　　　(B)千分尺　　　　(C)百分表　　　　(D)量块

130. 齿轮传动机构的啮合质量的接触精度用(　　)法检验。

(A)涂色法　　　　(B)压铅法　　　　(C)百分表　　　　(D)塞尺

131. 齿轮装到轴上后,应用(　　)检查径向跳动。

(A)游标卡尺　　　　(B)千分尺　　　　(C)塞尺　　　　(D)百分表

132. 当机件内部结构不能用单一剖切平面剖开,而是采用几个互相平行的剖切平面将其剖开,这种剖视图称为(　　)。

(A)斜剖　　　　(B)旋转剖　　　　(C)复合剖　　　　(D)阶梯剖

133. 下列电路图形符号代表熔断器的是(　　)。

(A)　　　　(B)　　　　(C)　　　　(D)

134. 下列电路图形符号代表电感器的是(　　)。

(A)　　　　(B)　　　　(C)　　　　(D)

135. 切削时,切屑流出的表面称为(　　)。

(A)主刀面　　　　(B)切削表面　　　　(C)前刀面　　　　(D)基面

136. 刃磨錾子时,主要目的是磨(　　)。

(A)前刀面　　　　(B)后刀面　　　　(C)前角　　　　(D)楔角

137. 手锯锯条的楔角是(　　)。

(A)30°　　　　(B)40°　　　　(C)50°　　　　(D)60°

138. 铰刀校准部分的前角是(　　)。

(A)0°　　　　(B)5°　　　　(C)10°　　　　(D)-5°

139. 已知活塞有效工作面积为 0.008 m²,外界负载为 9 720 N,则液压缸的工作压力为(　　)Pa。

(A)12.15×10^4　　　　(B)12.15×10^5　　　　(C)8.2×10^{-7}　　　　(D)8.2×10^{-6}

140. 在测量过程中,由一些无法控制的因素造成的误差称为(　　)。

(A)随机误差　　　　(B)系统误差　　　　(C)粗大误差　　　　(D)偶然误差

141. 通过测量某一量值,并借助已知函数关系计算出需要的测量数据的测量方法叫(　　)。

(A)直接测量　　　　(B)间接测量　　　　(C)函数计算　　　　(D)误差换算

142. 用量具测出零件的弓高和弦长,通过公式计算出直径的测量方法叫(　　)。

(A)直接测量　　　　(B)间接测量　　　　(C)随机测量　　　　(D)系统测量

143. 当麻花钻顶角小于 118°时,两主切削刃呈(　　)形。

(A)直线　　　　(B)曲线　　　　(C)外凸　　　　(D)内凹

144. 当麻花钻顶角大于 118°时,两主切削刃呈(　　)形。

(A)直线　　　　(B)曲线　　　　(C)外凸　　　　(D)内凹

145. 麻花钻主切削刃上各点的前角和后角是不等的,就外缘处来说(　　)。

(A)前角最大,后角最小　　　　(B)前角最小,后角最大

(C)前角最大,后角最大　　　　(D)前角最小,后角最小

146. 修磨薄板群钻主要是将两主切削刃磨成圆弧形,钻尖磨低,直到形成( )。
(A)三尖 (B)分屑槽 (C)两顶角 (D)外刃

147. 在$\phi 20$ mm 的底孔上扩$\phi 40$ mm 的孔,则切削深度为( )mm。
(A)5 (B)10 (C)15 (D)20

148. 在$\phi 20$ mm 的底孔上扩$\phi 45$ mm 的孔,则切削深度为( )mm。
(A)5 (B)7.5 (C)12.5 (D)15

149. 旋转零件的重心不在旋转轴线上,当其旋转时只产生垂直旋转中心的离心力,此种现象称为( )。
(A)静平衡 (B)静不平衡 (C)动平衡 (D)动不平衡

150. 旋转零件的重心在旋转轴线上,当其旋转时有不平衡力矩产生,此种现象称为( )。
(A)静平衡 (B)静不平衡 (C)动不平衡 (D)动平衡

151. 可以独立进行装配的部件称为( )。
(A)装配系统 (B)装配基准 (C)装配单元 (D)组件

152. 一般来说,流水线、自动线装配都采用( )。
(A)完全互换法 (B)选配法 (C)调整法 (D)修配法

153. 多工位加工可以减少( ),提高生产效率。
(A)工件的安装次数 (B)刀具的数量
(C)工位数 (D)工步数

154. 刀具对工件的同一表面每一次切削称为( )。
(A)工步 (B)工序 (C)加工次数 (D)走刀

155. 工序基准、定位基准和测量基准都属于机械加工的( )。
(A)粗基准 (B)工艺基准 (C)精基准 (D)设计基准

156. 零件加工时一般要经过粗加工、半精加工和精加工三个过程,习惯上把它们称为( )。
(A)加工方法的选择 (B)加工过程的划分
(C)加工工序的划分 (D)加工工序的安排

157. 从零件表面上切去多余的材料,这一层材料的厚度称为( )。
(A)毛坯 (B)加工余量 (C)工序尺寸 (D)切削用量

158. 柴油机喷油泵柱塞偶件是经过( )制成的。
(A)抛光 (B)精磨 (C)光整加工 (D)成对研磨

159. 机车柴油机喷油泵大都为( )。
(A)齿轮式 (B)蜗轮式 (C)柱塞式 (D)叶片式

160. 喷油泵柱塞偶件的配合间隙为( )mm。
(A)0.01~0.02 (B)0.003~0.005 (C)0.03~0.05 (D)0.001~0.002

161. 喷油泵的柱塞表面加工出螺旋边或水平边,其作用是( )。
(A)导向 (B)启、闭通油孔 (C)转动柱塞 (D)调节供油行程

162. 从几何供油始点到几何供油终点的柱塞供油行程称为( )。
(A)充油行程 (B)空行程 (C)有效行程 (D)回油行程

163. 改变柱塞偶件的几何供油始点和几何供油终点就能( ),进而改变供油量。
(A)改变供油行程
(B)改变通油孔的位置
(C)改变空行程
(D)改变充油行程

164. 16V240ZJB 型柴油机喷油泵出油阀在高度位置上可分( )个区段。
(A)3　　　　　(B)4　　　　　(C)5　　　　　(D)6

165. 为使柴油机各气缸内有相近的热力工作指标及动力均衡性,喷油泵组装后应具有同一( )。
(A)几何供油提前角 (B)垫片厚度　　(C)供油时间　　(D)压力

166. 标准柱塞偶件的严密度,其合格范围为( )。
(A)10 s　　　(B)10~15 s　　(C)7 s　　　(D)7~25 s

167. 所谓柴油机的冷机状态,是指其机内的油、水温度不高于( )。
(A)40 ℃　　　(B)50 ℃　　　(C)60 ℃　　　(D)20 ℃

168. 气门密封环带轻微损伤一般采用( )法修复。
(A)抛光　　　(B)研磨　　　(C)铰削　　　(D)磨削

169. 16V240ZJB 型柴油机主轴瓦厚度共有 5 个尺寸等级,每( )mm 为 1 挡。
(A)0.01　　　(B)0.02　　　(C)0.03　　　(D)0.04

170. 一般情况下,连杆瓦的上瓦( )。
(A)为受力瓦　　(B)不是受力瓦　　(C)开有油槽　　(D)具有过盈量

171. 16V240ZJB 型柴油机连杆瓦厚度为( )mm。
(A)7.38~7.42　(B)4.91~4.94　(C)5.28~5.42　(D)6.91~6.94

172. 前刀面与( )的夹角,称为前角。
(A)切削平面　　(B)基面　　　(C)切削表面　　(D)副截面

173. 16V240ZJB 型柴油机小时功率的几何供油提前角为( )。
(A)21°　　　(B)23°　　　(C)24°　　　(D)25°

174. 16V240ZJB 型柴油机喷油泵齿条刻线上的 0 刻线表示喷油泵在( )。
(A)供油位　　(B)停油位　　(C)减油位　　(D)增油位

175. 对于四冲程 16 缸柴油机来说,均匀发火的间隔角度应为( )。
(A)60°　　　(B)55°　　　(C)50°　　　(D)45°

176. 测量噪声时,对于噪声级极强或有危险的设备,也可取( )个测量点。
(A)1~2　　　(B)3~5　　　(C)5~10　　　(D)8~12

177. 通常负责制定并实施企业质量方针和质量目标的人是( )。
(A)上层管理者　(B)中层管理者　(C)基层管理者　(D)管理者代表

178. 企业应当建立、健全( )档案和劳动者健康监护档案。
(A)工资　　　(B)人事　　　(C)设备管理　　(D)职业卫生

179. 用人单位应当在解除或终止劳动合同后为劳动者办理档案和社会保险关系转移手续,具体时间为解除或终止劳动关系后的( )。
(A)7 日内　　(B)10 日内　　(C)15 日内　　(D)30 日内

180. 某企业在其格式劳动合同中约定:员工在雇佣工作期间的伤残、患病、死亡,企业概不负责。如果员工已在该合同上签字,该合同条款( )

(A)无效

(B)是当事人真实意思的表示,对当事人双方有效

(C)不一定有效

(D)只对一方当事人有效

三、多项选择题

1. 组合体的尺寸分为( )几类。

(A)基本尺寸 (B)定型尺寸 (C)定位尺寸 (D)总体尺寸

2. 借料能使( )在加工后排除。

(A)误差 (B)毛坯表皮 (C)缺陷 (D)多余尺寸

3. 研磨的基本原理包含( )作用。

(A)机械 (B)物理 (C)化学 (D)塑性

4. 影响切削力的主要因素有( )。

(A)刀具角度 (B)冷却润滑条件 (C)工件材料 (D)切削用量

5. 互换性按其程度和范围不同分为( )。

(A)完全互换 (B)等量互换 (C)位置互换 (D)不完全互换

6. 公差原则就是处理( )关系的规定。

(A)尺寸公差 (B)形位公差 (C)形状公差 (D)基本公差

7. 表面粗糙度代号由( )及有关规定的项目组成。

(A)表面粗糙度等级 (B)表面粗糙度程度

(C)表面粗糙度符号 (D)表面粗糙度数值

8. 金属材料的变形一般分( )。

(A)弹性变形 (B)物理变形 (C)机械变形 (D)塑性变形

9. 常用的不锈钢有( )不锈钢。

(A)镀铬 (B)铬 (C)铬镍 (D)一般

10. 装配尺寸链的调整方法有( )调整。

(A)可动 (B)移动 (C)人工 (D)固定

11. 在对规定了预紧力的螺纹进行连接时,常用( )来保证准确的预紧力。

(A)控制扭矩法 (B)控制方向法

(C)控制螺母扭角法 (D)控制螺栓伸长法

12. 圆柱面过盈连接的装配方法有( )。

(A)敲击法 (B)压入法 (C)冷缩法 (D)热胀法

13. 按结构和使用情况分,标准化的钻套分为( )。

(A)固定钻套 (B)可换钻套 (C)普通钻套 (D)快换钻套

14. 夹具的夹紧力是由力的( )这些要素来体现的。

(A)大小 (B)方向 (C)作用点 (D)来源

15. V型柴油机的连杆型式有( )等。

(A)普通连杆 (B)并列连杆 (C)主副连杆 (D)叉片式连杆

16. 柴油机中机油的作用是( )。

(A)润滑　　　　(B)冷却　　　　(C)清洗　　　　(D)密封和防锈

17. 溢流阀的主要作用是（　　）。

(A)节约机油　　(B)溢流稳压　　(C)限压保护　　(D)降低机油温度

18. 活塞环中气环的作用是保证（　　）。

(A)密封　　　　(B)散热　　　　(C)导向　　　　(D)刮机油

19. 研磨剂是由（　　）调和而成的混合剂。

(A)机油　　　　(B)红丹粉　　　(C)磨料　　　　(D)研磨液

20. 箱体的第一划线位置，一般应选择在箱体上待加工的（　　）最多的位置。

(A)孔　　　　　(B)基座　　　　(C)面　　　　　(D)水平线

21. 气门式配气机构主要由（　　）组成。

(A)小横臂　　　(B)气门机构　　(C)气缸盖　　　(D)气门驱动机构

22. 燃油系统的任务是（　　）地向气缸喷射雾化的燃油。

(A)定点　　　　(B)定质　　　　(C)定时　　　　(D)定量

23. 柴油机按照完成一个循环所需的冲程数的多少可分为（　　）冲程。

(A)二　　　　　(B)六　　　　　(C)四　　　　　(D)多

24. 切削用量包括（　　）等几个基本要素。

(A)切削速度　　(B)走刀深度　　(C)吃刀深度　　(D)走刀量

25. 千分尺的制造精度分为（　　）。

(A)0级　　　　(B)2级　　　　(C)3级　　　　(D)1级

26. 气缸组件装入机体气缸套安装孔后应用内径指示仪检查气缸套组件的（　　）。

(A)同心度　　　(B)圆度　　　　(C)圆柱度　　　(D)平行度

27. 齿轮安装中心距产生误差会对齿轮的（　　）造成影响。

(A)接触位置　　(B)传动比　　　(C)齿侧间隙　　(D)传动效率

28. 配气机构的调整包括（　　）。

(A)曲轴转角调整　　　　　　　(B)配气相位的调整
(C)发火顺序调整　　　　　　　(D)冷态气门间隙调整

29. 属于机械加工工艺基准的有（　　）。

(A)工序基准　　(B)定位基准　　(C)测量基准　　(D)设计基准

30. 零件加工时一般要经过（　　）这几个过程，习惯上把它们称为加工过程的划分。

(A)基础加工　　(B)粗加工　　　(C)半精加工　　(D)精加工

31. 一般情况下，曲轴轴颈都是经过（　　）来完成的。

(A)钻削　　　　(B)铣削　　　　(C)车削　　　　(D)磨削

32. 内燃机车散热器采用的是（　　）进行热交换的形式。

(A)水　　　　　(B)机油　　　　(C)空气　　　　(D)燃油

33. 要想画出组合体的视图，可采用（　　）等方法，弄清楚组合体的结构形状、组合形式。

(A)组合分析法　(B)形体分析法　(C)线形分析法　(D)面形分析法

34. 机件形状常用的表达方法有（　　）。

(A)基本视图　　(B)辅助视图　　(C)剖视图　　　(D)局部放大图

35. 一张完整的装配图应包括(　　)。

(A)必要的尺寸 (B)技术要求

(C)零件序号和明细表 (D)标题栏

36. 公差带是由相对零线的(　　)等要素组成。

(A)方向 (B)位置 (C)大小 (D)数值

37. 对钢的性能有益的元素是(　　)。

(A)硅 (B)锰 (C)硫 (D)磷

38. 对钢的性能有害的元素是(　　)。

(A)硅 (B)锰 (C)硫 (D)磷

39. 根据图样使用的场合不同,生产中常用的图样有(　　)。

(A)零件图 (B)装配图 (C)工序图 (D)草图

40. 形位公差代号包括(　　)。

(A)形位公差项目符号 (B)形位公差指引线

(C)形位公差数值 (D)基准符号

41. 测量零件表面粗糙度正确的方法有(　　)。

(A)比较法 (B)光切法 (C)光波干涉法 (D)触摸法

42. 选择测量器具时应考虑(　　)等问题。

(A)参数指标 (B)综合指标 (C)规格指标 (D)精度指标

43. 三视图的投影规律是(　　)。

(A)主、俯视图长对正 (B)主、左视图高平齐

(C)主、俯视图高平齐 (D)俯、左视图宽相等

44. 测量条件主要是指测量环境的(　　)等。

(A)温度 (B)湿度 (C)灰尘 (D)振动

45. 零件的互换性可以(　　)。

(A)提高工作效率 (B)便于流水线装配

(C)提高清洁度 (D)便于更换易损零件

46. 加工误差包括(　　)。

(A)精度等级误差 (B)尺寸误差

(C)几何形状误差 (D)相互位置误差

47. 剖面图分(　　)。

(A)组合剖面 (B)阶梯剖面 (C)移出剖面 (D)重合剖面

48. 对冷变形模具钢的性能要求有(　　)。

(A)高硬度和耐磨性 (B)足够的强度 (C)较好的韧性 (D)变形较小

49. 锻铝的性能要求有(　　)。

(A)较高的强度 (B)较高的硬度 (C)较好的韧性 (D)良好的热塑性

50. 下列属于铜合金的有(　　)。

(A)紫铜 (B)黄铜 (C)白铜 (D)青铜

51. 提高产品清洁度主要采取的措施是(　　)。

(A)充实工位器具 (B)净化组装场地 (C)加强防锈 (D)加强管理

52. 下列能作为轴瓦材料的有(　　　)。
(A)青铜　　　(B)高碳钢　　　(C)铸铁　　　(D)铸钢

53. 蜗杆的传动特点,说法正确的是(　　　)。
(A)尺寸小,重量轻　　　　　　(B)工作平稳,无噪音
(C)传动比大　　　　　　　　　(D)效率低

54. 对普通螺旋传动形式,说法正确的是(　　　)。
(A)螺杆移动,螺母回转并作直线运动　　(B)螺母不动,螺杆回转并作直线运动
(C)螺杆原位回转,螺母作直线运动　　　(D)螺母原位回转,螺杆作直线运动

55. 滚动轴承的精度等级分为(　　　)四级。
(A)AB　　　(B)CD　　　(C)BF　　　(D)EG

56. 滚动轴承的特点是(　　　)。
(A)摩擦损失小　(B)效率高　(C)启动灵敏　(D)易于互换

57. 滚动轴承的基本结构是由(　　　)组成。
(A)内圈　　　(B)外圈　　　(C)滚动体　　　(D)保持架

58. 滚动轴承的密封装置可分为(　　　)。
(A)嵌入式　(B)接触式　(C)非接触式　(D)机械式

59. 平面锉削包括(　　　)。
(A)顺向锉　　　(B)交叉锉　　　(C)推锉　　　(D)往返锉

60. 常用联轴器的类型有(　　　)。
(A)固定式刚性联轴器　　　　　(B)多功能联轴器
(C)可移动刚性联轴器　　　　　(D)弹性联轴器

61. 联轴节的种类有(　　　)等。
(A)凸缘联轴节　　　　　　　　(B)弹性柱销联轴节
(C)万向轴联轴节　　　　　　　(D)齿轮联轴节

62. 离合器的种类有(　　　)等。
(A)牙嵌离合器　(B)摩擦离合器　(C)安全离合器　(D)组合离合器

63. 对弹簧的功能说法正确的是(　　　)。
(A)控制运动　　　　　　　　　(B)缓冲和减振
(C)贮存和输出能量　　　　　　(D)测量力的大小

64. 选用铰刀的原则是(　　　)。
(A)铰削锥孔时,应按孔的锥度选择相应的锥度铰刀
(B)工件批量大时,应选用手用铰刀
(C)铰削带键槽的孔,应选用螺旋铰刀
(D)工件过硬应选用硬质合金铰刀

65. 圆柱螺旋弹簧的制造精度等级有(　　　)。
(A)4级　　　(B)3级　　　(C)2级　　　(D)1级

66. 三角带传动的主要优点有(　　　)。
(A)磨损较慢　　　　　　　　　(B)能传递较大的功率
(C)结构较为紧凑　　　　　　　(D)可以避免接头处传动不平滑现象

67. ( )是造成錾子刃口卷边的主要原因。

(A)錾子硬度太低　　(B)錾削量太小　　(C)楔角太小　　(D)錾子强度降低

68. 安装传动带时,常用的张紧装置有( )。

(A)定期张紧装置　　(B)自动张紧装置　　(C)复合张紧装置　　(D)张紧轮装置

69. 凸轮机构的凸轮按照形状可分为( )。

(A)盘形凸轮　　(B)圆形凸轮　　(C)移动凸轮　　(D)圆柱凸轮

70. 凸轮机构主要由( )组成。

(A)凸轮　　(B)从动件　　(C)固定机架　　(D)传动机构

71. 柴油机燃油系统包括( )。

(A)稳压箱　　(B)喷油泵　　(C)滤清器　　(D)燃油箱

72. 液压传动系统由( )组成。

(A)动力部分　　(B)执行部分　　(C)控制部分　　(D)辅助部分

73. 对产品清洁度分类说法正确的是( )。

(A)零部件清洁度　　(B)组装清洁度　　(C)出厂清洁度　　(D)工序清洁度

74. 选择电动机的依据有( )。

(A)根据工作的场所和地区　　　　(B)根据负载功率

(C)根据生产机械的额定转速　　　(D)根据电压电流的大小

75. ( )是划好线的关键。

(A)合理选择划线基准　　　　(B)正确夹紧

(C)合理安放　　　　　　　　(D)正确找正

76. 钻相交孔的技术要求有( )。

(A)先钻直径较小的孔　　　　(B)找正基准要精确划线

(C)先钻直径较大的孔　　　　(D)对中性高的孔要分几次钻孔

77. 喷油器雾化不良说法正确的是( )。

(A)油压继电器动作　　　　(B)针阀体变形或磨损

(C)喷油压力过低　　　　　(D)弹簧折断

78. 铰孔后不圆的原因有( )等。

(A)铰削余量大　　　　　(B)铰前钻孔不圆

(C)钻床精度不高　　　　(D)刃口不锋利

79. 齿轮按照齿廓曲线性质分为( )等几种。

(A)渐开线齿轮　　(B)摆线齿轮　　(C)圆弧齿轮　　(D)公法线齿轮

80. 齿轮传动的优点有( )等。

(A)传动比恒定、范围大　　　　(B)传动效率高

(C)传递功率范围小　　　　　　(D)结构紧凑

81. 按照材料不同,柴油机曲轴可分为( )。

(A)铸铁曲轴　　(B)合金曲轴　　(C)锻钢曲轴　　(D)生铁曲轴

82. 齿轮啮合时需要留有齿隙是为了( )。

(A)使齿面形成油膜　　　　(B)增加齿面抗压强度

(C)提高胶合能力　　　　　(D)减少磨损

83. 齿轮传动机构的装配要求是（　　）。
(A)齿轮孔和轴配合要适当
(B)对转速较低的齿轮,要进行平衡检查
(C)齿侧隙要正确
(D)要有正确的接触位置

84. 对气缸套作用说法正确的是（　　）。
(A)承受很高的气体压力
(B)承受很大的热负荷
(C)承受活塞的侧压力
(D)对活塞起到导向作用

85. 圆柱齿轮的加工精度要求有（　　）。
(A)运动精度
(B)工作平稳度精度
(C)接触精度
(D)齿侧间隙

86. 齿轮的破坏形式有（　　）。
(A)折断　　　(B)磨损　　　(C)点蚀　　　(D)胶合

87. 带传动的缺点是（　　）。
(A)效率较高
(B)外廓尺寸较大
(C)不能保证固定的传动比
(D)效率低

88. 下述属于机器的有（　　）。
(A)柴油机　　　(B)连杆机构　　　(C)机床　　　(D)传动机构

89. 滑动轴承的润滑状态有（　　）。
(A)完全液体摩擦
(B)完全干摩擦
(C)非完全液体摩擦
(D)干摩擦

90. 机械的装配方法有（　　）。
(A)完全互换法　　　(B)选配法　　　(C)调整法　　　(D)修配法

91. 装配按产品的尺寸精度和生产批量的不同可分为（　　）。
(A)可调整装配　　　(B)固定装配　　　(C)移动装配　　　(D)配套装配

92. 分组装配的优点有（　　）。
(A)降低加工成本
(B)能适用于小批量生产
(C)节约多余的零部件
(D)提高装配精度

93. 内燃机机油系统包括（　　）。
(A)机油滤清器　　　(B)防爆安全阀　　　(C)机油泵　　　(D)冷却器

94. 修配装配法的缺点是（　　）。
(A)不能互换
(B)装配工作量大
(C)只能用于小批量生产
(D)只能用于大批量生产

95. 零件在装配过程中,按照零件连接松紧程度和连接方法的不同,可分为（　　）。
(A)固定连接　　　(B)不可拆连接　　　(C)活动连接　　　(D)过盈连接

96. 对柴油机配气系统的要求是（　　）。
(A)应有足够的流通能力
(B)良好的自动性能
(C)很好的冷却能力
(D)足够的强度和耐磨性

97. 梯形螺纹的等级可分为（　　）。
(A)1 级　　　(B)2 级　　　(C)3 级　　　(D)4 级

98. 利用摩擦力防松的方式,可采用（　　）。

(A)止动垫防松　　　　　　　　　(B)弹簧垫圈防松
(C)双螺母防松　　　　　　　　　(D)弹性圈螺母防松

99. 利用机械方法防松可采用(　　)。
(A)采用槽型螺母　(B)采用开口销　(C)圆螺母　(D)止动垫

100. 柴油机配气机构由(　　)等组成。
(A)推杆　　　　(B)摇臂　　　　(C)气阀　　　　(D)气缸盖

101. 螺栓的破坏形式有(　　)。
(A)螺栓扭曲　　　　　　　　　　(B)螺栓头部拉断
(C)螺杆螺纹部分拉断　　　　　　(D)脱扣

102. 游标卡尺有(　　)之分。
(A)游标卡尺　　　　　　　　　　(B)深度游标卡尺
(C)锥度游标卡尺　　　　　　　　(D)高度游标卡尺

103. 喷油器按照工作原理可分为(　　)等。
(A)开式　　　　(B)半开式　　　(C)闭式　　　　(D)组合式

104. 属于钳工常用设备的有(　　)。
(A)验电笔　　　(B)虎钳　　　　(C)清洗机　　　(D)手电钻

105. 下列属于喷油嘴调整试验的是(　　)。
(A)喷油压力试验调整　　　　　　(B)雾化质量检查
(C)喷油干脆程度检查　　　　　　(D)喷油锥角检查

106. 滚动轴承的拆卸方法有(　　)。
(A)敲击法　　　(B)拉出法　　　(C)推压法　　　(D)热拆法

107. 下列属于气阀驱动机构的有(　　)。
(A)凸轮轴　　　(B)推杆　　　　(C)泵下体　　　(D)摇臂

108. 手工矫正的常用方法有(　　)。
(A)液压法　　　(B)扭转法　　　(C)变曲法　　　(D)延展法

109. 气门经常会出现(　　)等故障。
(A)气门烧损　　(B)气门下陷　　(C)气门头部破裂　(D)气门杆卡住

110. 常用的研具材料有(　　)。
(A)弹簧钢　　　(B)灰铸铁　　　(C)软钢　　　　(D)铜

111. 连杆螺钉损伤的主要原因有(　　)。
(A)螺钉质量不好　　　　　　　　(B)未按照规定力矩进行紧固
(C)连杆瓦不合格　　　　　　　　(D)螺钉装紧后有歪斜现象

112. 下列构成连杆组的零件有(　　)。
(A)连杆体　　　(B)连杆瓦　　　(C)止推瓦　　　(D)定位销

113. 联合调节器由(　　)等部分组成。
(A)配速机构　　(B)转速调节机构　(C)功率调节机构　(D)伺服马达

114. 柴油机三大泵通常指(　　)。
(A)高温水泵　　(B)机油泵　　　(C)燃油泵　　　(D)低温水泵

115. 配气机构凸轮轴传动装置由(　　)等组成。

(A)曲轴齿轮　　　(B)中间齿轮　　　(C)左右介轮　　　(D)凸轮轴齿轮

116. 标准麻花钻由(　　)组成。

(A)柄部　　　(B)颈部　　　(C)工作部分　　　(D)辅助部分

117. 凸轮轴传动齿轮装配技术要求有(　　)。

(A)齿侧间隙应符合要求　　　(B)涂色检查接触面积

(C)相啮合齿轮端面应平齐　　　(D)凸轮轴与曲轴位置正确

118. 金属材料的力学性能包括(　　)。

(A)金相组织　　　(B)强度　　　(C)硬度　　　(D)疲劳强度

119. 下列属于凸轮轴故障的是(　　)。

(A)锈蚀　　　(B)磨损　　　(C)擦伤　　　(D)点蚀

120. 齿轮装配后,检查齿侧隙的方法有(　　)。

(A)塞尺法　　　(B)目测法　　　(C)压铅法　　　(D)百分表法

121. 柴油机润滑油的作用有(　　)。

(A)减少摩擦作用　(B)冷却作用　　(C)清洗作用　　　(D)密封作用

122. 柴油机的润滑方式有(　　)等。

(A)飞溅润滑　(B)机械润滑　(C)人工添加润滑　(D)压力润滑

123. 属于柴油机固定件的有(　　)。

(A)减振器　　　(B)机体　　　(C)连接箱　　　(D)气缸套

124. 柴油机的主要运动机件有(　　)等。

(A)活塞组　　　(B)连杆组　　　(C)连接箱　　　(D)曲轴

125. 属于柴油机配气机构的有(　　)。

(A)气缸盖　　　(B)气门组　　　(C)气门机构　　　(D)传动机构

126. 气缸是由(　　)等组成的。

(A)小油封　　　(B)密封盖　　　(C)气缸盖　　　(D)气缸套

127. 属于柴油机进排气系统的有(　　)。

(A)增压器　　　(B)继电器　　　(C)中冷器　　　(D)空气滤清器

128. 要做好装配工作,应掌握的要点有(　　)。

(A)做好零部件清洗工作　　　(B)配合表面加一些润滑油

(C)配合表面要经过修整　　　(D)配合尺寸要正确

129. 属于柴油机调控系统的有(　　)。

(A)调速器　　　(B)传动装置　　　(C)控制装置　　　(D)超速停车装置

130. 切削用量的计算要素有(　　)。

(A)材料硬度　　　(B)吃刀深度　　　(C)走刀量　　　(D)切削速度

131. 属于柴油机燃油系统的有(　　)。

(A)燃油输送泵　　(B)燃油精滤器　　(C)喷油泵　　　(D)继电器

132. 按划线的线条在加工中的作用,线条可分(　　)。

(A)加工线　　　(B)证明线　　　(C)找正线　　　(D)基准线

133. 属于柴油机机油系统的有(　　)。

(A)机油泵　　　(B)机油滤清器　　　(C)油压继电器　　　(D)溢流阀

134. 对影响研磨工件表面粗糙度的因素,说法正确的是(　　)。
(A)压力小,工件表面粗糙
(B)压力大,工件表面粗糙
(C)研磨时要及时进行清洁
(D)磨料越细,工件表面越细

135. 柴油机在工作中,排黑烟的主要原因有(　　)等。
(A)燃油雾化不良
(B)进气量不足
(C)窜机油
(D)喷油提前角调整不当

136. 对双头螺柱装配要求说法正确的是(　　)。
(A)必须与机体表面垂直
(B)不能产生弯曲变形
(C)可以有轻微松动
(D)要紧密贴合,连接牢固

137. 柴油机在工作中,引起燃气在支管内燃烧的原因主要有(　　)。
(A)喷油过多　　　(B)进气量少　　　(C)压缩压力低　　　(D)喷嘴雾化不良

138. 剖视图一般应标注(　　)。
(A)精度等级　　　(B)剖切位置　　　(C)投影方向　　　(D)名称

139. 下列能引起柴油机敲缸的现象是(　　)。
(A)气门间隙过小
(B)气缸内有异物
(C)喷嘴雾化不良
(D)气缸垫片损坏

140. 起锯的基本要领是(　　)。
(A)确定锯位　　　(B)行程要短　　　(C)压力要小　　　(D)速度要慢

141. 柴油机排温过高的原因有(　　)。
(A)增压压力降低　　　(B)后燃严重　　　(C)机油参与燃烧　　　(D)排气背压高

142. 三视图的投影规律,说法正确的是(　　)。
(A)主、俯视图长对正
(B)主、左视图长对正
(C)主、左视图高平齐
(D)俯、左视图宽相等

143. 机车柴油机按照速度等级分为(　　)。
(A)匀速柴油机　　　(B)低速柴油机　　　(C)中速柴油机　　　(D)高速柴油机

144. 一个完整的尺寸,应包括(　　)这几个基本要素。
(A)尺寸位置　　　(B)尺寸线　　　(C)尺寸界线　　　(D)尺寸数字

145. 涡轮增压系统基本形式可分为(　　)。
(A)稳压增压系统
(B)恒压增压系统
(C)节点增压系统
(D)脉冲增压系统

146. 操作人员监视运行中的电气控制系统常用(　　)等方法。
(A)听　　　(B)闻　　　(C)看　　　(D)摸

147. 下列属于增压器试验压气机喘振的原因是(　　)。
(A)中冷器堵塞
(B)压气机流通面积减小
(C)柴油机负荷突然降低
(D)燃气窜入进气道

148. 平面刮削一般要经过(　　)几个步骤。
(A)粗刮　　　(B)细刮　　　(C)精刮　　　(D)麻花刮

149. 下列是造成柴油机增压器增压压力偏低的现象有(　　)。
(A)涡轮增压器转速增高
(B)空气滤清器堵塞

(C)压气机气道有污物　　　　　　　　　(D)进气管各接头漏气

150. 锤击的基本要求是(　　　)。

(A)稳　　　　　　(B)准　　　　　　　(C)重　　　　　　　(D)狠

151. 对涡轮增压器转速升高的原因说法正确的是(　　　)。

(A)柴油机排气温度过高　　　　　　　(B)柴油机超速

(C)大气压力高　　　　　　　　　　　(D)进入涡轮的燃气减少

152. 气缸是由(　　　)组成的。

(A)橡胶圈　　　　(B)气缸套　　　　　(C)水套　　　　　　(D)过水套

153. 对涡轮增压器窜油的原因说法正确的是(　　　)。

(A)油封垫片漏　　　　　　　　　　　(B)进油道工艺堵漏

(C)轴承座间垫片漏　　　　　　　　　(D)气封圈不同心

154. 油底壳的主要作用是(　　　)。

(A)支撑机体　　　(B)储存燃油　　　　(C)储存润滑油　　　(D)与机体构成曲轴箱

155. 对涡轮增压器产生噪声和振动的原因说法正确的是(　　　)。

(A)工作轮和静止件相碰　　　　　　　(B)涡轮轴磨损严重

(C)增压器安装螺栓松动　　　　　　　(D)增压器定子积炭严重

156. 活塞环的切口形状有(　　　)等几种。

(A)平切口　　　　(B)直切口　　　　　(C)斜切口　　　　　(D)搭切口

157. 对涡轮增压器回油温度过高的原因说法正确的是(　　　)。

(A)燃气进入回油道　　　　　　　　　(B)机油油压过高

(C)增压器轴承损坏　　　　　　　　　(D)冷却系统堵塞

158. 一张完整的装配图应包括(　　　)。

(A)必要的尺寸　　　　　　　　　　　(B)必要的技术条件

(C)零件序号和明细栏　　　　　　　　(D)标题栏

159. 下列属于柴油机进气系统零部件的有(　　　)。

(A)连接箱　　　　(B)稳压箱　　　　　(C)气缸盖　　　　　(D)增压器

160. 对齿轮传动机构装配技术要求说法正确的是(　　　)。

(A)传动平稳　　　(B)无冲击　　　　　(C)保证传动比　　　(D)承载能力强

161. 下列属于柴油机排气系统零部件的有(　　　)。

(A)波纹管　　　　(B)喷嘴环　　　　　(C)稳压箱　　　　　(D)气缸盖

162. 齿轮与轴的连接有(　　　)等形式。

(A)空转　　　　　(B)平移　　　　　　(C)滑移　　　　　　(D)固定

163. 对柴油机冷却水温过高的原因说法正确的是(　　　)。

(A)补水量太多　　　　　　　　　　　(B)系统中有空气

(C)回止阀方向装反　　　　　　　　　(D)散热器水道堵塞

164. 齿轮安装在轴上的常见误差有(　　　)等。

(A)齿轮偏心　　　(B)歪斜　　　　　　(C)尺寸超差　　　　(D)端面未贴紧轴肩

165. 柴油机按照机体的形状可分为(　　　)等几种。

(A)直列式　　　　(B)并列式　　　　　(C)H 型机体　　　　(D)V 型机体

四、判 断 题

1. 合理选择划线基准,是提高划线质量和效率的关键。( )

2. 找正和借料这两项工作是各自分开进行的。( )

3. 公差带的宽度由公差的大小确定,由此说明尺寸公差的数值不可能为零。( )

4. 相互配合的孔和轴,其基本尺寸必须相同。( )

5. 在尺寸公差带图中,孔公差带和轴公差带的相互位置关系,可确定孔轴的配合种类。( )

6. 基孔制是先加工孔,后加工轴以获得所需配合的制度。( )

7. 标准公差数值与两个因素有关,即标准公差等级和基本尺寸段。( )

8. 不论公差数值是否相等,只要公差等级相同,则尺寸的精度就相同。( )

9. 基本偏差确定公差带的位置,标准公差数值确定公差带的大小。( )

10. 配合代号由孔公差带代号和轴公差带代号按分数形式组合而成。( )

11. 规定形位公差的目的是为了限制形状和位置误差,从而保证零件的使用性能。( )

12. 被测要素为轮廓要素时,形位公差代号的指引线箭头应与轮廓的尺寸线明显错开。( )

13. 合金渗碳钢都是低碳钢。( )

14. 滚动轴承钢是高碳钢。( )

15. 钢的最高淬火硬度,主要取决于钢中奥氏体的含碳量。( )

16. 含锌量为 30% 左右的普通黄铜,塑性最好。( )

17. 钻半圆孔时,要用手动进给,进给量要小些。( )

18. 钻骑缝孔时,冲眼应打在两种材料的中心。( )

19. $\phi 5$ mm 以上的钻头均须修磨横刃。( )

20. 麻花钻的横刃磨短后,能减少切削时的轴向抗力和挤刮现象。( )

21. 不等齿距铰刀比等齿距铰刀铰孔质量高。( )

22. 圆柱管螺纹的公称直径是指管子的内径。( )

23. 等径丝锥比不等径丝锥切削量分配合理。( )

24. 调和显示剂时应注意,粗刮时调得稀些,精刮时调得干些。( )

25. 生产类型和产品的复杂程度决定着装配的组织形式。( )

26. 多头螺纹的螺距等于导程。( )

27. 锯割薄壁管子时应选细齿锯条。( )

28. 采用分组法装配时,尺寸链中各尺寸均按经济公差制造。( )

29. 清洗滚动轴承时,应严禁用棉纱擦洗。( )

30. 一个尺寸链中,封闭环有一个或几个。( )

31. 对于长径比较小,转速不太高的旋转件,一般只进行动平衡试验。( )

32. 安装三角带时,先将带套在小带轮槽中,然后套在大轮槽中。( )

33. 齿轮的齿侧隙主要受齿形误差的影响。( )

34. 链条的下垂度是在测量载荷 W 作用下测量得的。( )

35. 完全互换法比修配法装配质量高。( )

36. 拧紧长方形布置的成组螺钉、螺母时,应从一端开始,按顺序进行。(　　)

37. 当过盈量及配合尺寸较大时,可用温差法装配。(　　)

38. 当过盈量及配合尺寸较小时,一般采用在常温下压入配合法装配。(　　)

39. 未注公差尺寸的公差等级为 IT12～IT18。(　　)

40. 公差等级越高公差数值越小,公差等级越低公差数值越大。(　　)

41. 一个装配尺寸链至少有两个组成环。(　　)

42. 调整气门间隙是在该气门打开状态下进行的。(　　)

43. 曲轴上各曲柄的相互位置与发火顺序有关。(　　)

44. 通常采用压铅法来测量气门间隙。(　　)

45. 气缸压缩间隙是用气缸与气缸盖结合面间的调整垫片进行调整。(　　)

46. 气门与气门座接触环带宽度不应过宽,以利于密封。(　　)

47. 气门弹簧采用两个绕向相反的弹簧,是为了消除共振。(　　)

48. 间断喷射是有些柴油机在低速空转时发生的,会使柴油机转速不稳。(　　)

49. 二冲程柴油机的功率比四冲程柴油机大一些。(　　)

50. 交流电的频率都是 50 Hz。(　　)

51. 二次喷射,使整个喷射持续时间延长,可提高燃烧的经济性。(　　)

52. 电击和电伤都是指有电流流过人体的触电形式。(　　)

53. 保护接地只要有接地电阻,而它的阻值大小与接地效果无关。(　　)

54. 继电器分为控制用继电器和保护用继电器两类。(　　)

55. 基准零件、基准部件是装配工作的基础。(　　)

56. 在基本几何体中,一面投影为等腰三角形,则此几何体一定是棱锥。(　　)

57. 棱锥体表面取点可用辅助素线法,与棱柱体相同。(　　)

58. 判断如图 5 所示图形表达是否正确。(　　)

59. 判断如图 6 所示图形表达是否正确。(　　)

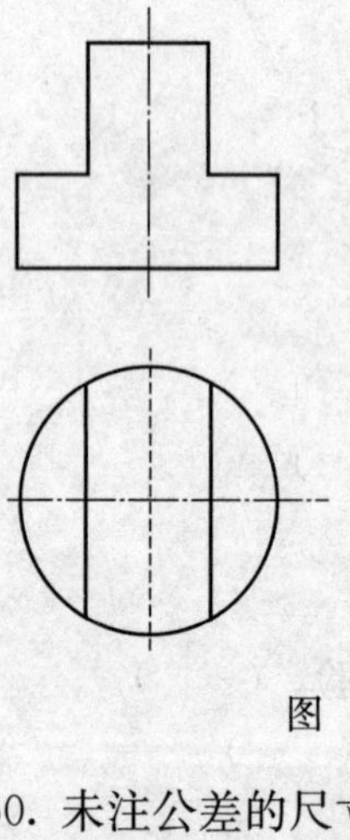

图 5 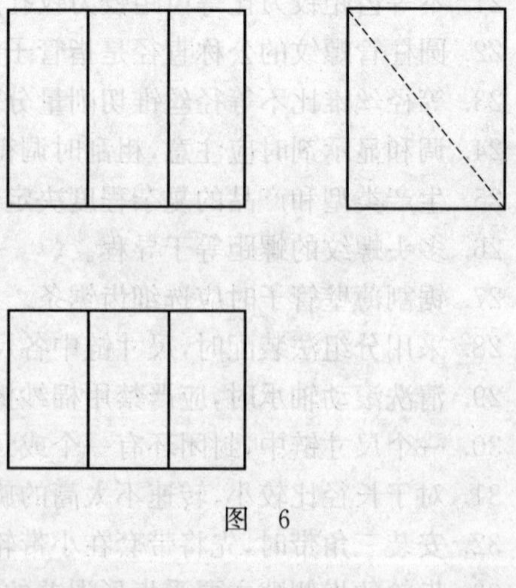　　　　图 6

60. 未注公差的尺寸没有公差。(　　)

61. 在钳台上工作时,一般都将手锤、錾子、锉刀等放在台钳的右侧。(　　)

62. 台虎钳应用的是螺旋传动机构。(　　)

63. 装配单元系统图能直观地反映整个机械产品的装配顺序。( )

64. 用加热法装配滚动轴承主要适用于轴承内圈与轴颈的装配。( )

65. 分离型轴承装配时,内、外圈应分别与相配合零件装配。( )

66. 采用完全互换法装配,装配精度完全依赖于零件的加工精度。( )

67. 保证装配精度,从解尺寸链的角度看,实际上就是保证封闭环的精度。( )

68. 磨粉的号数越大,则磨料越粗。( )

69. 拆卸成组螺纹连接件,一般是从一端开始,依次按顺序进行。( )

70. 确定部件装配顺序的一般原则是先下后上,从里向外。( )

71. 全浮式活塞销指在发动机工作温度下,活塞销能在连杆衬套和活塞销座内自由转动。( )

72. 半浮式活塞销连接时,活塞销固定在连杆小端上,活塞销只能在销座内转动。( )

73. 一个装配工序可以包括若干个装配工步。( )

74. 活塞环开口的位置,若是三道的,第一道环的开口应位于活塞销轴线相交的45°处,其余各道依次彼此相隔120°。( )

75. 调和显示剂时应注意,粗刮时调的稀些,精刮时调的干些。( )

76. 活塞环应按每个气缸孔、活塞和每个环槽进行个别选配,不可混乱。( )

77. 活塞装入气缸前,须将各环口位置按活塞圆周方向均匀布置,以免端口重叠造成漏气、窜油等现象。( )

78. 装活塞环时,还应注意环的结构形状和缺角的方向及其记号,不可颠倒装反。( )

79. 箱体划线通常都要多次进行。( )

80. 对畸形工件划线,一般都采用千斤顶作三点支承。( )

81. 钻深孔时,为提高效率应选较大的切削速度。( )

82. 刮削滑动轴承内孔时,若研点两端硬,中间软,可以减少摩擦、防止漏油。( )

83. 往轴上装配滚动轴承时,必须把压力加在轴承外圈端面上。( )

84. 选择滚动轴承配合时,一般是固定套圈比转动套圈配合得紧一些。( )

85. 非液体摩擦轴承就是不使用润滑油的轴承。( )

86. 推力轴承装配时,紧环应与轴肩或轴上固定件的端面靠平,松环应与套件端面靠平。( )

87. 传动带的张紧力过大,会使带急剧磨损,影响传动效率。( )

88. 带轮表面太粗糙,会加剧带的磨损,降低带的使用寿命。( )

89. 链轮和链条磨损严重是由于链轮的径向跳动太大。( )

90. 水平安装的链条应比垂直安装的链条下垂度大些。( )

91. 安装弹簧卡片时应使其开口端方向与链的速度方向相同。( )

92. 蜗杆轴线与蜗轮轴线垂直度超差则不能正确啮合。( )

93. 一个装配尺寸链可以没有减环,但不能没有增环。( )

94. 离心式机油精滤器的作用主要是净化油底壳中的机油。( )

95. 设置机油系统的主要目的是使柴油机各运动零件有良好的润滑条件。( )

96. 靠运动零件将机油甩到摩擦表面进行润滑的方式,称为强制润滑。( )

97. 机油热交换器的作用就是使柴油机机油保温,保持一定的机油性能。( )

98. 不等齿距铰刀比等齿距铰刀铰孔质量低。( )

99. 用普通的标准高速钢机铰刀铰孔,其切削速度应比钻孔时大些。(　　)

100. 进气稳压箱的作用是消除空气压力波动,有利于提高各缸进气质量。(　　)

101. 拉线和吊线法应用于重量和体积都比较大,吊装校正比较困难的大型零件的划线。(　　)

102. 箱体工件第一次划线时应选择待加工孔和面最多的体位为第一个划线位置。(　　)

103. 吃刀深度是指已加工表面和待加工表面间的垂直距离(mm)。(　　)

104. 钻薄壁群钻是将两主切削刃外缘处磨成锋利的刀尖,横刃极短成钻心尖,高出 0.5~1.5 mm。(　　)

105. 减小滚动轴承的配合间隙可以使主轴在轴承内的跳动量减小,有利于提高主轴的旋转精度。(　　)

106. 钻黄铜的群钻时,减小外缘处的前角是为了避免产生扎刀现象。(　　)

107. 分度圆就是齿轮上具有标准模数和标准压力角的圆。(　　)

108. 节圆就是以两啮合齿轮的回转中心为圆心,过节点所作的两个相切的圆。(　　)

109. 喷油器进油管不是高压油管。(　　)

110. 设置冷却水系统的目的是冷却受热零部件,使柴油机性能稳定。(　　)

111. 高度游标卡尺和普通游标卡尺的刻线原理和读法相同。(　　)

112. 内径千分尺和外径千分尺的刻线原理相同,而读法不同。(　　)

113. 齿轮千分尺是用来测量齿轮直径的。(　　)

114. 螺纹千分尺是用来测量螺纹大径的。(　　)

115. 高度游标卡尺,可以测量尺寸和划线用。(　　)

116. 量块是没有刻度的量具,因而用量块进行测量时,不能测出具体数值,只能确定零件是否合格。(　　)

117. 分度值为 0.02 mm 的游标卡尺,尺身上的 50 格与游标上的 49 格的长度相等。(　　)

118. 万能游标量角器的读数方法与游标卡尺相似。(　　)

119. 分度值为 $2'$ 的万能游标量角器,其尺身上的 30 格与游标上的 29 格的弧度相等。(　　)

120. 塞规的过端与孔的最小极限尺寸相等。(　　)

121. 机体与油底壳把对后,应用百分表检查平面度。(　　)

122. 气缸套组件装到机体气缸体安装孔后,应用游标卡尺测量圆度。(　　)

123. 16V240ZJB 型柴油机相邻两主轴承的油隙之差不允许大于 0.05 mm。(　　)

124. 用编结法结钢丝绳绳套时,编结部分长度不应小于钢丝直径的 10 倍。(　　)

125. 钢丝绳折断一股或绳股松散即应报废。(　　)

126. 产品要求是对质量管理体系要求的补充。(　　)

127. 吊钩、吊环必须经过负荷试验和探伤检查合格后方可使用。(　　)

128. 起重用的吊具只要达到它的强度计算值即可使用。(　　)

129. 车间的安全技术管理主要是对工人的人身安全的管理。(　　)

130. 车间的生产管理主要是生产计划的管理。(　　)

131. 生产过程的组织就是对劳动者的组织。(　　)

132. 新麻花钻应经过刃磨后再用,以保证顺利钻削。( )
133. 企业应该对供方提供的产品质量进行检查,根据检查结果来选择合格的供方。( )
134. 柴油机完成一个工作循环,活塞运动需要四个冲程。( )
135. 当喷油泵柱塞上行至油孔全被遮盖时,称为几何供油点。( )
136. 气门杆与气门导管间隙过大,会造成严重偏磨、漏气。( )
137. 机车柴油机大都采用镶嵌式气门座。( )
138. 机车柴油机中冷器一般采用水—空式,管外流水,管内通气。( )
139. 高压油管的大小、长短、壁厚和弯曲形状,对柴油机喷射规律都有一定影响。( )
140. 主喷射期长短主要取决于喷油泵柱塞的有效行程。( )
141. 滴油现象是喷油器针阀关闭过慢或密封不严而发生的少量燃油滴出现象。( )
142. 预热系统的作用是对机油、冷却水进行预热,创造有效的起动条件。( )
143. 缓慢盘动曲轴,当摇臂从能够被摇动到摇不动的瞬间,即为该气门刚刚关闭的时刻。( )
144. 当喷油泵柱塞上行到上止点时,便开始加油。( )
145. 过大的气门间隙,会增加气门持续开启时间。( )
146. 通常气门锥面锥角比气门座锥角大 $0.5°\sim1°$。( )
147. 自由喷射期间,高压油管内压力急剧下降,易产生雾化不良和出现滴油。( )
148. 二次喷射使整个喷射持续时间延长,可提高燃烧的经济性。( )
149. 进、排气凸轮作用角等于气门开启范围凸轮转角。( )
150. 高压油管中剩余油压愈低,喷油滞后期愈短。( )
151. 喷油泵中的柱塞偶件是不能互换的。( )
152. 同一电源的正极电位永远高于其负极电位。( )
153. 一台发电机只能产生一个交变电动势。( )
154. 三相负载的接法是由电源电压决定的。( )
155. 当电源电压为 380 V,负载的额定电压为 220 V 时,应作三角形连接。( )
156. 当电源电压为 380V,负载的额定电压也为 380V 时,应作星形连接。( )
157. 正弦交流电的三要素是最大值、角频率和初相角。( )
158. 变压器的作用就是变换交变电压。( )
159. 变压器两端的绕组之比称为变比。( )
160. 变压器油的主要作用是绝缘。( )
161. 电动机的定子绕组是电动机的电路部分。( )
162. 电动机的转子起输出机械转矩的作用。( )
163. 当设备需要恒速、大功率长期连续工作时,应使用异步电机作动力设备。( )
164. 各种机械设备中,使用最多的是三相异步电动机。( )
165. 轴类零件常用车削方法进行精加工。( )
166. 轴类零件加工时,主要是保证尺寸精度。( )
167. 薄壁套类零件加工时,特别要注意解决其加工过程的变形问题。( )
168. 减小套类零件加工过程的变形,主要措施是减小夹紧力。( )

169. 箱体零件加工时,一般是先加工孔,后加工面。(　　)
170. 箱体加工前必须经过时效处理。(　　)
171. 抛光不能改变零件原有的加工精度。(　　)
172. 钳加工不属于机械加工。(　　)
173. 零件的加工质量主要是指加工精度的高低。(　　)
174. 零件加工质量的好坏主要取决于机床的精度。(　　)
175. 在吊运组装工作中,多人一起操作,一定要指派专人指挥吊车。(　　)
176. 吊装及吊运柴油机、曲轴等重大部件时,一定要使用专用吊具。(　　)
177. 吊装及吊运配件时,配件下禁止站人。(　　)
178. 吊运加工后的精密零件,应使用三角带作吊具,以防损坏加工表面。(　　)
179. 机动起重机用的钢丝绳其安全系数不得小于3。(　　)
180. 机动起重机用的焊接链条其安全系数不得小于2。(　　)

五、简 答 题

1. 什么是切削用量? 简述钻削选择钻削用量的原则。
2. 简述带传动机构的装配技术要求。
3. 液压传动定义和液压传动系统的组成。
4. 简述柴油机活塞组的作用。
5. 齿轮图样的格式是如何规定的?
6. 零件图和装配图中的配合表面,应如何标注公差配合要求?
7. 组合体的尺寸是如何分类的? 作用是什么?
8. 什么叫部件装配? 部件装配的主要工作内容包括哪些?
9. 装配图中只标注哪几种尺寸?
10. 装配图的特殊表达方法是什么?
11. 画零件工作图的步骤是什么?
12. 什么是工艺装备?
13. 什么是组合夹具?
14. 何谓工艺卡片?
15. 工艺卡片的内容一般包括哪几个方面?
16. 夹具中常用的定位元件主要有哪些?
17. 简述机床夹具的组成部分及其作用。
18. 六点定位原则是如何确定出来的?
19. 对夹具定位元件有什么要求?
20. 对夹具夹紧装置有何基本要求?
21. 夹紧力的作用方向的选择原则是什么?
22. 夹紧力作用点的选择原则是什么?
23. 工件装夹的方法有哪几类?
24. 制定装配工艺规程的一般方法和步骤是什么?
25. 测量导轨直线度时用哪种方法较好?

26. 工装设计可分哪几个步骤。
27. 什么是样板?
28. 什么是划好线的关键?
29. 什么是仿划线?
30. 什么是拉线与吊线法?有何优越性?
31. 划线样板有哪几种?并说明其用途。
32. 大型零件的划线有哪些方法?
33. 大型工件划线有什么特点?
34. 畸形工件的划线方法有哪些?
35. 畸形工件划线基准应怎样选择?
36. 什么是金属切削加工?
37. 什么是走刀量?
38. 冷却润滑液的作用是什么?
39. 常用的冷却润滑液有哪几种?
40. 对冷却润滑液有哪些要求?
41. 柴油机设置冷却水系统的目的是什么?
42. 什么是深孔?钻深孔时一般需解决哪些问题?
43. 钻相交孔的技术要点?
44. 怎样在斜面上钻孔?
45. 标准群钻主切削刃分成三段有什么优点?
46. 群钻的特点是什么?
47. 群钻与标准麻花钻相比有哪些优点?
48. 简述用内径指示仪(百分表)测量气缸套内径圆柱度的方法。
49. 简述用塞尺测量气缸套组件的法兰面与机体表面的密贴性方法。
50. 举例说明直接测量的概念。
51. 举例说明动态测量的概念。
52. 什么是标准齿轮?
53. 齿轮啮合质量包括哪些内容?
54. 齿轮啮合质量对齿轮传动机构有哪些影响?
55. 简述柴油机拉缸的含义。
56. 简述柴油机窜机油和窜燃气的含义。
57. 燃油系统由哪些部分组成?
58. 对柴油机燃油系统有哪些要求?
59. 柴油机试验前的准备工作是什么?
60. 柴油机启动后的运转过程中,升速加载必须遵照什么原则?
61. 柴油机试验时,标准环境数值是多少?
62. 什么是性能试验?什么是台架试验?
63. 什么是磨合?磨合试验的任务是什么?
64. 什么是上止点、下止点?

65. 什么是活塞的工作行程、气缸工作容积、燃烧室容积、气缸总容积和压缩比?
66. 调整传动带张紧力的方法有几种?
67. 带传动机构常见的损坏形式有哪几种?
68. 带传动的特点与应用?
69. 齿轮按齿廓曲线性质分,主要有哪几种?
70. 什么是渐开线?

六、综 合 题

1. 简述松键连接的装配要点。
2. 装配图的规定画法有哪些。
3. 如何正确画出组合体的视图。
4. 夹具装配的特点是什么?
5. 怎样组装和维护保养好组合夹具?
6. 试述工装设计的基本要求。
7. 使用台钻应注意些什么?
8. 何谓钻小孔? 钻小孔时一般应注意哪些事项?
9. 钻直径 3 mm 以下的小孔时,必须掌握哪些要点?
10. 为什么不能用一般方法钻斜孔? 钻斜孔可采用哪些方法?
11. 齿轮传动的特点与应用?
12. 齿轮传动机构的装配要点有哪些?
13. 渐开线有哪些特性?
14. 齿轮在传动中产生噪声的原因是什么?
15. 圆柱齿轮的加工精度有哪些要求?
16. 轮齿有哪些破坏形式? 产生原因是什么?
17. 蜗杆传动有哪些用途?
18. 链传动的特点与应用?
19. 对密封件材料有什么要求?
20. 滑动轴承的特点及应用范围如何?
21. 滑动轴承的装配方法?
22. 形成液体动压润滑,必须同时具备哪些条件?
23. 滚动轴承有哪些特点? 在什么条件下采用滚动轴承极为有利?
24. 选择滚动轴承时主要应考虑哪些因素? 应遵循哪些基本原则?
25. 什么是滚动轴承的预紧? 安装时进行预紧的轴承有什么优点? 为什么?
26. 滚动轴承的游隙有哪几种? 分别说明其意义。
27. 滚动轴承的径向间隙作用是什么?
28. 怎样判断一个滚动轴承已经失效?
29. 什么是做分组装配法? 它有什么优缺点?
30. 什么是做修配装配法? 它有什么优缺点?
31. 什么是做调整装配法? 它有什么优缺点?

32. 什么是发动机的工作循环？二冲程和四冲程是什么意思？

33. 活塞环分哪几类？有什么特点？

34. 气缸镶干式缸套和湿式缸套各有什么特点？

35. 配气机构有什么功用？它由哪些部分组成？

内燃机装配工(中级工)答案

一、填 空 题

1. 通路	2. 短路	3. 满载	4. 10 V
5. 88	6. 0.1	7. 鼠笼三相异步	8. 平行
9. V	10. 基本几何体	11. 定形尺寸	12. 长、宽、高
13. 合适的位置	14. 误差	15. 借料	16. 加工余量
17. 硬度	18. 表面形状	19. $118°\pm2°$	20. 轴向
21. 冷却	22. 螺纹小径	23. 螺旋槽	24. 物理和化学
25. 不等径	26. 粒度	27. 越粗	28. 易于排除
29. 切削用量	30. 大于	31. 特定单位	32. 完全互换
33. 基本偏差	34. 基本尺寸	35. IT01	36. 低的
37. 误差	38. 形位	39. 表面粗糙度数值	40. 塑性
41. 铬镍	42. 耐磨	43. 锌	44. 调质
45. 分组	46. 可动	47. 质量	48. 动平衡
49. 螺栓伸长	50. 小头	51. 热胀	52. 涨紧力
53. 相反	54. 接触斑点	55. 中心距	56. 紧环
57. 基轴	58. 轴向相对位移	59. 快换	60. 作用点
61. 指示功率	62. 控制端	63. 废气的能量	64. 并列
65. 止推环	66. 空气	67. 气门个数	68. 紧余量
69. 润滑	70. 自由开口	71. 冷却	72. 水
73. 经济性	74. 齿轮齿数	75. 限压保护	76. 钳口
77. 工作面	78. 尺寸基准	79. 专用工艺装备	80. 共用工艺装备
81. 尺寸公差带	82. 尺寸精度程度	83. 硬度	84. 回弹
85. 活动铆接	86. 固定铆接	87. 铆距	88. 减小
89. 投影面平行线	90. 相贯线	91. 投影面垂直线	92. 找正
93. 自由胀量	94. 装配单元系统图	95. 封闭环	96. 散热
97. 等径	98. 侧隙	99. 进气	100. 全浮式
101. 研磨液	102. 径向	103. 轴向	104. 孔和面
105. 十字找正	106. 支撑	107. 样件	108. 排屑
109. 中心钻	110. 加工余量	111. 装配技术要求	112. 装配精度
113. 间隙	114. 0.02	115. 0.01	116. ±0.015
117. 孔	118. 气门驱动机构	119. 输出功率	120. 输出端
121. 输出端	122. 导向	123. 侧压	124. 凸起

125. 1°～3°	126. 形状尺寸	127. 曲轴	128. 喷油泵泵下体
129. 调压弹簧的压力	130. 定时	131. 最高	132. 上方
133. 并	134. 试验台	135. 齿轮	136. 起动机油
137. 粗滤和精滤	138. 四	139. 并	140. 2
141. 常温	142. 高温	143. 箱体	144. 走刀量
145. 0.25	146. 1.5	147. 内、外角度	148. 降低
149. 320°	150. 少	151. 0.25	152. 两结合面
153. 直接	154. 0级和1级	155. 合格的	156. 合格的
157. 直角尺法	158. 圆度和圆柱度	159. 油水热交换器	160. 曲轴
161. 电力系统	162. 曲轴转角	163. 密封	164. 换气
165. 曲轴的旋转运动	166. 碳素工具钢	167. 合金工具	168. 高速
169. 高速	170. 0°	171. 刚玉(氧化铝系)	172. 碳化物
173. 外圆柱	174. 6	175. 直	

二、单项选择题

1. B	2. D	3. C	4. B	5. A	6. A	7. D	8. A	9. B
10. C	11. A	12. D	13. B	14. C	15. A	16. C	17. C	18. B
19. B	20. B	21. D	22. C	23. A	24. C	25. C	26. C	27. C
28. B	29. D	30. C	31. B	32. B	33. D	34. D	35. C	36. C
37. B	38. C	39. A	40. D	41. B	42. C	43. B	44. B	45. D
46. C	47. A	48. B	49. A	50. C	51. D	52. D	53. B	54. A
55. C	56. B	57. C	58. C	59. B	60. A	61. D	62. C	63. A
64. B	65. B	66. D	67. D	68. B	69. A	70. C	71. A	72. B
73. A	74. A	75. D	76. B	77. A	78. C	79. B	80. C	81. B
82. A	83. C	84. C	85. D	86. C	87. D	88. A	89. C	90. B
91. B	92. C	93. A	94. B	95. B	96. B	97. B	98. A	99. C
100. D	101. A	102. C	103. A	104. D	105. A	106. D	107. C	108. B
109. D	110. C	111. B	112. B	113. C	114. 曲轴	115. B	116. C	117. D
118. A	119. B	120. C	121. D	122. A	123. C	124. C	125. A	126. D
127. A	128. D	129. C	130. C	131. D	132. C	133. B	134. C	135. C
136. D	137. C	138. A	139. B	140. A	141. C	142. B	143. C	144. D
145. A	146. A	147. B	148. C	149. B	150. C	151. B	152. C	153. A
154. D	155. B	156. B	157. B	158. C	159. B	160. B	161. B	162. C
163. A	164. C	165. A	166. D	167. A	168. C	169. A	170. B	171. B
172. B	173. A	174. B	175. D	176. C	177. A	178. D	179. C	180. A

三、多项选择题

1. BCD	2. AC	3. BC	4. ABCD	5. AD	6. AB	7. CD
8. AD	9. BC	10. AD	11. ACD	12. BCD	13. ABD	14. ABC

15. BCD　16. ABCD　17. BC　18. AB　19. CD　20. AC　21. BD

22. BCD　23. AC　24. ACD　25. AD　26. BC　27. AC　28. BD

29. ABC　30. BCD　31. CD　32. AC　33. BD　34. ABCD　35. ABCD

36. BC　37. AB　38. CD　39. ABCD　40. ABCD　41. ABC　42. CD

43. ABD　44. ABCD　45. ABD　46. BCD　47. CD　48. ABCD　49. ABD

50. BCD　51. ABCD　52. ACD　53. ABCD　54. BCD　55. BD　56. ABCD

57. ABCD　58. BC　59. ABC　60. ACD　61. ABCD　62. ABC　63. ABCD

64. ACD　65. BCD　66. BCD　67. ACD　68. ABD　69. ACD　70. ABC

71. BCD　72. ABCD　73. ABC　74. ABC　75. ACD　76. BCD　77. BCD

78. ABCD　79. ABC　80. ABD　81. AC　82. ABCD　83. ACD　84. ABCD

85. ABCD　86. ABCD　87. BCD　88. AC　89. ACD　90. ABCD　91. BC

92. AD　93. ACD　94. ABC　95. AC　96. ABD　97. ABC　98. BCD

99. ABCD　100. ABC　101. BCD　102. ABD　103. AC　104. BCD　105. ABCD

106. ABCD　107. ABD　108. BCD　109. ABCD　110. BCD　111. ABCD　112. ABD

113. ABCD　114. ABD　115. ABCD　116. ABC　117. ABCD　118. BCD　119. BCD

120. ACD　121. ABCD　122. ACD　123. BCD　124. ABD　125. ABC　126. CD

127. ACD　128. ABD　129. ABCD　130. BCD　131. ABC　132. ABC　133. ABCD

134. BCD　135. ABCD　136. ABD　137. ABCD　138. BCD　139. ABCD　140. ABCD

141. ABCD　142. ACD　143. BCD　144. BCD　145. BD　146. ABCD　147. ABCD

148. ABC　149. BCD　150. ABD　151. ABD　152. BC　153. ABCD　154. CD

155. ABC　156. BCD　157. ACD　158. ABCD　159. BCD　160. ABCD　161. ABD

162. ACD　163. BCD　164. ABD　165. AD

四、判　断　题

1. √　2. ×　3. √　4. √　5. √　6. ×　7. √　8. √　9. √

10. √　11. √　12. √　13. √　14. √　15. √　16. √　17. √　18. ×

19. √　20. √　21. √　22. √　23. ×　24. √　25. √　26. ×　27. √

28. √　29. √　30. ×　31. ×　32. √　33. ×　34. ×　35. ×　36. ×

37. √　38. √　39. √　40. √　41. √　42. ×　43. √　44. ×　45. √

46. √　47. √　48. √　49. ×　50. ×　51. ×　52. √　53. √　54. √

55. √　56. ×　57. ×　58. ×　59. √　60. ×　61. ×　62. √　63. ×

64. √　65. √　66. √　67. √　68. ×　69. √　70. √　71. √　72. √

73. √　74. √　75. √　76. √　77. √　78. √　79. √　80. ×　81. ×

82. √　83. ×　84. ×　85. ×　86. √　87. √　88. √　89. √　90. √

91. ×　92. √　93. √　94. √　95. √　96. ×　97. √　98. ×　99. ×

100. √　101. √　102. √　103. √　104. √　105. √　106. √　107. √　108. √

109. ×　110. √　111. √　112. √　113. ×　114. ×　115. √　116. ×　117. ×

118. √　119. ×　120. √　121. √　122. ×　123. ×　124. ×　125. √　126. ×

127. √　128. ×　129. ×　130. ×　131. ×　132. √　133. √　134. ×　135. √

136. √	137. ×	138. ×	139. √	140. √	141. √	142. √	143. ×	144. ×
145. ×	146. ×	147. √	148. ×	149. √	150. ×	151. √	152. √	153. √
154. ×	155. √	156. ×	157. √	158. ×	159. ×	160. ×	161. √	162. √
163. ×	164. √	165. ×	166. ×	167. √	168. ×	169. ×	170. √	171. √
172. √	173. ×	174. ×	175. √	176. √	177. √	178. √	179. ×	180. ×

五. 简 答 题

1. 答:切削用量是指切削深度、进给量和切削速度的总称(2分)。钻削时,选择钻削用量的基本原则是:在允许的范围内,尽量选较大的进给量,当进给量受到表面粗糙度和钻头刚度的限制时,再考虑较大的切削速度(3分)。

2. 答:(1)带轮的安装应正确。即径向和端面跳动量应符合要求(1.25分)。

(2)两带轮的中心平面应重合,其倾斜角和轴向偏移量不应过大(1.25分)。

(3)带轮的工作表面粗糙度应合适,一般为 Ra1.6(1.25分)。

(4)带的张紧力应适当,且调整方便(1.25分)。

3. 答:液压传动是以液体为工作介质,利用液体压力来传递动力和进行控制的一种传动方式(2分)。液压传动系统主要由动力部分、执行部分、控制部分和辅助部分四部分组成(3分)。

4. 答:活塞组的作用是:(1)在柴油机工作时传递力和完成工作循环(1.25分)。(2)组成燃烧室(1.25分)。(3)密封,即防止燃气进入曲轴箱和机油进入燃烧室(1.25分)。(4)二冲程柴油机的活塞还控制进气口的开闭(1.25分)。

5. 答:图样格式如下:图中的参数表一般放在图样的右上角(2分)。参数表中列出的参数项目可根据需要增减,检验项目按功能要求而定(3分)。

图样中的技术要求一般放在该图样的右下角。

6. 答:在零件图中对于配合表面,应在基本尺寸后面标注公差代号或偏差值,也可将代号和偏差值同时标注,这时偏差值加括号(2分)。

在装配图中,对有配合要求的尺寸,应在基本尺寸之后标注配合代号。配合代号由孔与轴的公差带代号组合而成,写成分式形式(3分)。

7. 答:共分三类尺寸:

(1)定形尺寸——确定各部分结构大小的尺寸(1分)。

(2)定位尺寸——确定形体之间相对位置的尺寸(2分)。

(3)总体尺寸——确定组合体长、宽、高三个方向的轮廓尺寸(2分)。

8. 答:凡是将两个以上的零件组合在一起或将零件与组件(或称组合件)结合在一起,成为一个装配单元的装配工作称部件装配(2分)。

主要工作内容包括:零件清洗,整形和补充加工,零件的预装,组件装配、部件总装配和调整四个过程(3分)。

9. 答:装配图中只标注下列几种尺寸:(1)规格(性能尺寸);(2)配合尺寸;(3)安装尺寸;(4)外形尺寸;(5)极限尺寸。(每小项1分)

10. 答:(1)沿零件结合面剖切和拆卸画法;(2)假想画法;(3)展开画法;(4)夸大画法;(5)简化画法。(每小项1分)

11. 答:(1)选择比例和图幅。(2)选定主视图及表达方案,布置图面完成底稿。(3)检查底稿,标注尺寸和技术要求后描深图形。(4)填写标题栏。(每小项 1.25 分)

12. 答:工艺装备即产品制造修理工艺过程中所用的各种刀具、夹具、模具、量具、检具、辅具、吊具、钳工工具、试验装置和工位器具等的总称,简称工装。(每个知识点 0.5 分)

13. 答:组合夹具是机床夹具标准化的较高形式,它是由一套预先制造好的各种不同形状、规格、又具有完全互换性及高耐磨性的标准元件组成的(3 分)。根据各种零件的加工要求,利用各种组合夹具元件的特点,可以组装出机械加工、检验及装配等工种用的夹具(2 分)。

14. 答:工艺卡片是根据工艺规程所规定的内容,用简明文字、表格和工作图等形式表达出来(3 分),作为具体安排和指导生产技术的依据(2 分)。

15. 答:工艺卡片的内容一般包括以下几个主要方面:

(1)工序号,即按作业顺序编排的序号(1.5 分)。

(2)工作图,指明零件或总成的作业部位以便按照指明部位工作(2 分)。

(3)技术要求(1.5 分)。

16. 答:常用的定位元件主要有:(1)支撑钉;(2)支撑板;(3)V 形铁;(4)心轴;(5)定位销;(6)锥销;(7)定位套;(8)锥套;(9)顶尖;(10)锥度心轴。(每小项 0.5 分)

17. 答:机床夹具主要由以下几部分组成:

(1)定位元件,其作用是保证工件在夹具中具有确定的位置(1.25 分)。

(2)夹紧装置,其作用是保证已确定的工件位置在加工过程中不发生变更(1.25 分)。

(3)引导元件,其作用是用来引导刀具并确定刀具与工件的相对位置(1.25 分)。

(4)夹具体,它是组成夹具的基础件,并将上述各元件、装置连成一个整体(1.25 分)。

18. 答:六点定位原则是根据物体在空间占有确定的位置就必须约束、限制其 6 个自由度的物理现象确定的(2 分)。通常在夹具定位时,将对物体某个自由度的约束和限制的具体定位元件抽象化为一个定位支撑点。用适当分布的 6 个定位支撑点,限制工件的 6 个自由度,使工件在夹具中的位置完全确定,这就是夹具的六点定位原则(3 分)。

19. 答:夹具定位元件应具有一定的精度、较高的耐磨性能、足够的刚度和强度,以及良好的工艺性。(每个知识点 1 分)

20. 答:(1)在夹紧过程中要保证工件的正确定位(1.25 分)。

(2)夹紧既要可靠,不使工件在加工过程中移动,又要使夹紧力适当,以免工件夹紧变形(1.25 分)。

(3)夹紧机构操作应安全、方便、省力(1.25 分)。

(4)夹紧装置自动化程度和复杂程度要与工件产量、批量相适应(1.25 分)。

21. 答:夹紧力的作用方向选择原则是:

(1)夹紧力的作用方向应不破坏工件定位的准确性,夹紧力方向应垂直主要定位基准面(3 分)。

(2)夹紧力的作用方向应使所需夹紧力尽可能最小(2 分)。

22. 答:夹紧力作用点的选择原则是:

(1)夹紧力的作用点应能保持工件定位稳固,而不致引起工件发生位移或偏转(2 分)。

(2)夹紧力的作用点应使夹紧变形尽可能小(2 分)。

(3)夹紧力的作用点应尽可能靠近被加工表面(1 分)。

23. 答:在机械加工工艺过程中,常见的工件装夹方法,按其实现工件定位的方式来分,可以归纳为以下两类:

(1)按找正方式定位的装夹方法:这是常用于单件、小批生产中装夹工件的方法。一般这种方法是以工件的有关表面,或专门划出的线痕作为找正依据,用划针或指示表进行找正,以确定工件的正确定位的位置。然后再将工件夹紧,进行加工(3分)。

(2)用专用夹具装夹工件的方法(2分)。

24. 答:(1)对产品进行分析。(2)确定装配的组织形式。(3)根据装配单元确定装配顺序。(4)分装配工序。(5)装配工艺卡片。(每小项1分)

25. 测量长导轨直线度时采用光线基准法较好(2分);测量中等尺寸导轨直线时采用实物基准法较好(3分)。

26. 答:工装设计大体可分为四个步骤:(1)调查研究(1.25分);(2)拟定方案(1.25分);(3)工作图设计(1.25分);(4)试制鉴定(1.25分)。

27. 答:样板是检查和确定工件尺寸、形状和相对位置的一种综合性量具(5分)。

28. 答:合理选择划线基准,合理安放,正确找正是划好线的关键。(每个知识点1.5分)

29. 答:仿划线不是以图纸为依据进行划线,而是仿照加工后的工件或旧件,直接从其中量取尺寸,进行划线(5分)。

30. 答:划线时采用拉线、吊线、线坠、直角尺和钢直尺互相配合,通过投影来引线的方法称为拉线与吊线法(2分)。

拉线与吊线法使零件只需经过一次吊装、校正,在第一划线位置上把各面的加工线都划好,就能完成整个工件的划线任务。这样即提高了工效,又解决了工件多次翻转的困难(3分)。

31. 有单块样板和组合样板两种(1分)。单块样板用于形状复杂的工件,如平面凸轮、大型齿轮工件的一部分等(2分)。组合样板的结构是组合式的,可以一次划出几个面的加工线(2分)。

32. 答:有两种方法:

(1)拼凑大型平台法。适用于体积和质量都大的大型零件,且又没有特大平板的情况。其中包括工件移位法、平台接长法、走条与平尺调整法、水准法等(2.5分)。

(2)拉线和吊线法。它是采用拉线、吊线、线坠、角尺和钢尺互相配合,通过投影来引线的方法。它适用于特大工件的划线,只需要经过一次吊装、校正就完成整个工件的划线任务,可以解决多次翻转的困难(2.5分)。

33. 答:大型工件由于尺寸和重量大,给划线工作带来一定困难,故应采取以下措施进行操作:(1)由于尺寸大,往往超过平台尺寸,所以常常要采取平台接长和工件移位等措施来解决(2分)。

(2)由于工件笨重,划线时要特别注意安全操作(1分)。

(3)由于工件笨重,不便翻转,所以大型工件划线常常是在一次安放中把线全部划好。此时必须采用吊线、拉线和应用专用工具等辅助办法来配合进行(2分)。

34. 答:划线方法有两种:

(1)划线基准的选择方法。一般应选择比较重要的中心线,如孔的中心线等,有时还要在零件上比较重要的部位再划一条参考线作为辅助基准(2.5分)。

(2)工件的安装法。如用心轴、方箱、弯板或专用夹具和辅具对畸形工件进行安装、校正来划线(2.5分)。

35. 畸形工件由于形状奇特,如果划线基准选择不当,会使划线工作不能顺利进行(2.5分)。但在一般情况下,还是可以找出其设计时的中心线或主要表面来作为划线时的基准,必要时,也可划参考线来作为划线时的辅助基准(2.5分)。

36. 答:用工具或刀具与工件间的相对运动,从毛坯上切去多余的金属(2.5分),以获得所需的几何形状,尺寸精度和表面粗糙度的零件,这种加工方法叫做金属切削加工(2.5分)。

37. 答:走刀具是指工件每转一转,车刀沿走刀方向移动的距离(mm)(5分)。

38. (1)降低温度:因为在切削过程中,由于摩擦和切屑变形而产生很高的温度,所以会降低车刀的耐用度。冷却液可将产生的热量迅速带走,降低切削温度,延长刀具使用寿命和保证产品质量及提高生产率(1.25分)。

(2)减少摩擦:由于在切削过程中,工件、切屑与刀具之间产生很大的摩擦。润滑液能起润滑作用,以减少工件、切屑与刀具之间的摩擦(1.25分)。

(3)防止锈蚀:减少机床和零件锈蚀(1.25分)。

(4)提高质量:洗去易粘附在刀具及机床上的细小切屑,从而提高加工质量、刀具耐用度和机床寿命(1.25分)。

39. 答:常用的冷却润滑液有:水溶液、乳化液、切削油(每个知识点1.5分)。

40. 答:(1)具有好的冷却性,要具有合适的导热性和比热(1.5分)。

(2)具有良好的润滑性及洗涤性,要求有合适的黏度,并能形成紧固的吸附膜(2分)。

(3)防蚀性,要求形成吸附膜与氧化膜(1.5分)。

除上述要求外。还应具备经济性、稳定性、使用方便及对健康无害等。

41. 答:目的在于冷却受热的零件、部件(2分),使柴油机性能稳定(3分)。

42. 答:一般钻孔深度为孔径的10倍以上的孔称为深孔(2分)。钻深孔时首先应修磨钻头,在前刀面和后刀面分别磨出分屑槽与断屑槽,使排屑通畅,冷却充分,设法使钻头的刚性和导向性好(3分)。

43. 答:(1)钻孔用的找正基准要精确划线,并要确实找正(1.5分)。

(2)先钻直径较大的孔再钻直径小的孔(1.5分)。

(3)要求对中性高的孔可分2~3次钻、扩孔(1.5分)。

44. 答:在斜面上钻孔时,由于钻头切削刃上负荷不均,会使钻头轴线偏斜,很难保证孔的正确位置,钻头也容易折断。这时可以在钻孔前先铣出(或錾出)一个与钻头轴线相垂直的平面(2.5分)。也可以先将工件被钻表面安装成水平位置,钻出一个浅窝后再将工件安装成所需的倾斜位置,然后再进行钻孔(2.5分)。

若将标准钻头修磨成平顶钻头,可直接在斜面上钻孔。

45. 答:标准群钻主切削刃分成三段能分屑和断屑、排屑流畅。(每个知识点1.5分)

46. 答:群钻的特点是:

(1)群钻的月牙槽能分屑,使切削省力(1.5分);

(2)横刃缩短,使内刃上负前角大大减小(1.5分);

(3)单边分屑槽排屑方便(2分)。

47. 答:群钻的优点是:

(1)可降低钻削抗力；

(2)减少钻削热,降低刃口的温度；

(3)改善排屑和断屑,提高耐用度；

(4)定心性好,可减少轴线倾斜,提高精度；

(5)钻头切入工件快,生产率高。(每个小项1分)

48. 答:先用标准环规校准内径指示仪(1分)。

(1)将内径指示仪放入气缸内,在气缸套上、中、下三个不同位置上,测出圆度误差(2分)。

(2)根据三个位置上的圆度误差,判定圆柱度是否在要求的范围内(2分)。

49. 答:选用要求的塞尺卡片厚度(1分)。

(1)用选用的卡片,沿气缸套组件法兰面与机体配合面的圆周检查,看卡片是否能塞入(2分)。

(2)验证是否符合要求(2分)。

50. 答:直接用量具或量仪测出零件被测几何量值的方法,如用游标卡尺测量轴的直径(5分)。

51. 答:在测量过程中,工件被测表面与量具的测量元件处于相对运动状态,被测量值是变动的。如:用百分测量曲轴圆跳动(5分)。

52. 答:标准齿轮是指模数、压力角、齿顶高系数、顶隙系数均取为标准值(3分),且分度圆上的齿厚等于齿间宽的齿轮(2分)。

53. 答:齿轮啮合质量包括接触位置,接触面积和齿侧间隙(3分)。接触位置、接触面积直接影响齿轮的承载能力和工作寿命(2分)。

54. 答:齿侧间隙过小,齿轮转动不灵活,会加剧齿面磨损甚至会因为齿轮受热膨胀或受力变形而卡齿(2.5分),齿侧间隙过大,会造成齿轮换向空程大,容易产生冲击和振动(2.5分)。

55. 答:拉缸:由于进入气缸中的空气混有灰尘,机油中混有金属磨屑等硬杂质附着在气缸内壁面形成磨料(2分),在活塞、活塞环高速相对运动的作用下,磨料粒子将气缸内壁面拉成了平行于气缸轴线的拉痕,粗大的粒子会造成粗大的拉伤,俗称"拉缸"(3分)。

56. 答:窜机油:磨损或制造偏差等原因,气缸与活塞组、活塞环与环槽,气门导管之间的间隙过大,机油通过这"过大"的间隙窜入燃烧室的现象(2.5分)。

窜气:气缸中的高温、高压气体通过气缸壁与活塞、活塞环之间的间隙窜入曲轴箱和油底壳的现象(2.5分)。

57. 答:燃油系统由燃油箱、低压输油泵、粗滤器、精滤器、燃油预热器、喷油泵、高、低压输油管及喷油器等组成。(每个知识点0.5分)

58. 答:对燃油系统的要求是能够调节供油量的大小,控制在最佳效果下的供油开始及结束时刻,保证各缸供油时间同步及供油量相同(2.5分),并要求供油果断及时,断油迅速,干脆,不滴油漏油(2.5分)。

59. 答:(每个知识点0.8分)

(1)盘车观察不得有异常现象。

(2)当气温低于20 ℃时要预热。

(3)打开所有检查孔盖,检查无异常。

(4)检查各管路无泄漏。

(5)测量电机绝缘电阻。

(6)检查各部电器是否接通,是否动作。

60. 答:柴油机启动后的运转过程中升速加载必须遵照由低速到高速(2.5分),由空负荷到满负荷的基本规则(2.5分)。

61. 答:(1)大气温度 20 ℃(1.5分);(2)标准大气压为 101 325 Pa≈0.1 MPa(2分);(3)相对湿度 60%(1.5分)。

62. 答:测定柴油机性能的试验是性能试验(2.5分);柴油机在试验台上进行的试验是台架试验(2.5分)。

63. 答:新装配成的或大修后的柴油机按一定的规范进行试运转,以使各运动零件摩擦副表面贴合良好,柴油机冷态时的磨合称冷磨合,而热态运转时的磨合称热磨合(2.5分);其目的是磨合柴油机的零部件,使各运动件的摩擦副逐渐适应大负荷条件下工作。查明和消除运转中出现的各种异常现象,使各摩擦副逐步建立起正常的工作状态而稳定工作(2.5分)。

64. 答:上止点、下止点:曲轴的旋转运动导致活塞在气缸内做往复直线运动。活塞在离曲轴中心最远的极端位置称为活塞上止点(3分);活塞在离曲轴中心最近的极端位置称为活塞下止点(2分)。

65. 答:气缸中,活塞上、下止点间的距离 S 称为活塞的工作行程(1分);活塞从上止点移到下止点所让出的气缸容积称为气缸工作容积(1分);活塞位于上止点时,其顶部以上的气缸空间称为燃烧室容积(1分)。活塞在下止点时,活塞顶部以上的气缸空间称为气缸总容积(1分);气缸总容积 V_a 与燃烧室容积 V_c 之比称压缩比(1分)。

66. 答:可改变两轮中心距(2.5分)、加张紧轮两种(2.5分)。

67. 答:轴颈弯曲、带轮孔与轴配合松动、带轮槽磨损、带拉长、断裂、磨损、带轮碎裂等。(每个知识点 0.6分)

68. 答:带传动的优点是:结构简单、传动平稳、造价低廉、缓冲吸振、具有过载保护能力(齿形带除外)(2分)。缺点是:不能保证严格的传动比,而且需要一定的张紧力(2分)。带传动广泛用于传动比要求不严格,两轴中心距较大及需要有过载保护的机械传动中。带的型式有:三角带、平带、圆带和同步齿形带等多种(1分)。

69. 答:按齿廓曲线的不同,齿轮主要分为渐开线齿轮、摆线齿轮、圆弧齿轮三种(每个知识点 1.5分)。

70. 答:当一直线 BK 沿一圆周作纯滚动时,此直线上任一点的轨迹 AK,就是该圆的渐开线(3分)。这个圆称为渐开线的基圆;直线 BK 称为渐开线的发生线(2分)。

六、综合题

1. 答:(1)清理键及键槽上的毛刺,确保配合的正确性和装配顺利。

(2)对于重要的键连接,装配前应检查键槽直线度和键槽对轴心线的对称度及平行度等。

(3)用键的头部与轴槽试配,应能使键较紧地嵌在轴槽中。

(4)锉配键长,在键长方向键与轴槽留 0.1 mm 左右的间隙。

(5)在配合面上加机油,用铜棒将键打入轴槽中,并与槽底接触良好。

(6)试配并安装套件,装配后的套件在轴上不能摆动。(每小项 1.25分)

2. 答:(1)相邻两零件的接触面和配合面间只画一条线,而当相邻两零件有关部分基本尺寸不同时,即使间隙很小,也必须画成两条线(3.5分)。

(2)同一零件在不同视图中,剖面线的方向和间隔应保持一致;相邻零件的剖面线,应有明显区别,或倾斜方向相反或间隔不等,以便在装配图内区分不同零件(3.5分)。

(3)装配图中,对于螺栓等紧固件及实心件,若按纵向剖切,且剖切平面通过其对称平面或轴线时,则这些零件均按未剖绘制(3分)。

3. 答:(1)首先进行结构分析,可用形体分析法和面形分析法,弄清楚组合体的结构形状、组合形式(2.5分)。

(2)选择视图,主要确定主视图投影方向,确定原则是主视图应能够较多地表达物体的形状结构和特征,然后根据需要,再配置必要的其他视图(2.5分)。

(3)作图,选择适当的比例和图幅,合理布置图形,按基准线→可见轮廓线→不可见轮廓线的步骤画图(2.5分)。

(4)检查、校对、标注尺寸(2.5分)。

4. 答:夹具一般都是单件生产,精度要求高,在一般情况下都高于产品零件的要求。夹具的装配质量和精度直接影响零件的加工质量(1分),所以夹具组装有以下特点:

(1)在装配过程中采用配作或组装后按总图要求进行组合加工(3分)。

(2)对间隙和运动灵活性要求高的配合面常用研磨或配磨的方法来保证,而不是用公差来保证,对精度要求高的型面也常用钳工修正的方法来保证最后的精度和表面粗糙度(3分)。

(3)夹具装配好后要进行检验是否符合要求,最后还要用实物进行验证,如果有问题要进行分析,找出问题所在,重新进行调整或修正(3分)。

5. 答:在组装时,根据工艺人员提出的工序草图(图上说明工件的定位基准和夹压部位),或者直接根据该工序加工用的毛坯(或半成品)实物,由组合夹具组装站进行组装(4分)。并按工序加工要求进行调试合格,然后交付生产使用,一般须经首件加工检验合格后,才可正式使用(3分)。待一批工件加工完毕后,应将该夹具及时送回组装站,以便将元件、合件拆开清洗入库,供重新组装新夹具使用(3分)。

6. 答:设计专用机械时,要满足以下基本要求:

(1)保证一定的工艺范围(1分)。

(2)保证生产产品的精度(1分)。

(3)保证机械设备具有合理的工艺性(2分)。

(4)保证符合环境保护要求(1分)。

(5)保证生产率要高、成本要低。采用先进的工艺和刀具,以及自动测量等新技术,缩短加工时间,减少辅助时间,提高生产率;对设计的机械,要求零件要少,结构要简单,重量要轻,加工量要少,材料消耗要少,劳动力量消耗要少等;尽量使设计符合"三化"标准的要求(3分)。

(6)其他。还要考虑机械的外形美观,占地面积小,不漏气、水、油、电等要求(2分)。

7. 答:使用台钻的注意事项如下:

(1)台钻应有专人保管,并经常清洁。擦试、润滑,以保持台钻工作性能良好(1分)。

(2)台钻上的传动皮带必须安装防护罩(1分)。

(3)加工前,应选择规格合适且性能良好的工具(如钻头、铰刀等)夹紧刀具时应使用专用工具,不可在装卡时使用手锤、扁铁等敲打;起动电机前应再次检查刀具、钻帽和工件,更不准用手去清除钻屑(2分)。

(4)不可用手撑持工件进行加工,应选用合适的夹具卡紧(1分)。

(5)进行下列工作时应停车:更换刀具或夹具;装卡或拆卸工件;测量加工尺寸;改变转速或进行调整、润滑、清洁(2分)。

(6)加工时,应根据工件的材质、技术要求,以及刀具和钻床的规格、性能等选择切削量,并严格控制手柄压力,以保证加工精度(2分)。

(7)加工中,操作者如需中途离开,必须停车断电(1分)。

8. 答:钻小孔是指直径在 5 mm 以下的孔,或深度为直径的十倍以上的孔。这类孔加工困难、排屑不畅、钻头易折断(5分)。

一般应注意以下事项:

(1)采用高转速,利用甩屑的作用促使切屑排出(1分)。

(2)尽量使用短钻头,增加刚性(1分)。

(3)钻孔时应有充足的冷却润滑液(1分)。

(4)开始钻进时,进给力要轻,防止钻头弯曲和滑移(1分)。

(5)钻孔时应注意及时提起钻头进行排屑(1分)。

9. 答:钻小孔时必须掌握以下几点:

(1)选用精度较高的钻床和小型的钻夹头。

(2)尽量选用较高的转速;一般精度的钻床选 $n=1\ 500\sim3\ 000$ r/min,高精度的钻床选 $n=3\ 000\sim10\ 000$ r/min。

(3)开始进给时进给量要小,进给时要注意手劲和感觉,以防钻头折断。

(4)钻削过程中须及时提起钻头进行排屑,并在此时输入切削液或在空气中冷却。(每个小项 2.5分)

10. 答:用一般方法钻斜孔时,钻头刚接触工件先是单面受力,使钻头偏斜滑移,造成钻中心偏位,钻出的孔也很难保证正直。如钻头刚性不足时会造成钻头因偏斜而钻不进工件,使钻头崩刃或折断。故不能用一般方法钻斜孔(5分)。钻斜孔一般采用以下两种方法:

(1)先用与孔径相等的立铣刀在工件斜面上铣出一个平面后再钻孔(2.5分)。

(2)用錾子在工件斜面上錾出一个小平面后,再用中心钻钻出一个较大的锥坑或用小钻头钻出一个浅孔,然后再用所需孔径的钻头钻孔(2.5分)。

11. 答:齿轮传动是机械传动中应用最为广泛的一种传动方式。常用的齿廓有渐开线、摆线和圆弧齿三种(2分)。渐开线齿轮可按需要制成直齿、斜齿、锥齿等多种形式(2分)。齿轮传动的优点是:传动比恒定,传动比范围大,速度和传递功率的范围大,传动效率高,结构紧凑,适用于近距离传动(2分)。缺点是:制造成本较高,精度不高的齿轮传功时有噪声,振动大,冲击大,无过载保护作用(2分)。圆弧齿轮可用于汽轮机、轧机及起重运输机械(1分)。摆线齿轮用于液压泵,液压马达及减速机中,渐开线齿轮广泛用于各种机械、机床及液压齿轮泵中(1分)。

12. 答:齿轮传动机构的装配要求是:

(1)齿轮孔与轴配合要适当,不得有偏心和歪斜现象;

(2)中心距和齿侧间隙要正确。间隙过小,齿轮转动不灵活,甚至卡齿,会加剧齿面的磨损;间隙过大,换向空程大,而且会产生冲击;

(3)相互啮合的两轮齿要有一定的接触面积和正确的接触部位。

(4)对转速高的大齿轮,在装配到轴上后要进行平衡检查,以免工作时产生过大的振动。(每个小项 2.5 分)

13. 答:根据渐开线的形成,可知渐开线有下列特性:

(1)发生线沿基圆滚过的长度,等于基圆上被滚过的弧长(1 分)。

(2)发生线是渐开线在 K 点的法线,渐开线上任意点的法线一定是基圆的切线(2 分)。

(3)发生线与基圆切点 B 是渐开线在 K 点的曲率中心,线段 BK 是渐开线在 B 点的曲率半径(2 分)。

(4)同一基圆生成的任意两条反向的渐开线间的公法线长度处处相等(2 分)。

(5)渐开线的形状与基圆的大小有关,基圆大渐开线就直一些,基圆小渐开线就弯些(2分)。

(6)基圆内无渐开线(1 分)。

14. 答:齿轮在传动中产生噪声的原因是很复杂的,它不仅与这对齿轮的加工精度有关,还与轴、轴承、箱体上的轴承座孔等的加工精度和装配精度以及运转时的条件(转速、载荷等)有关(3 分)。

如:(1)由于小齿轮基节太大或齿形角 α 太小引起高音号叫声(1 分)。

(2)由于小齿轮基节太小或齿形角 α 太大引起高音号叫声(1 分)。

(3)由于齿形误差引起高频率的冲击声(杂乱声)(1 分)。

(4)由于齿间误差中的歪斜误差(加工或热处理变形引起)或两轴线歪斜误差(由装配或受力后变形)引起的较小的交替敲击声(1 分)。

(5)加工齿轮时,端面跳动太大或装配时齿轮端面不垂直造成的低频交替敲击声(齿轮转一圈交替出现一次,频率与齿轮转速接近)(1 分)。

(6)齿面上有磕碰或毛刺没有去净而造成的严重低频敲击声(叮当声)(1 分)。

(7)由于公法线长度变动太大或齿圈径向跳动太大或装配时齿圈对轴的回转中心偏心太大造成的(1 分)。

15. 答:有以下四方面的要求:(每个小项 2.5 分)

(1)运动精度:用于限制齿轮在一转内回转角的全部误差数值。要求从动轮在一转中回转角误差的最大值不得超过工作情况允许的限度。

(2)工作平稳精度:用于限制在一转内回转角的全部误差中多次重复的数值。即要求其运转平稳,不要忽快忽慢。亦即瞬时传动比的变化应在允许的范围内,以减小冲击、振动和噪声。

(3)接触精度:用于决定齿轮传动中,啮合齿面接触斑点在齿面上所占比例的大小。即要求齿轮在传动中,相互啮合的齿面上接触的面积要符合传递动力的一定要求,以保证轮齿的强度和磨损的寿命。

(4)齿侧间隙:用于防止一对齿轮运动时,由于轮齿的制造误差和传动系统的弹性变形与热变形而发生的卡死现象,以及为了在轮齿间存留润滑剂等。相啮合轮齿的非啮合一侧应存有适当的间隙(即齿侧间隙)。

16. 答:轮齿的破坏形式有:(每个小项 2.5 分)

(1)折断(打牙):轮齿好象一个悬臂梁,受载后齿根处产生的弯曲应力为最大,在加工过渡部分的尺寸发生了急剧的变化,以及沿齿宽方向留下的加工刀痕等引起的应力集中作用,当轮齿重复受载后,齿根处就会产生疲劳裂纹,并在以后的工作中逐步扩展,最后导致轮齿折断。

（2）磨损：在开式传动中，因齿轮都暴露在外面，砂粒、铁屑等很容易落到啮合齿面间。在传动时，轮齿工作表面即被逐渐磨损而致报废。

（3）点蚀：(剥伤)在齿轮传动中，两轮的齿面只在很小的区域内接触，在接触区将产生很大的接触应力，当接触部位相互脱开时，接触应力又消失。在这种不断反复的接触应力长期作用下，由于表层金属疲劳造成了微小片状的剥离而形成许多很小的麻点，若继续传动时，麻点就会逐渐扩大而连成一片，以致形成了齿面的疲劳点蚀。

（4）胶合：对于重载高速齿轮传动，齿间的压力大、瞬时温度高。当瞬时温度过高时，相啮合的两齿面发生粘在一块的现象。由于传动时的相对运动，粘住的地方就会被撕破，于是在齿面上沿相对运动方向形成伤痕，这就是胶合。

17. 答：(1)用于大传动比的减速装置(1分)。

（2）用于机床的分度机构(蜗杆传动比齿轮传动平稳、噪声小、传动精度高)(2分)。

（3）用于起重装置(蜗杆传动自锁性好)(2分)。

（4）用于微调的进给装置(微量进刀控制在 0.002 mm 左右)(1.5分)。

（5）用于省力的传动装置(在主动件上施加最小的力而使重量较大的从动件获得一定范围的运动)(2分)。

（6）用于增速装置(蜗轮作为主动件来带动蜗杆)(1.5分)。

18. 答：链传动是通过链与平行轴上的链轮的啮合传递运动(2分)。它的主要优点是能在任意的中等轴间距离进行定速比传动，传动效率较高，链不要太大的张紧力，轴承受的径向力小(3分)。缺点是传动速度有波动，链及链轮磨损后运转有不平稳，有噪声，不适用于受空间限制要求，中心距小，以及急速反向传动的场合(3分)。链传动广泛应用于一般机械的定速比传动，如起重机械中提升重物，以及中心距较大，多轴的运输机械中驱动输送带等(1分)。链条按用途分为：传动链、起重链和输送链(1分)。

19. 对密封件材料的基本要求是：

（1）材料致密性好不能泄漏介质(1分)。

（2）有适当的机械强度和硬度(1分)。

（3）回弹性和压缩性好(1.5分)。

（4）高温下不软化、不分解；低温下不硬化、不脆裂(2分)。

（5）抗腐蚀性能好；耐老化性能好(1.5分)。

（6）与密封表面有良好贴合的柔软性(1.5分)。

（7）加工性能好价格低、取材容易(1.5分)。

20. 答：滑动轴承的主要特点及应用范围：(每个小项 2.5分)

（1）结构简单，装拆方便，价格低廉，在一般机械中应用较广。

（2）由于承受载荷的面积大，而且轴颈与轴瓦间能存在一层油膜，可起到缓冲阻尼的作用，所以适于承受巨大冲击和振动载荷的机器中采用。

（3）由于滑动轴承的零件数目很少，容易制造得更为精密；又因在转速特高时容易形成完全液体摩擦，而滚动轴承的寿命却要在转速特高时急剧降低，所以特高速的精密轴承常选用滑动轴承。

（4）可做成剖分式的，不需要由轴的一端安装，以适应滚动轴承不能满足的结构要求，如曲轴的轴承。

滑动轴承的主要缺点是:摩擦损耗较大,维护比较复杂,因而常在很多场合为滚动轴承取代。

21. 答:(1)整体滑动轴承的装配,整体式滑动轴承(俗称轴套)这种轴承多采用压入和锤击法装配。特殊场合还采用热装法和冷缩法。装时要细心,用木锤或垫木块的方法打进去。装后因过盈配合导致内孔尺寸缩小,可按缩小量加大孔径尺寸或内孔留量再加工成所需尺寸(5分)。

(2)剖分式轴承的装配(俗称对开轴承),装前可在工艺轴上进行粗刮。工艺轴要比真轴直径小 0.03~0.05 mm。粗刮后,装上真轴合研并转动真轴,再按点的情况适当刮削直到理想为止(5分)。

22. 答:必须具备以下条件:(每个小项2分)

(1)轴颈和轴承配合面应留有合理的间隙,其值为轴颈尺寸的 0.000 1~0.000 3 倍,或为 0.001 d~0.003 d(d 为轴颈直径),以形成楔形空间。

(2)轴颈应保持一定的线速度,以建立足够的油楔压力。

(3)轴颈和轴承孔应有精确的几何形状和较细的表面粗糙度。

(4)多支承的轴承应保持一定的同轴度。

(5)润滑油的黏度要适当,供油量要充足。

23. 答:滚动轴承的主要特点是:摩擦损失小,效率高,起动灵敏,润滑方便,易于互换,并且可在极低转速下应用(3分)。但是滚动轴承受冲击及动力载荷的性能较差,高速时出现噪声,工作寿命一般较差(3分)。比较滚动轴承的优缺点可知,在高速重载条件下使用不够有利(2分)。但是在一般工作条件下,优点比较显著。所以各种通用机械上广泛采用滚动轴承(2分)。

24. 答:选择滚动轴承时应考虑以下几项:

(1)载荷的大小、方向和性质。这是选择轴承类型的主要依据(1分)。

(2)轴承的转速要适宜,通常要求轴承在低于其极限转速的条件下工作。否则,轴承的使用寿命将会有不同程度的降低(1.5分)。

(3)调心性能好。对刚性较差或多支点的轴使用的轴承或一对轴承的座孔的同心度较低时,都要考虑是否需要选择具有调心性能的轴承。此外,还应考虑安装空间尺寸,拆装方便以及经济性等因素(1.5分)。

应遵循的基本原则有:

(1)载荷轻而平稳时,宜选用球轴承。载荷大又有冲击时宜选用滚子轴承(1分)。

(2)承受纯径向载荷或同时作用有不大的轴向载荷时,一般可选用向心球轴承或接触角不大的向心推力球轴承。当同时作用径向与轴向载荷,而轴向载荷又较大时,可选用大接触角的向心推力球轴承或选用向心轴承与推力轴承的组合,以便分别承受径向和轴向载荷(1分)。

(3)当受纯轴向载荷且转速不高时,宜选用推力轴承(1分)。

(4)球轴承比滚子轴承的极限转速高,故在高速时宜优先选用球轴承(1分)。

(5)轴或支座的刚性较差时,要考虑选用调心轴承(1分)。

(6)向心推力轴承应成对使用,对称安装(1分)。

25. 答:安装轴承时,给轴承施加一定的轴向力,使内、外圈产生相对位移,从而消除内、外圈滚道与滚动体间的间隙。并使内、外圈滚道与滚动体的接触表面产生弹性变形,这种方法称为轴承的预紧(5分)。轴承预紧后消除了内部间隙。承载时的变形也比不预紧的轴承小,所以有效地提高了轴承的支承刚度和轴的旋转精度(5分)。

26. 答:滚动轴承的游隙。有径向游隙和轴向游隙两大类(2分)。按滚动轴承所处的状态不同,径向游隙又可分为原始游隙、配合游隙、工作游隙三种(2分)。

(1)原始游隙是指轴承在未安装时自由状态下的游隙(2分)。

(2)配合游隙是指轴承安装到轴上和壳体孔内以后存在的游隙(2分)。

(3)工作游隙是指轴承在工作状态时的游隙(2分)。

27. 答:滚动轴承应具有必要的间隙。以弥补装配偏差和受热膨胀的影响,使油膜得以形成,以保证其均匀和灵活地运动,否则可能发生卡住现象(4分)。但过大的间隙又会使载荷增加,产生冲击和振动,不但在工作时产生噪声,还将产生严重的摩擦、磨损、发热,甚至造成事故(4分)。因此,选择适当的间隙是保证轴承正常工作,延长其使用寿命的重要措施之一(2分)。

28. 答:滚动轴承的主要破坏形式通常是点蚀破坏(3分)。点蚀破坏的轴承,如果拆下来,当然可以看到滚动体和滚道上有麻点产生。即使不拆下来,这样的轴承在运动时,必然出现比较剧烈的振动,摩擦阻力明显增大,转动灵活性降低,轴承温度升高,以及发出相当强烈的噪声等。所以轴承在运转中一出现这种现象,就可以判定这个轴承已经发生了点蚀破坏,应当及时更换(7分)。

29. 答:在成批或大量生产中,当组合的零件较少,装配精度要求很高,各组成环零件加工精度又难以满足要求时,可将各组成环零件的公差适当放大到合理可行的程度(3分)。装配之前,按实际尺寸的大小把零件分为若干组,然后将分组的配合零件按对应尺寸,大的与大的相配,小的与小的相配,这种装配方法叫分组装配法(3分)。

其优点是:降低了加工成本,提高了装配精度(2分)。

其缺点是:增加了对零件进行测量和分组工作及分组的检测设备;当零件的实际尺寸分布不均匀时。分组后会剩下多余的零件,故只适用于成批或大量生产中(2分)。

30. 答:当尺寸链中环数较多,封闭环的精度要求很高时,可将各组成环的公差放大到易于制造的精度,并对某一组成环留有足够的补偿量,通过修配使其达到装配要求,这种方法称为修配装配法(5分)。

其优点是:能在较低的制造精度下,获得较高的装配精度(2.5分)。

缺点是:不能互换,装配工作量大,只能用于单件小批量生产中(2.5分)。

31. 答:当尺寸链的环数较多,封闭环精度要求很高时,将各组成环零件的制造公差适当放大。装配时通过调整一个或几个零件的位置或更换补偿件的方法来保证装配精度,这种方法叫做调整装配法(5分)。

其优点是:能用较低精度的零件,获得较高的装配质量,特别适用于需要更换调整件来弥补因磨损或温度变化而引起配合尺寸改变的场合(2.5分)。

缺点是:增加零件数目及不能互换(2.5分)。

32. 答:为产生动力,发动机必须先将燃料和空气的混合物吸入气缸经压缩后点火燃烧发出热能,再通过曲柄连杆机构转化为机械能,最后将燃烧后的废气排出气缸,发动机依次连续重复地完成进气、压缩、作功、排气的过程,叫发动机的工作循环(5分)。四冲程发动机活塞上下各二次,即曲轴旋转2周(720°)。完成一个工作循环(2.5分);而二冲程发动机,活塞上下各一次;即曲轴旋转一圈(360°)完成一个工作循环。其中燃烧过程是影响内燃机性能的主要过程(2.5分)。

33. 答:活塞环分为气环和油环两类。气环按断面形状有:矩形环、锥形环、正扭曲内切环、后扭曲锥面环、梯形环、桶面环等(4.5分)。最常用的为矩形环,其制造简单。导热效果好。但有泵油作用,目前广泛采用扭曲环(1.5分)。油环有普通环和组合油环两类,普通油环又可分为异向外倒角环、同向外倒角环、同向内倒角环、鼻式油环等(1.5分)。组合油环由三个刮油钢片和两个弹性衬环组成。其刮油作用强,适应性好质量小,回油通路大,但制造成本高等优缺点(1.5分)。

34. 答:干式缸套的特点是缸套不直接与冷却水接触,其优点是:结构简单,成本较低,结构刚度较好,但导热性不如湿式缸套(3分)。湿式缸套的特点是缸套与冷却水直接接触。故采用密封圈密封,防止水泄漏,其优点是在气缸体上没有封闭的水套,铸造方便、易拆卸更换,冷却效果好,但其缺点是气缸体刚度差容易漏水漏气(3分)。

控制油膜,刮下缸壁多余油,确保活塞与气缸壁间有良好的油膜(2分)。并使气缸与活塞有个良好的密封,保证发动机可靠工作(2分)。

35. 答:配气机构的功用是:按发动机每缸的工作循环和点火顺序要求,定时开启和关闭各缸的进、排气门,使新鲜空气得以及时进入气缸,废气得以及时排除(5分)。配合机构由下列部件组成:

(1)气门组:包括气门、气门导管、气门应、气门弹簧、弹簧座、气门锁片等零件(2.5分)。

(2)气门传动组:包括凸轮轴、正时齿轮挺杆及其导管、挺杆导管压板、推杆、摇臂、摇臂轴等零件(2.5分)。

内燃机装配工(高级工)习题

一、填 空 题

1. 当工件上有两个以上的不加工表面时,应选择其中(　　)、较重要的或外观质量要求较高的为主要找正依据。

2. FW125 表示:万能分度头(　　)到底面的高度为 125 mm。

3. 使用分度头划线时,手柄不应摇过应摇的孔数,否则须将手柄多退回一些再正摇,以消除传动和(　　)所引起的误差。

4. 直流电动机的制动有机械制动和(　　)制动。

5. 电动机启动分(　　)和降压启动两种方式。

6. 按钮分为常开的启动按钮、常闭的(　　)和复合按钮。

7. 熔断器用来保护电源,保证其不在短路状态下工作,(　　)用来保护异步电动机,保证其不在常期过载状态下运行。

8. 直齿圆柱齿轮的正确啮合条件是两齿轮分度圆上的模数和(　　)相等。

9. 蜗杆传动在主平面内,相当于(　　)和齿轮传动。

10. 液压传动的两个重要参数是(　　)。

11. 溢流阀主要是起溢流和(　　)作用。

12. 齿轮泵是利用齿间(　　)的变化来实现吸油和压油的。

13. 顺序阀实质上是一个由压力油液控制其开启的(　　)。

14. 流量控制阀是通过调节通过阀口的流量而改变执行机构(　　)的液压元件。

15. 调速阀是由减压阀和(　　)串联组合而成的阀。

16. 单作用式叶片泵可以改变(　　)和输油方向。

17. 摩擦轮传动中,主动轮是依靠(　　)的作用带动从动轮转动。

18. 标准公差数值的大小与两个因素有关,它们是(　　)和公差等级。

19. 确定尺寸公差带的要素有两个,它们是公差带的大小和(　　)。

20. 选择公差等级时,要综合考虑(　　)和经济性能两方面的因素。

21. 与标准件配合时,基准制的选择通常依(　　)而定。

22. 当被测要素或基准要素为中心要素时,形位公差代号的指引线箭头或基准符号的连线应与该要素轮廓的(　　)对齐。

23. 轮廓算术平均偏差 Ra,是指在取样长度内,轮廓偏距绝对值的(　　)。

24. 热成型弹簧的最终热处理是(　　),以达到使用要求。

25. 重要的焊接件,焊后均应进行(　　),以消除内应力,防止变形和开裂。

26. 热处理能使钢的性能发生变化的根本原因是由于铁有(　　)。

27. 根据使用性能的要求,凸轮轴的凸轮应进行表面淬火,其目的是提高(　　)。

28. 钻孔时,选择钻削用量的基本原则是在允许的范围内,尽量先选较大的(　　)。

29. 修磨钻铸铁的群钻,主要是磨出(　　),加大后角,把横刃磨得更短些。

30. 刮花的目的是使刮削面美观,并使滑动件之间形成良好的(　　)。

31. 研磨环的内孔、研磨棒的外圆制成圆锥形,可用来研磨(　　)表面。

32. 弯曲有焊缝的管子时,焊缝必须放在(　　)的位置上。

33. 检查刮削质量方法,用边长为 25 mm 的正方形方框内的研点数来决定(　　)精度。

34. 装配时,封闭环的公差(　　)各组成环公差之和。

35. 修配法解尺寸链的主要任务是确定修配环在加工时的实际尺寸,保证修配时有(　　),而且是最小的修配量。

36. 装配精度完全依赖于(　　)精度的装配方法,叫完全互换法。

37. 把双头螺纹直接拧入无螺纹的光孔中,叫(　　)。

38. 成组螺栓或螺母拧紧时,应根据被连接件形状和螺栓的分布情况,按一定的(　　)拧紧螺母。

39. 当连接件的过盈量及配合尺寸较小时,一般常采用(　　)装配。

40. 圆锥销装配铰孔时,用试配法控制孔径,以圆锥销能自由地插入全长的(　　)为宜。

41. 齿轮啮合质量包括适当的(　　)和一定的接触面积及正确的接触位置。

42. 圆柱齿轮上正确接触印痕,其分布的位置应是自(　　)对称分布。

43. 影响齿轮接触精度的主要因素是(　　)精度及安装是否正确。

44. 圆锥齿轮的接触斑点,一般用涂色法检查,在无载时,接触斑点应靠近齿轮的(　　),以保证工作时,齿轮在全宽上均匀接触。

45. 滚动轴承的内径为基准孔,但其公差带在零线(　　),与一般零件基准孔的公差带不同。

46. 轴承的轴向固定方式有一端双向固定方式和(　　)固定方式。

47. 轴和轴承座孔的公差等级是根据(　　)选择。

48. 主轴部件的精度是指在装配调整之后的(　　)。

49. 柴油机压缩比是(　　)与燃烧室容积之比。

50. 进、排气门开启和关闭的时刻均用(　　)表示,叫配气相位。

51. 同一气缸的进气门、排气门同时开启的曲轴转角,叫(　　)。

52. 16V240ZJB 型柴油机气缸编号的方法是从自由端向输出端先(　　)依次进行。

53. 活塞从上止点移动到下止点所扫过的气缸容积称为(　　)容积。

54. 1 kg 柴油完全燃烧时放出的热量,称为柴油的(　　)。

55. 气缸内工质的压力随气缸容积或曲轴转角变化的 P-V 图形称(　　)。

56. 柴油机在单位时间内所做的指示功称为(　　)。

57. 气缸与气缸盖接合面间的调整垫片厚度增加,压缩比(　　)。

58. 活塞环的切口(　　)对漏气量影响大,而切口形式对密封性影响不大。

59. 在(　　)作用下的扭转振动叫强迫扭转振动。

60. 废气涡轮增压器压气机的作用是将进入柴油机的空气(　　),以提高进气密度。

61. 柱塞偶件供油量的调节是通过(　　)改变螺旋边与进油口相对位置来实现的。

62. 喷油器的喷油压力调整,是通过调整螺钉改变(　　)来实现的。

63. 按功能分,机车柴油机用的调速器为(   )调速器。

64. 柴油机的润滑方式有压力润滑、(   )润滑和人工添加润滑。

65. 机车柴油机的冷却方式有(   )和高温闭式两种。

66. 柴油机磨合试验的目的是磨合柴油机的零部件,(   ),查明和消除全部缺陷。

67. 柴油机的特性有(   )特性、负荷特性、通用特性。

68. 减振器安装在曲轴的(   )端。

69. 柴油机排气冒白烟,说明(   )进入燃烧室。

70. 机械效率表示柴油机内部消耗功率的大小,是有效功率与(   )功率的比值。

71. 柴油机活塞第一道环附近较严重的磨损是(   )。

72. 活塞的冷却方式有喷射式、(   )和振荡式三种。

73. 一台三相异步电动机的型号是 Y-132-S-2,其中 Y 代表异步电动机;132 代表机座中心高 132 mm;S 代表机座号为短号,铁芯长度为 2 号;2 代表(   )。

74. 一台三相异步电动机的型号是 JO3-90S4,其中 J 代表交流异步电动机;O 代表封闭式;3 代表设计序号;90 代表(   );S 代表铁芯长度为短号;4 代表磁极数为 4 极。

75. 变压器是由套在一个闭合铁芯上的(   )个线圈构成的。

76. 铁芯是变压器的(   ),线组在单相变压器中常称线圈,是变压器的电路部分。

77. 选择电机时,根据工作的场所、地区选择电动机的型号;根据(   )选择电动机的容量;根据所拖动的生产机械的额定转速选择电动机的转速。

78. 负载接到三相电源上去,具有(   )和三角形连接两种方式。

79. 负载接到三相电源上去选择何种连接方式,是根据负载的(   )和电源电压来确定的。

80. 三角形连接是将三相负载的首末端依次相连,接成一个闭合三角形,再将三个端与电源的三根相线相连接,每相负载为(   )V。

81. 电源电压为 220 V 时,电动机绕组应连接成三角形(△);电源电压为 380 V 时,电动机绕组应连接成(   )。

82. 常用蓄电池可分为酸性蓄电池或铅蓄电池和(   )。

83. 热继电器由热驱动器件、常闭触头、传动机构、复位按钮和(   )组成的。

84. 压力控制回路是利用压力控制阀来控制系统的压力,实现稳压、增压、调压等目的。以满足执行元件对力或力矩以及(   )的要求。

85. 根据使用目的的不同,压力控制回路主要有:调压回路、减压回路、增压回路和(   )。

86. 液压阀主要有液压控制阀、方向控制阀和(   )三种。

87. 减压阀的调压范围一般是(   )。

88. 节流阀在液压系统中主要是控制液压系统的流量,改变工作机构的(   )。

89. 压缩比通常用代号(   )表示。

90. 柱塞泵工作时,柱塞做(   )运动。

91. 三角带传动中,主动轮和从动轮的轮槽对称中心平面应(   )。

92. 链条装配后,过紧会增加负载,加剧(   )。

93. 为使直接启动自锁控制线路具有过载保护作用,应在线路中增设(   )。

94. 采用先进的装配工艺可以缩短工时定额中的（　　）时间。

95. 广泛使用（　　）性原则可以缩短装配时间提高装配工作效率。

96. 内燃机车机油系统的机油泵一般都是（　　）泵。

97. 齿轮传动的类型有圆柱齿轮传动、（　　）和螺旋齿轮传动。

98. 采用废气涡轮增压时,增压器与柴油机之间是依靠（　　）原理来互相联系工作的。

99. 机械制图包括基本视图、斜视图、旋转视图和（　　）。

100. 装配图是表示一台机器或一个部件的各个零件之间的相互关系、位置、形状的图样,因而它能表达机器或部件的结构和工作原理,是进行装配、检验、安装、运转和检修工作的（　　）。

101. 液力传动主要借助于改变液体的（　　）来传递扭矩的一种液力传动方式。

102. 曲轴的曲柄排列是依据柴油机的（　　）、发火顺序和扭转振动等综合因素考虑的。

103. 精刮时要将最大最亮的研点（　　）。

104. 精刮时中等研点只刮（　　）。

105. 精刮时小研点（　　）。

106. 机械零件由于某些原因不能正常工作时,称为（　　）。

107. （　　）是指零件在载荷作用下抵抗弹性变形的能力。

108. 喷油器按工作原理可分为开式和（　　）两种。

109. 喷油泵出油阀减压环带的作用是（　　）。

110. 齿轮轮齿常见的失效形式有（　　）、齿面磨损、齿面胶合、轮齿折断、塑性变形。

111. 安装活塞环时,两环的（　　）彼此应错开大于90°。

112. 液压传动是以液体为工作介质,利用（　　）来传递动力和进行控制的一种传动方式。

113. 16V240ZJB型柴油机的进排气门冷态间隙的大小是用（　　）来测量的。

114. 在液压系统中（　　）泵具有结构简单,尺寸小,制造方便,价格低等特点。

115. 换向阀处于中间位置时能使液压泵卸载,应选用（　　）型滑阀。

116. 液压泵的常用类型按其结构不同分为（　　）、齿轮泵、叶片泵、螺杆泵、凸轮转子泵。

117. 液压泵的常用类型按其（　　）能否改变可分为单向泵和双向泵。

118. 液压泵的常用类型按输出流量能否调节可分为定量泵和（　　）。

119. 液压泵的常用类型按压力的高低可分为低压泵、（　　）和高压泵。

120. 液压泵的输油量与密封容积变化的大小及（　　）成正比。

121. 为保证液压泵正常吸油,油箱必须和（　　）相通。

122. 控制液压油只许按一方向流动,不能反向流动的方向阀叫（　　）。

123. 滚动轴承内圈与轴的配合为（　　）制。

124. 滚动轴承外圈与轴承座孔的配合为（　　）制。

125. 滑动轴承和滚动轴承是按工作元件的（　　）来划分的。

126. 普通平键的（　　）面是工作面。

127. 几个用电设备(负载)并排连接起来的电路叫（　　）。

128. 气缸中,活塞（　　）间的距离 S 称为活塞的工作行程。

129. 凸轮与从动件的接触形式有平面接触、(　　)和尖端接触三种。

130. 活塞从上止点移到下止点所让出的气缸容积称为(　　)。

131. 活塞位于上止点时,其顶部以上的气缸空间称为(　　)。

132. 活塞在下止点时,活塞顶部以上的气缸空间称为(　　)。

133. 柴油机工况是用柴油机的(　　)和工作参数来表示的。

134. 柴油机的主轴承用来支撑(　　)的。

135. 气缸盖的主要作用是(　　)气缸的上平面。

136. 气缸盖要承受燃气的(　　)作用。

137. 万能游标量角器,按其游标测量精度分为(　　)两种。

138. 用塞尺测量间隙时,若0.2 mm片能塞入,0.25 mm片不能塞入,说明间隙在(　　)mm之间。

139. 测量时,通过更换内径百分表的可换触头,可改变内径百分表的(　　)。

140. 16V240ZJB型柴油机主轴承的圆度和圆柱度是用(　　)来测量的。

141. 万能游标量角器通过直尺和直角尺的移动和拆换可测量(　　)的任何角度。

142. 千分尺的制造精度主要由它的示值误差和(　　)平行度误差的大小来决定。

143. 高度游标卡尺主要用来测量尺寸和(　　)。

144. 水平仪按其工作原理分为水准仪和(　　)水平仪两种。

145. 用卡规测量 $\phi 30_{-0.03}^{\ 0}$ mm的轴,其卡规过端尺寸为(　　)mm。

146. 用卡规测量 $\phi 30_{-0.03}^{\ 0}$ mm的轴,其卡规止端的尺寸为(　　)mm。

147. 用塞规测量 $\phi 20_{0}^{+0.05}$ mm的孔,其塞规过端的尺寸为(　　)mm。

148. 用塞规测量 $\phi 20_{0}^{+0.05}$ mm的孔,其塞规止端的尺寸应为(　　)mm。

149. 量块的制造精度为五级,其中(　　)级最高。

150. 读数值为0.02/1 000 mm水准仪,表示气泡移动一格时,1 m距离上的高度差为(　　)mm。

151. 水准仪的测量精度(分度值)是以气泡移动一格时,被测表面在(　　)的距离上的高度差表示。

152. 分度值为0.01 mm/1 000 mm的合像水准仪,刻度窗口一格表示1 000 mm长度上的高度差为(　　)mm。

153. 16V240ZJB型柴油机的油底壳与机体把对后,应用专用量具测量油底壳前后端面与机体前后端面的(　　)度。

154. 16V240ZJB柴油机气缸套组件装入机体气缸套按装孔后,应检查二者接合面的密贴性,检查工具是(　　)。

155. 曲轴主轴瓦装入主轴承座孔后,要求瓦背与主轴座孔的内表面密贴,应用(　　)检查。

156. 16V240ZJB型柴油机的第九位主轴承是止推轴承,止推间隙的大小,是通过选配止推环的(　　)来调整。

157. 16V240ZJB型柴油机连杆螺栓的把紧是用螺栓的伸长量来表示的。工艺螺栓是用带(　　)的专用量具来测量的。

158. 顺序阀实质上是一个由压力油液控制其开启的(　　)。

159. 摩擦轮传动,分为两轴平行和(　　　)两种类型。

160. 三角带传动中,主动轮和从动轮的轮槽对称中心平面应(　　　)。

161. 链条装配后,过松容易产生振动或(　　　)。

162. 在螺纹连接中,安装弹簧垫圈是为了(　　　)。

163. 根据轴所受载荷不同,可将轴分为心轴、转轴和(　　　)三类。

164. 滑动轴承获得液体摩擦状态可采用(　　　)两种润滑方法。

165. 主要用来保护电源免受短路损害的保护电器是(　　　)。

166. 电动机的能量转换形式是将电能转换成(　　　)。

167. 蓄电池工作时是将(　　　)变为电能释放出来。

168. 自准直仪的结构类型很多,其基本原理都是(　　　)光学原理。

169. 用来对柴油机的有效功率进行测量的设备叫(　　　)。

170. 常用的测功器有水力测功器和(　　　)两种。

171. 精密机床的精密性主要通过传动部分和(　　　)表现出来。

172. 机床床身导轨的几何精度直接关系到机床的几何精度和(　　　)。

173. 大型机床的床身通常都是拼接而成,拼接时用螺栓连接,用(　　　)定位。

174. 为保证设备安装基础的强度,在安装设备前应对基础进行(　　　)。

175. 内燃机车大修时,一般要大范围地(　　　)和进行全面检查。

176. 若柴油机不能按要求停机,应使用(　　　)或关闭燃油截止阀。

177. 目前我国内燃机车总组装主要采用(　　　)和流水作业组装两种方式。

178. 启动发电机作电动机使用时由(　　　)供电。

179. 机体是柴油机的(　　　)部件,是固定件中尺寸最大的部件。

180. 活塞从上止点运动到下止点所移动的距离叫(　　　)。

181. 四冲程柴油机一个工作循环,要经过(　　　)个过程。

182. 四冲程柴油机第一冲程是(　　　)过程。

183. 四冲程柴油机第二冲程是(　　　)过程。

184. 四冲程柴油机第三冲程是(　　　)过程。

185. 四冲程柴油机第四冲程是(　　　)过程。

186. 二冲程柴油机第一冲程初期进行扫气过程,后期进行(　　　)过程。

187. 二冲程柴油机第二冲程初期进行(　　　)过程,后期进行扫气过程。

188. 柴油机要求柴油最主要的质量指标是它必须具有良好的(　　　)性能。

189. 一般情况下,转速小于(　　　)r/min 的柴油机称为低速柴油机。

190. 一般情况下,转速在(　　　)r/min 之间的柴油机称为中速柴油机。

191. 一般情况下,转速大于(　　　)r/min 的柴油机称为高速柴油机。

192. 飞轮的功用主要是使柴油机运转平衡和(　　　)动能。

193. 烟度是评定柴油机(　　　)的一个重要指标。

194. 柴油机正常运转时,排出的废气应以无色透明、(　　　)色为好。

195. 柴油机每千瓦小时所消耗的燃油的重量称为(　　　)。

196. 柴油机进行启动试验时,油水温度需高于(　　　),方可起动柴油机。

197. 柴油机调速试验,升降转速时,联合调节器波动不得超过(　　　)次。

198. 用时间来表示的劳动定额称为(　　　)。

199. 直接完成基本工艺过程所消耗的时间称为(　　　)。

200. 由定额员,技术人员和有经验的老工人根据经验估算出劳动定额的方法叫(　　　)。

二、单项选择题

1. 钻头的顶角 $2\phi > 118°$ 时,主切削刃是(　　　)。
(A)凸形 　　　　　(B)凹形 　　　　　(C)直线 　　　　　(D)斜线

2. 加工通孔螺纹时,最好选用(　　　)丝锥。
(A)直槽 　　　　　(B)右旋槽 　　　　　(C)左旋槽 　　　　　(D)直槽和右旋槽

3. 细刮时,应采用的刮削方法为(　　　)。
(A)成片刮削 　　　　　(B)长刮法 　　　　　(C)点刮法 　　　　　(D)短刮法

4. 用边长 25 mm 的正方形方框内的点子数,用于检查(　　　)。
(A)接触精度 　　　　　(B)直线度 　　　　　(C)配合间隙 　　　　　(D)平面度

5. 当弯曲半径 $r \geqslant 16\, t$ 时,中性层在材料(　　　)。
(A)内弯处 　　　　　(B)外弯处 　　　　　(C)中间 　　　　　(D)不确定

6. 在钻床上加工同一工件,需要钻、扩、铰多种工序时,最好选用(　　　)。
(A)固定钻套 　　　　　(B)可换钻套 　　　　　(C)润滑钻套 　　　　　(D)快换钻套

7. 紧键的工作面是键的(　　　)。
(A)两个侧面 　　　　　　　　　(B)上、下两表面
(C)一侧面和一个底面 　　　　　(D)两个侧面和两个顶面

8. 传动的链节数为奇数时,链接头形式采用(　　　)。
(A)开口销 　　　　　(B)弹簧 　　　　　(C)过渡链节 　　　　　(D)螺纹

9. 圆柱齿轮传动,接触斑点位置太高,是由于(　　　)引起的。
(A)中心距太大 　　　(B)中心距太小 　　　(C)中心距不平行 　　　(D)中心距偏斜

10. 蜗杆、蜗轮传动啮合接触斑点的位置不正确时可调整(　　　)。
(A)蜗杆轴向 　　　(B)蜗杆轴向位置 　　　(C)蜗杆径向位置 　　　(D)蜗轮轴向位置

11. 滚动轴承内圈装在轴上时,装配压力应加在(　　　)。
(A)外圈上 　　　(B)内圈与外圈上 　　　(C)滚动体上 　　　(D)内圈上

12. 长的圆柱体工件在长的 V 形铁上定位,可限制工件的(　　　)自由度。
(A)2 个 　　　(B)3 个 　　　(C)4 个 　　　(D)5 个

13. 螺纹连接属于(　　　)。
(A)可拆活动连接 　　　　　(B)可拆固定连接
(C)不可拆固定连接 　　　　　(D)不可拆活动连接

14. 键连接属于(　　　)。
(A)可拆的活动连接 　　　　　(B)不可拆的活动连接
(C)可拆的固定连接 　　　　　(D)不可拆的固定连接

15. 燃烧室容积是(　　　)时,由活塞、气缸、气缸盖所包围的气缸容积。
(A)开始燃烧 　　　(B)活塞到达上止点 　　　(C)最大燃气压力 　　　(D)供油开始

16. 喷油提前角是( )的曲轴转角。
(A)喷油器停止供油到活塞到达上止点 (B)喷油器开始供油到活塞上止点时
(C)燃油开始燃烧到活塞上止点时 (D)喷油泵开始供油到活塞上止点时

17. 气门座圈锥面锥角( )气门密封锥面锥角。
(A)大于 (B)等于 (C)小于 (D)不确定

18. 脉冲式涡轮增压器能利用废气的( )能量。
(A)定压 (B)脉冲 (C)定压和脉冲 (D)恒压

19. 从喷油器开始喷油到喷油泵停止供油,称为( )。
(A)喷射滞后期 (B)自由喷射期 (C)喷射提前期 (D)主喷射期

20. 近代柴油机提高功率主要的途径是( )。
(A)增大缸径 (B)增加转速 (C)增加气缸数 (D)提高增压度

21. 经检查16V240ZJB型柴油机的供油提前角小于设计值时,调整热片厚度应( )。
(A)增加 (B)减小 (C)不变 (D)浮动

22. 关于密封环错误的说法是( )。
(A)密封环起密封与传热作用 (B)搭口间隙指自由状态下的开口间隙
(C)密封环会产生泵油作用 (D)矩形断面的密封环应用最广

23. 若机油进入气缸,柴油机会( )。
(A)冒蓝烟 (B)冒白烟 (C)冒黑烟 (D)冒红烟

24. 把柴油机所有气缸中产生的动力汇集起来并输送出去的部件是( )。
(A)减振器组件 (B)连杆组件 (C)活塞组件 (D)曲轴组件

25. 根据示功图可以对柴油机进行( )。
(A)功率测定 (B)效率测定 (C)性能分析 (D)热损失测定

26. 柴油机的有效功率要( )指示功率。
(A)大于 (B)小于 (C)近似 (D)等于

27. 柴油机喘振指的是( )。
(A)减振器 (B)增压器 (C)调节器 (D)变热器

28. 用来评价柴油机在多种转速和各种负荷下的经济性的柴油机特性是( )。
(A)负荷特性 (B)转速特性 (C)万有特性 (D)工作特性

29. 进气过程与排气过程同时进行的工作过程称为( )。
(A)第一冲程 (B)第二冲程 (C)辅助冲程 (D)扫气冲程

30. 机车柴油机用柴油都是( )。
(A)轻柴油 (B)重柴油 (C)高热值柴油 (D)混合柴油

31. 增压器的主要任务是提高进入柴油机气缸中空气的( )。
(A)密度 (B)容积 (C)体积 (D)温度

32. 为提高曲轴的耐磨性和疲劳强度,其表面要进行( )处理。
(A)正火 (B)渗碳 (C)调质 (D)氮化

33. 同一台16V240ZJB型柴油机的活塞组质量差不应大于( )。
(A)100 g (B)200 g (C)300 g (D)400 g

34. 同一台16V240ZJB型柴油机连杆组质量差不应大于( )。

(A)100 g　　　(B)200 g　　　(C)300 g　　　(D)400 g

35.V型柴油机连杆有(　　)种结构形式。

(A)1　　　(B)2　　　(C)3　　　(D)4

36.四冲程柴油机凸轮轴与曲轴的转速比为(　　)。

(A)1/4　　　(B)1/2　　　(C)2　　　(D)4

37.凸轮轴是由(　　)驱动的。

(A)起动电机　　　(B)电力　　　(C)液力　　　(D)曲轴

38.活塞环的弹力取决于(　　)。

(A)搭口间隙大小　(B)天地间隙大小　(C)环背间隙大小　(D)环的截面积尺寸

39.(　　)连杆会使曲轴的长度增加,刚度削弱。

(A)并列式　　　(B)主副式　　　(C)平切口式　　　(D)叉片式

40.限制同一台柴油机活塞连杆组的质量差是为了(　　)。

(A)装配方便　　　　　　(B)提高装配效率

(C)提高柴油机工作平衡性　　(D)保证形状一致

41.柴油机连杆一般都做成"工"字形断面,其目的是为了(　　)。

(A)外形美观　　　(B)节约材料　　　(C)加工方便　　　(D)提高刚度

42.喷油泵的柱塞付应选择(　　)进行淬火和低温回火,获良好硬度和耐磨性。

(A)45号钢　　　(B)20Mn　　　(C)GCr15　　　(D)40Cr

43.所谓定量泵就是(　　)的液压泵。

(A)密封容积不能变化　　　(B)密封容积交替变化

(C)输出流量不可调　　　　(D)输出流量可调

44.所谓变量泵就是(　　)的液压泵。

(A)输出流量不可调　　　(B)密封容积交替变化

(C)输出流量可调　　　　(D)密封容积不能变化

45.外啮合齿轮泵(　　)时实现吸油。

(A)轮齿脱开啮合,密封容积减小　(B)轮齿脱开啮合,密封容积增大

(C)轮齿进入啮合,密封存积增大　(D)轮齿进入啮合,密封容积减小

46.外啮合齿轮泵(　　)时实现压油。

(A)齿轮进入啮合,密封容积增大　(B)轮齿脱开啮合,密封容积增大

(C)轮齿脱开啮合,密封容积减小　(D)轮齿进入啮合,密封容积减小

47.改变径向柱塞泵定子和转子之间的(　　)可以改变输出流量。

(A)转角　　　(B)转向　　　(C)离心力　　　(D)偏心距

48.换向阀的作用是(　　)。

(A)卸载　　　　　　(B)控制执行机构运行方向

(C)调速　　　　　　(D)控制油液流动方向

49.在液压系统中,能起到安全保护作用的控制阀是(　　)。

(A)单向阀　　　(B)节流阀　　　(C)溢流阀　　　(D)减压阀

50.溢流阀一般接在(　　)的油路中。

(A)支油路　　　(B)液压泵出口　　　(C)回油路　　　(D)任一油路

51. 调速阀属于( )类。

(A)方向控制阀 (B)压力控制阀 (C)流量控制阀 (D)运动控制阀

52. 顺序阀属于( )类。

(A)方向控制阀 (B)压力控制阀 (C)流量控制阀 (D)运动控制阀

53. 直齿圆柱齿轮 1 和 2 的正确啮合条件是( )。

(A)$P_1=P_2$,$S_1=S_2$ (B)$P_1=P_2$,$m_1=m_2$

(C)$m_1=m_2$,$a_1=a$ (D)$S_1=S_2$,$a_1=a_2$

54. 正常标准齿轮不产生根切的最少齿数是( )。

(A)$z=12$ (B)$z=14$ (C)$z=17$ (D)$z=20$

55. 用于精密传动的螺旋传动形式是( )。

(A)普通螺旋传动 (B)差动螺旋传动

(C)直线螺旋传动 (D)滚珠螺旋传动

56. 滚动轴承上没有注出级别代号,说明此轴承的级别为( )级。

(A)C (B)D (C)G (D)E

57. 三角带表面打印的长度为( )。

(A)计算长度 (B)标准长度 (C)外周长度 (D)中性层长度

58. 柴油机的机体,一般进行( ),以防变形和开裂。

(A)完全退火 (B)球退火 (C)去应力退火 (D)再结晶退火

59. 柴油机连杆,根据受力情况应选择( ),进行调质处理,以得到好的综合性能。

(A)25Cr (B)GCr15 (C)65Mn (D)42CrMo

60. 下列电路图形符号代表熔断器的是( )。

(A) (B) (C) (D)

61. 下列电路图形符号代表电感器的是( )。

(A) (B) (C) (D)

62. 表示电器元件的真实相对位置,供一般检修、科技等人员使用的电路图是( )。

(A)原理图 (B)安装配线图 (C)原理配线图 (D)控制配线图

63. 内齿轮中,下面( )圆最大。

(A)分度圆 (B)齿顶圆 (C)齿根圆 (D)基圆

64. 内齿轮中,下面( )圆最小。

(A)分度圆 (B)齿顶圆 (C)齿根圆 (D)基圆

65. 液压泵的输出量与( )无直接关系。

(A)密封容积的大小 (B)密封容积的变化速度

(C)流量损耗 (D)油液的压力

66. 齿数 z、模数 m、齿距 p 及分度圆直径 d 之间的关系是( )。

(A)$z=p/\pi=d/m$ (B)$z=p/\pi=m/d$

(C)$m=p/\pi=d/z$ (D)$m=d/\pi=z/p$

67. 渐开线齿轮啮合的主要特点是( )。

(A)保持恒定的传动比,具有传动的可分离性

(B)保持恒定的传动比,传动精度高

(C)保持恒定的传动比,传动效率高

(D)传动比大,传动效率高

68. 不表示电器元件的真实相对位置,供一般检修、科技等人员使用的电路图是(　　)。

(A)原理图　　　　(B)安装配线图　　　　(C)原理配线图　　　　(D)控制配线图

69. 由于大型零件在吊装,摆放时会引起不同程度的变形,所以势必引起该零部件的(　　)。

(A)尺寸差异　　　　(B)形态变化　　　　(C)位置变化　　　　(D)精度变化

70. 废气涡轮增压柴油机比非增压柴油机的油耗量(　　),而单位功率的体重(　　)。

(A)要大,也大　　　　(B)要大,却小　　　　(C)要小,却大　　　　(D)要小,也小

71. 工艺卡片的内容一般包括工序号、工作图、技术要求、设备、夹具、材料规程、机械性能等,下面属于工艺卡片内容的是(　　)。

(A)工序时间　　　　(B)生产负责人　　　　(C)工序地点　　　　(D)生产管理者

72. 工艺卡片的技术要求包括工艺规程、技术规范、性能条件和(　　)等几部分。

(A)材料规程　　　　(B)工序时间　　　　(C)报废标准　　　　(D)机械性能

73. 下面不属于速度控制回路的是(　　)。

(A)进油节流调速回路　　　　　　　　(B)回油节流调速回路

(C)旁路节流调速回路　　　　　　　　(D)主油路节流调速回路

74. 液压系统中压力控制回路的几种形式分别是调压回路、减压回路、增压回路和(　　)。

(A)稳压回路　　　　(B)卸荷回路　　　　(C)加载回路　　　　(D)减载回路

75. 柴油机平均指示压力的大小与(　　)无关。

(A)换气质量　　　　(B)气缸容积　　　　(C)燃烧质量　　　　(D)柴油机负荷

76. (　　)以上涡轮叶片的变扭速器称为多级变扭器。

(A)2 组　　　　(B)3 组　　　　(C)4 组　　　　(D)5 组

77. 喷油器发生重复喷射的主要原因是(　　)。

(A)启阀压力过低　　　　　　　　(B)喷油压力过高

(C)供油定时不对　　　　　　　　(D)低负荷运转

78. 采用(　　)提高平均有效压力是提高柴油机升功率最有效、最根本的措施。

(A)加大缸径的办法　　　　　　　　(B)加大活塞行程的办法

(C)提高柴油机转速　　　　　　　　(D)增压技术

79. 刀具对工件的同一表面每一次切削称为(　　)。

(A)工步　　　　(B)工序　　　　(C)加工次数　　　　(D)走刀

80. 关于下述引起二次喷射的原因中,错误的是(　　)。

(A)喷油器启阀压力降低　　　　　　　　(B)喷油器喷孔磨损直径增大

(C)出油阀减压作用削弱

(D)换用了内径和长度较大或刚性较小的高压油管

81. 工序基准、定位基准和测量基准都属于机械加工的(　　)。

(A)粗基准　　　　(B)工艺基准　　　　(C)精基准　　　　(D)设计基准

82. 喷油泵的柱塞表面加工出螺旋边或水平边,其作用是(　　)。

(A)导向　　　　　　(B)启、闭通油孔　　(C)转动柱塞　　　　(D)调节供油行程

83. 铁路机车用的柴油机,在编号中用字母(　　)表示。

(A)T　　　　　　　(B)J　　　　　　　(C)Q　　　　　　　(D)C

84. 国产柴油机编号中,缸径符号后面的字母 Z 表示该柴油机为(　　)柴油机。

(A)直喷式　　　　　(B)中冷式　　　　　(C)直接换向　　　　(D)增压

85. 立式四缸四冲程柴油机,各缸的动作顺序较好的为(　　)。

(A)1－2－3－4　　(B)1－3－4－2　　(C)1－4－2－3　　(D)4－3－2－1

86. 造成喷油器喷油太早的主要原因是(　　)。

(A)调节弹簧太紧　　　　　　　　　　(B)喷油器滤器堵塞

(C)喷油器缝隙式滤器堵塞　　　　　　(D)喷油器弹簧断裂

87. 柴油机的机械负荷主要来源于(　　)。

(A)气体压力　　　　　　　　　　　　(B)气体压力和惯性力

(C)惯性力和预紧力　　　　　　　　　(D)往复惯性力

88. 在柴油机的缓燃期中的主要矛盾是(　　)。

(A)工作粗暴　　　　　　　　　　　　(B)缸内高温

(C)燃烧不完全　　　　　　　　　　　(D)燃烧产物破坏火焰传递

89. 柴油机后燃气长短主要取决于(　　)。

(A)燃油品质　　　　(B)负荷大小　　　　(C)喷油定时　　　　(D)压缩压力

90. 喷油器、喷油泵属于柴油机的(　　)。

(A)固定件　　　　　(B)配气机构　　　　(C)调控系统　　　　(D)燃油系统

91. 中冷器、涡轮增压器属于柴油机的(　　)。

(A)调控系统　　　　(B)进、排气系统　　(C)配气系统　　　　(D)冷却系统

92. 气门座圈与气缸盖座孔通常采用(　　)装配。

(A)压入法　　　　　(B)位移法　　　　　(C)热胀法　　　　　(D)冷缩法

93. 畸形工件需多次划线时,为保证加工质量必须做到(　　)。

(A)安装方法一致　　　　　　　　　　(B)划线方法一致

(C)划线基准统一　　　　　　　　　　(D)借料方法相同

94. 对万向轴的不平衡量进行调整,用的是(　　)。

(A)去重法　　　　　(B)配重法　　　　　(C)调整平衡块位置　(D)改变平衡块重量

95. 滚动轴承代号中的字母 C 表示该轴承是(　　)。

(A)超精级　　　　　(B)精密级　　　　　(C)高级　　　　　　(D)普通级

96. 滚动轴承代号中的字母 D 表示该轴承是(　　)。

(A)超精级　　　　　(B)精密级　　　　　(C)高级　　　　　　(D)普通级

97. (　　)有松环和紧环之分,装配时要注意区分。

(A)短圆锥轴承　　　(B)推力球轴承　　　(C)短圆柱轴承　　　(D)剖分式滑动轴承

98. 钩头锁紧扳手用来拧紧(　　)。

(A)带槽螺母　　　　(B)圆螺母　　　　　(C)六方螺母　　　　(D)双头螺栓

99. 四冲程柴油机在自由排气阶段结束时,曲柄为止在(　　)。

(A)下止点　　　　(B)下止点前　　　　(C)下止点后　　　　(D)上止点前

100. 曲轴在工作时要发生(   )。
(A)水平振动　　　(B)扭转振动　　　(C)自激振动　　　(D)组合振动

101. 改变单作用叶片泵转子与定子的(   )可以改变输出流量。
(A)偏心距　　　(B)转角　　　(C)转向　　　(D)压力

102. 液力传动装置的主要部件是(   )。
(A)偶合器　　　(B)齿轮箱　　　(C)变扭器　　　(D)控制系统

103. 柴油机在实际循环中,充量系数的数值范围(   )。
(A)总是大于 1　　　　　　　　　(B)总是小于 1
(C)总是等于 1　　　　　　　　　(D)大于 1 还是小于 1 随机型而定

104. 柴油机排气阀在下止点前打开,其主要目的是(   )。
(A)排尽废气多进新气　　　　　　(B)减少排气冲程耗功
(C)减少新气废气掺混　　　　　　(D)增加涡轮废气能量

105. 接触器是一种(   )。
(A)手动电器式开关　　　　　　　(B)自动电磁式开关
(C)保护电器　　　　　　　　　　(D)行程开关

106. 电动机的转速与电磁转矩的关系称为(   )。
(A)转差　　　(B)转差率　　　(C)机械特性　　　(D)过载能力

107. 运行时,不能自行启动的电动机是(   )。
(A)交流电动机　　　(B)直流电动机　　　(C)同步电动机　　　(D)异步电动机

108. 利用万用表查找电路故障,不正确的方法是(   )。
(A)用电压挡　　　　　　　　　　(B)用电阻挡
(C)串联电阻,用电流挡　　　　　　(D)不串联电阻,用电流挡

109. 评价柴油机换气过程进行得完善与否的主要指标是(   )。
(A)气缸压缩压力　　　　　　　　(B)残余废气系数
(C)充量系数　　　　　　　　　　(D)B 和 C 两个指标

110. 柴油机的充量系数随着(   )。
(A)柴油机的转速增加而增加　　　(B)气阀开度的不足而增加
(C)进气系统脏污严重而降低　　　(D)增压压力的提高而降低

111. 柴油机的换气过程是指(   )。
(A)排气行程　　　(B)进气行程　　　(C)进、排气行程　　　(D)进、排气过程

112. 气阀阀杆卡死通常的原因是(   )。
(A)撞击　　　(B)烧蚀　　　(C)滑油高温结炭　　　(D)间隙过大

113. 燃油系统中燃油流经滤器无压差,表明(   )。
(A)滤器脏堵　　　(B)滤网破损　　　(C)滤芯装配不当　　　(D)B 或 C

114. 在柴油机中润滑的作用之一是(   )。
(A)形成动压作用　　　(B)形成静压作用　　　(C)减磨作用　　　(D)调整间隙

115. 在测定速度特性过程中,是通过改变(   )来使柴油机转速发生变化,而得到其他参数的变化规律。
(A)供油量　　　(B)转速　　　(C)外负荷　　　(D)压缩比

116. 在测定速度特性过程中,( )参数是不可改变的。

(A)转速　　　　　(B)负荷　　　　　(C)循环供油量　　　　(D)转矩

117. 柴油机转速失控而急速上升超过规定的极限转速的现象叫( )。

(A)失控　　　　　(B)机破　　　　　(C)甩缸　　　　(D)飞车

118. 柴油机按速度特性工作,从理论上说,( )不变。

(A)平均有效压力　(B)转速　　　　　(C)外负荷　　　　(D)功率

119. 将某一发生故障的气缸喷油泵停止供油,使该气缸不发火的操作过程,称为( )。

(A)手动配速　　　(B)甩缸　　　　　(C)停车　　　　(D)关机

120. 将具有 1/10 的锥孔联轴器装到轴上,要求有 0.25 mm 的过盈量,用加热法装配应比冷态时多套进( )mm。

(A)0.002 5　　　　(B)0.025　　　　(C)0.25　　　　(D)2.5

121. 对柴油机进行最低工作稳定转速的限制,其目的是为防止柴油机( )。

(A)热效率过低　　(B)机械效率过低　(C)个别缸熄火　　(D)油耗率高

122. 柴油机联合调节器升速针阀开度太大,会导致柴油机( )。

(A)冒黑烟　　　　(B)冒白烟　　　　(C)冒蓝烟　　　　(D)漏油

123. 检验与测量相比,其最主要的特点是( )。

(A)检验适合大比生产　　　　　　　(B)检验所使用的计量器具比较简单

(C)检验精度比测量低

(D)检验只判断几何量的合格性,无需得出具体量值

124. 游标卡尺测量工件的轴颈尺寸属于( )。

(A)间接测量　　　(B)相对测量　　　(C)绝对测量　　　(D)动态测量

125. 某测量是在零件加工完毕后进行的,据此可判断此测量的方法为( )。

(A)被动测量　　　(B)主动测量　　　(C)综合测量　　　(D)静态测量

126. 量块是一种精密量具,应用较为广泛,但它不能用于( )。

(A)检验其他计量器具　　　　　　　(B)精密机床调整

(C)长度测量时作为比较测量的标准　(D)评定表面粗糙度

127. 下列量具中,测量精度最高的是( )。

(A)游标卡尺　　　(B)外径千分尺　　(C)杠杆千分尺　　(D)百分表

128. 将万能游标量角器的直尺、角尺和卡块全部取下,利用基尺和扇形板的测量而进行测量,所测量范围为( )。

(A)0°～50°　　　　(B)50°～140°　　(C)140°～230°　　(D)230°～320°

129. 关于水准式水平仪的工作原理,下列说法中错误的是( )。

(A)水准器的气泡总是趋向于玻璃管圆弧的最高位置

(B)水准器口相对于平面倾斜越大,气泡的偏移量越大

(C)水准器是一个密封的圆柱形玻璃管,里面装满精馏乙醚或精馏乙醇

(D)水准式水平仪的主要工作部分是管状水准器

130. 测量机床立柱相对水平面的垂直度宜使用( )。

(A)条式水平仪　　　　　　　　　　(B)框式水平仪

(C)合像水平仪　　　　　　　　　　(D)(A)、(B)和(C)均可

131. 柴油机运转时承受的机械负荷主要来自于( )。
(A)气缸内燃气压力产生的作用力　　(B)零部件质量在运动时产生的惯性力
(C)由振动、变形引起的附加应力　　(D)(A)和(B)

132. 立式四冲程四缸柴油机,各缸动作的间隔角度为( )。
(A)90°　　　　　(B)120°　　　　　(C)180°　　　　　(D)240°

133. 机车的牵引力与机车速度之间的关系是( )。
(A)机车速度高,牵引力小　　　　　(B)机车速度高,牵引力大
(C)机车速度与牵引力大小恒定　　　(D)无确定关系

134. 柴油机实际循环的压缩过程是( )。
(A)绝热过程　　　　　　　　　　　(B)吸热过程
(C)多变过程,压缩初期气体吸热,压缩后期气体向外散热
(D)多变过程,压缩初期气体向外散热,压缩后期气体吸热

135. 弹簧在外力作用下产生的弹性变形的大小或弹性位移量,称为弹簧的( )。
(A)挠度　　　　　(B)弹性　　　　　(C)塑性　　　　　(D)柔度

136. 柴油机实际工作循环的压缩终点压力与理想循环绝热压缩终点压力在数值上( )。
(A)两者相等　　　(B)前者较大　　　(C)后者较大　　　(D)随机型而变

137. 柴油消耗量和柴油消耗率是柴油机的( )指标。
(A)经济性能　　　(B)动力性能　　　(C)机械性能　　　(D)燃烧性能

138. 柴油机功率是柴油机的( )指标。
(A)经济性能　　　(B)动力性能　　　(C)机械性能　　　(D)燃烧性能

139. 影响柴油机压缩终点温度 T_c 和压力 P_c 的因素主要是( )。
(A)进气密度　　　(B)压缩比　　　　(C)进气量　　　　(D)缸径

140. 旨在检验柴油机制造质量或修理质量的台架试验是( )。
(A)检查性试验　　(B)性能鉴定试验　(C)专题试验　　　(D)磨合试验

141. 旨在检查柴油性能指标的台架试验是( )。
(A)检查性试验　　(B)性能鉴定试验　(C)专题试验　　　(D)可靠性试验

142. 测功器可以直接测出柴油机的( )。
(A)有效功率　　　(B)扭矩和转速　　(C)耗油量　　　　(D)温度和压力

143. 为保证水力测功器工作稳定可靠,必须要保证供水的( )稳定。
(A)时间　　　　　(B)耗水量　　　　(C)水量和水压　　(D)负荷

144. 柴油机采用压缩比这个参数是为了表示( )。
(A)气缸容积大小　　　　　　　　　(B)工作行程的长短
(C)空气被活塞压缩的程度　　　　　(D)柴油机的结构形式

145. 对柴油机压缩比的最低要求应满足( )。
(A)柴油机冷车启动与低负荷正常运转
(B)柴油机较高的经济性
(C)燃烧室一定的高度,以利于燃油的雾化与油气混合
(D)达到规定的最高爆发压力

146. 在提高柴油机压缩比中的主要限制是(　　)。
(A)限制机械负荷过高　　　　　　　(B)限制热负荷过大
(C)限制曲轴上的最大扭矩　　　　　(D)(A)+(B)

147. 根据柴油机工作原理,在一个工作循环中起工作过程次序必须是(　　)。
(A)进气、燃烧、膨胀、压缩、排气　　(B)进气、压缩、燃烧、排气、膨胀
(C)进气、燃烧、排气、压缩、膨胀　　(D)进气、压缩、燃烧、膨胀、排气

148. 气缸内共质对活塞所作的功比理想循环所作的功小,其原因之一是(　　)。
(A)循环中的压缩与膨胀过程是一个绝热过程
(B)循环中的压缩与膨胀过程是一个多变过程
(C)循环中的压缩与膨胀过程是一个吸热过程
(D)循环中的压缩与膨胀过程是一个放热过程

149. 内燃机车主发电机的主要运行特性是(　　)。
(A)空载特性,外特性　　　　　　　(B)外特性,负载特性
(C)负载特性,调节特性　　　　　　(D)外特性,调节特性

150. 四冲程柴油机的进气阀定时为(　　)。
(A)上止点前开、下止点后关　　　　(B)上止点后开、下止点后关
(C)上止点前开、下止点前关　　　　(D)上止点后开、下止点前关

151. 柴油机检修或组装时,要转动曲轴应使用(　　)。
(A)盘车机构　　(B)点动机构　　(C)飞轮机构　　(D)联轴节机构

152. 四冲程柴油机的排气阀定时为(　　)。
(A)下止点后开、上止点后关　　　　(B)下止点前开、上止点前关
(C)下止点后开、上止点前关　　　　(D)下止点前开、上止点后关

153. 四冲程柴油机完成一个工作循环,其凸轮轴转数与曲轴转数之间的关系为(　　)。
(A)2:1　　(B)1:1　　(C)1:2　　(D)4:1

154. 下列关于四冲程柴油机工作特点的说法中,错误的是(　　)。
(A)活塞四个行程完成一个工作循环　(B)进、排气过程比二冲程的长
(C)多采用筒形活塞结构　　　　　　(D)曲轴转一周凸轮轴也转一周

155. 气缸进气阀开启瞬时,曲柄位置与上止点之间的曲轴转角称(　　)。
(A)进气提前角　(B)进气定时角　(C)进气延时角　(D)进气持续角

156. 车轴齿轮箱同时采用(　　)两种方式。
(A)手工润滑,压力润滑　　　　　　(B)手工润滑,飞溅润滑
(C)飞溅润滑,压力润滑　　　　　　(D)油杯润滑,手工润滑

157. 在需要单向受力的传动机构中,常使用截面形状为(　　)的螺纹。
(A)锯齿形　　(B)三角形　　(C)梯形　　(D)矩形

158. 一般来说,剖分式滑动轴承属于(　　)。
(A)动压滑动轴承　　　　　　　　　(B)静压滑动轴承
(C)液体摩擦轴承　　　　　　　　　(D)非液体摩擦轴承

159. 用水平仪或自准直仪,测量表面较长零件的直线度误差属于(　　)测量法。
(A)直接　　(B)比较　　(C)角差　　(D)线差

160. 光学合像水平仪与框式水平仪比较,突出的特点是(　　　)。
(A)通用性好　　　(B)精度高　　　(C)测量范围大　　　(D)可直接读出读数

161. 直接反映柴油机械负荷的是(　　　)。
(A)最高爆发压力　　(B)进气压力　　(C)排气压力　　(D)安装预紧力

162. 由于大型零部件在吊装,摆放时会引起不同程度的变形,所以势必引起该零部件的(　　　)。
(A)尺寸差异　　　(B)形态变化　　　(C)位置变化　　　(D)精度变化

163. 一般内燃机车均采用(　　　)来实现对柴油机的转速调节和功率调节。
(A)联合调节器　　(B)牵引电机　　(C)过渡装置　　(D)司机控制器

164. 柴油机连杆在工作时主要承受(　　　)。
(A)拉力　　　(B)压力　　　(C)扭转力　　　(D)交变载荷

165. 能够起到程序控制和安全保护作用的液、电讯号转换元件是(　　　)。
(A)电磁换向阀　　(B)压力继电器　　(C)电液动换向阀　　(D)电、液调速阀

166. 楔键的上表面斜度为(　　　)。
(A)1/100　　　(B)1/50　　　(C)1/30　　　(D)1/20

167. 标准圆锥销的锥度为(　　　)。
(A)1/10　　　(B)1/20　　　(C)1/30　　　(D)1/50

168. 在机械传动中,能够实现远距离传动的是(　　　)。
(A)螺旋传动　　(B)带传动　　(C)齿轮传动　　(D)蜗杆传动

169. 用于精密传动的螺旋传动形式是(　　　)。
(A)普通螺旋传动　　　　　　(B)差动螺旋传动
(C)滚珠螺旋传动　　　　　　(D)直线螺旋传动

170. 一般说来,机床安装时导轨的精度主要由(　　　)来保证。
(A)加工　　　(B)检验　　　(C)测量　　　(D)调整

171. 燃油中混有水会使柴油机(　　　)。
(A)冒白烟　　　(B)冒黑烟　　　(C)冒蓝烟　　　(D)雾化不良

172. 柴油机不装调节器时本身所具有的基本特性叫(　　　)。
(A)工作特性　　(B)调整特性　　(C)固有特性　　(D)速度特性

173. 一根连杆的大头与另一根连杆的大头铰接在一起的结构形式称为(　　　)。
(A)双连杆　　　(B)并列连杆　　　(C)叉式连杆　　　(D)主、副连杆

174. 液力传动装置中换向机构的作用是(　　　)。
(A)改变机车的运行方向　　　　(B)改变变扭器的旋转方向
(C)改变柴油机的转向　　　　　(D)改变离合器的旋转方向

175. 检查液力传动箱箱体的渗漏情况需做(　　　)。
(A)密封实验　　(B)外观检查　　(C)渗漏实验　　(D)耐压试验

176. 曲轴减振器安装在柴油机(　　　)。
(A)输出端　　　(B)中部　　　(C)自由端　　　(D)外侧

177. (　　　)连杆能使曲轴长度缩短,有利于提高曲轴刚度。
(A)叉片式　　　(B)主副式　　　(C)平切口式　　　(D)斜切口式

178. 由主发电机发出交流电,经整流后送给直流牵引电机,再由其驱动机车运转的传动型式是( )电力传动。

(A)直-直流 　　　(B)交-直流 　　　(C)交-直-交流 　　　(D)交-交流

179. 没有直流环节的直接变频的交流电力传动装置称为( )电力传动。

(A)直-直流 　　　(B)交-直流 　　　(C)交-直-交流 　　　(D)交-交流

180. 交流牵引电机由于没有( ),故转子结构简单,外形尺寸小。

(A)换向器 　　　(B)变频器 　　　(C)整流器 　　　(D)调节器

181. 起动变速箱属于( )。

(A)传动装置 　　　(B)动力装置 　　　(C)辅助传动装置 　　　(D)走行部分

182. 静液压变速箱属于( )。

(A)机油系统 　　　(B)起动装置 　　　(C)辅助传动装置 　　　(D)传动装置

183. 起动柴油机时,起动变速箱是由( )直接驱动的。

(A)柴油机 　　　(B)发电机 　　　(C)起动电机 　　　(D)牵引电机

184. 静液压变速箱是由( )直接驱动的。

(A)柴油机 　　　(B)发电机 　　　(C)起动电机 　　　(D)牵引电机

185. 静液压变速箱属于( )传动装置。

(A)液压 　　　(B)机械 　　　(C)电气 　　　(D)混合

186. 双接头万向轴采用花键连接结构,一个主要原因是( )。

(A)能随时调节万向轴长度 　　　(B)便于组装

(C)有利于平衡 　　　(D)强度高

187. 万向轴组装时,必须保证两端叉头上的十字销孔中心线( )。

(A)重合 　　　(B)在同一平面内 　　　(C)空间相交 　　　(D)平行

188. 柴油机工作燃气压力和惯性力主要作用于主轴瓦的( )。

(A)上瓦 　　　(B)下瓦 　　　(C)侧瓦 　　　(D)上、下瓦

189. 在气缸内,参与燃烧、吸热并推动活塞做功的气体叫做( )。

(A)燃油 　　　(B)增压空气 　　　(C)燃气 　　　(D)工质

190. 内燃机车检修主要是指( )。

(A)计划性预防修理 　　　(B)临时性修理

(C)零部件的修复工作 　　　(D)整台机车的修复工作

191. 单头螺纹的螺距( )导程。

(A)大于 　　　(B)等于 　　　(C)小于 　　　(D)不确定

192. 对于过盈量较大的大、中型连接件,常采用( )装配。

(A)压入法 　　　(B)热胀法 　　　(C)冷缩法 　　　(D)打入法

193. 滚动轴承预紧的根本目的是( )。

(A)消除游隙 　　　(B)增大载荷

(C)提高轴承工作时的刚度和旋转精度 　　　(D)小载荷

194. 装配时,通过调整某一零件的( )来保证装配精度要求的方法叫调整法。

(A)精度 　　　(B)形状 　　　(C)尺寸或位置 　　　(D)大小

195. 为使柴油机各气缸内有相近的热力工作指标及动力均衡性,喷油泵组装后应具有同

一( )。

(A)几何供油提前角　　　　　　　(B)垫片厚度

(C)供油时间　　　　　　　　　　(D)压力

196. 柴油机的活塞组件是( )。

(A)运动机件　　(B)固定机件　　(C)配气机件　　(D)供油机件

197. 孔、轴之间要求传递力比较大时,应选用( )配合。

(A)间隙　　　　(B)过盈　　　　(C)过渡　　　　(D)混合配合

198. 能在电路中起短路保护作用的元件是( )。

(A)按钮　　　　(B)接触器　　　(C)熔断器　　　(D)热继电器

199. 操作简便,生产效率高的装配方法是( )。

(A)完全互换法　(B)选配法　　　(C)调整法　　　(D)修配法

200. 两孔的中心距一般都用( )法测量。

(A)直接测量　　(B)间接测量　　(C)随机测量　　(D)系统测量

201. 全球的环境问题按其相对的严重性排在前三位的是( )。

(A)全球增温问题、臭氧空洞问题、酸雨问题

(B)海洋污染问题、土壤荒漠化问题、物种灭绝

(C)森林面积减少、饮用水污染问题、有害废弃物越境迁移

(D)饮用水污染问题、土壤荒漠化问题、噪声污染问题

202. 通常负责制定并实施企业质量方针和质量目标的人是( )。

(A)上层管理者　(B)中层管理者　(C)基层管理者　(D)管理者代表

203. 企业应当建立、健全( )档案和劳动者健康监护档案。

(A)工资　　　　(B)人事　　　　(C)设备管理　　(D)职业卫生

204. 用人单位应当在解除或终止劳动合同后为劳动者办理档案和社会保险关系转移手续,具体时间为解除或终止劳动关系后的( )。

(A)7 日内　　　(B)10 日内　　　(C)15 日内　　　(D)30 日内

205. 某企业在其格式劳动合同中约定:员工在雇佣工作期间的伤残、患病、死亡,企业概不负责。如果员工已在该合同上签字,该合同条款( )。

(A)无效

(B)是当事人真实意思的表示,对当事人双方有效

(C)不一定有效

(D)只对一方当事人有效

三、多项选择题

1. 当工件上有两个以上的不加工表面时,应选择其中( )的为主要找正依据。

(A)体积较大　　(B)面积较大　　(C)较重要　　　(D)外观质量要求较高

2. 凸轮机构主要由( )组成。

(A)凸轮　　　　(B)从动件　　　(C)固定机架　　(D)传动机构

3. 直流电动机的制动形式有( )。

(A)电力制动　　(B)非常制动　　(C)常规制动　　(D)机械制动

4. 柴油机燃油系统包括( )。

(A)稳压箱　　　(B)喷油泵　　　(C)滤清器　　　(D)燃油箱

5. 电动机启动方式有( )。

(A)增压启动　　　(B)直接启动　　　(C)降压启动　　　(D)间接启动

6. 液压传动系统由( )组成。

(A)动力部分　　　(B)执行部分　　　(C)控制部分　　　(D)辅助部分

7. 电气设备的按钮一般可分为( )和。

(A)维修按钮　　　(B)常开的启动按钮　(C)复合按钮　　　(D)常闭的停止按钮

8. 对产品清洁度分类说法正确的是( )。

(A)零部件清洁度　(B)组装清洁度　　(C)出厂清洁度　　(D)工序清洁度

9. 直齿圆柱齿轮的正确啮合条件是两齿轮分度圆上的( )相等。

(A)模数　　　　　(B)压力角　　　　(C)公法线　　　　(D)齿数

10. 选择电动机的依据有( )。

(A)根据工作的场所和地区　　　　　(B)根据负载功率

(C)根据生产机械的额定转速　　　　(D)根据电压电流的大小

11. 液压传动的两个重要参数是( )。

(A)速度　　　　　(B)流量　　　　　(C)容积　　　　　(D)压力

12. ( )是划好线的关键。

(A)合理选择划线基准　　　　　　　(B)正确夹紧

(C)合理安放　　　　　　　　　　　(D)正确找正

13. 调速阀是由( )串联组合而成的阀。

(A)减压阀　　　　(B)减速阀　　　　(C)节流阀　　　　(D)截止阀

14. 钻相交孔的技术要求有( )。

(A)先钻直径较小的孔　　　　　　　(B)找正基准要精确划线

(C)先钻直径较大的孔　　　　　　　(D)对中性高的孔要分几次钻孔

15. 单作用式叶片泵可以改变( )。

(A)输油速度　　　(B)输油量　　　　(C)输油方向　　　(D)输油加速度

16. 喷油器雾化不良说法正确的是( )。

(A)油压继电器动作　　　　　　　　(B)针阀体变形或磨损

(C)喷油压力过低　　　　　　　　　(D)弹簧折断

17. 标准公差数值的大小与( )有关。

(A)公差带　　　　(B)公差范围　　　(C)基本尺寸　　　(D)公差等级

18. 铰孔后不圆的原因有( )等。

(A)铰削余量大　　　　　　　　　　(B)铰前钻孔不圆

(C)钻床精度不高　　　　　　　　　(D)刃口不锋利

19. 确定尺寸公差带的要素是公差带的( )。

(A)大小　　　　　(B)范围　　　　　(C)位置　　　　　(D)等级

20. 齿轮按照齿廓曲线性质分为( )等几种。

(A)渐开线齿轮　　(B)摆线齿轮　　　(C)圆弧齿轮　　　(D)公法线齿轮

21. 选择公差等级时,要综合考虑( )等方面的因素。

(A)加工性能　　　(B)机械性能　　　(C)使用性能　　　(D)经济性能

22. 齿轮传动的优点有（　　）等。

(A)传动比恒定、范围大　　　　　　　　(B)传动效率高

(C)传递功率范围小　　　　　　　　　　(D)结构紧凑

23. 热成型弹簧的最终热处理是（　　），以达到使用要求。

(A)淬火　　　　　(B)退火　　　　　(C)高温回火　　　　(D)中温回火

24. 按照材料不同，柴油机曲轴可分为（　　）。

(A)铸铁曲轴　　　(B)合金曲轴　　　(C)锻钢曲轴　　　　(D)生铁曲轴

25. 齿轮啮合质量包括（　　）。

(A)适合的传动比　　　　　　　　　　　(B)适当的齿侧隙

(C)一定的接触面积　　　　　　　　　　(D)正确的接触位置

26. 齿轮啮合时需要留有齿隙是为了（　　）。

(A)使齿面形成油膜　　　　　　　　　　(B)增加齿面抗压强度

(C)提高胶合能力　　　　　　　　　　　(D)减少磨损

27. 轴承的轴向固定方式有（　　）。

(A)一端单项固定方式　　　　　　　　　(B)一端双向固定方式

(C)两端单项固定方式　　　　　　　　　(D)两端双向固定方式

28. 柴油机的润滑方式有（　　）。

(A)压力润滑　　　(B)喷射润滑　　　(C)飞溅润滑　　　　(D)人工添加润滑

29. 对气缸套作用说法正确的是（　　）。

(A)承受很高的气体压力　　　　　　　　(B)承受很大的热负荷

(C)承受活塞的侧压力　　　　　　　　　(D)对活塞起到导向作用

30. 机车柴油机的冷却方式有（　　）。

(A)高温开式　　　(B)常温开式　　　(C)高温闭式　　　　(D)常温闭式

31. 齿轮传动机构的装配要求是（　　）。

(A)齿轮孔和轴配合要适当　　　　　　　(B)对转速较低的齿轮，要进行平衡检查

(C)齿侧隙要正确　　　　　　　　　　　(D)要有正确的接触位置

32. 柴油机的特性有（　　）。

(A)消耗特性　　　(B)速度特性　　　(C)负荷特性　　　　(D)通用特性

33. 圆柱齿轮的加工精度要求有（　　）。

(A)运动精度　　　(B)工作平稳度精度　(C)接触精度　　　(D)齿侧间隙

34. 活塞的冷却方式有（　　）。

(A)飞溅式　　　　(B)喷射式　　　　(C)内油道式　　　　(D)振荡式

35. 齿轮的破坏形式有（　　）。

(A)折断　　　　　(B)磨损　　　　　(C)点蚀　　　　　　(D)胶合

36. 常用蓄电池可分为（　　）。

(A)酸性蓄电池　　(B)铅蓄电池　　　(C)碱性蓄电池　　　(D)电解蓄电池

37. 带传动的缺点是（　　）。

(A)效率较高　　　　　　　　　　　　　(B)外廓尺寸较大

(C)不能保证固定的传动比　　　　　　　(D)效率低

38. 热继电器是由(　　)和调整电流装置组成的。
(A)热驱动器件　　(B)常闭触头　　(C)传动机构　　(D)复位按钮

39. 下述属于机器的有(　　)。
(A)柴油机　　(B)连杆机构　　(C)机床　　(D)传动机构

40. 根据使用目的的不同,压力控制回路主要有(　　)。
(A)调压回路　　(B)减压回路　　(C)增压回路　　(D)卸荷回路

41. 滑动轴承的润滑状态有(　　)。
(A)完全液体摩擦　　(B)完全干摩擦　　(C)非完全液体摩擦　　(D)干摩擦

42. 下列属于液压阀的是(　　)。
(A)液压控制阀　　(B)速度控制阀　　(C)方向控制阀　　(D)流量控制阀

43. 机械的装配方法有(　　)。
(A)完全互换法　　(B)选配法　　(C)调整法　　(D)修配法

44. 曲轴的曲柄排列是依据柴油机的(　　)等综合因素考虑的。
(A)水平振动　　(B)动力平衡　　(C)发火顺序　　(D)扭转振动

45. 装配按产品的尺寸精度和生产批量的不同可分为(　　)。
(A)可调整装配　　(B)固定装配　　(C)移动装配　　(D)配套装配

46. 液压泵的常用类型按其结构不同分为(　　)等。
(A)柱塞泵　　(B)齿轮泵　　(C)叶片泵　　(D)螺杆泵

47. 分组装配的优点有(　　)。
(A)降低加工成本　　　　　　　　　　(B)能适用于小批量生产
(C)节约多余的零部件　　　　　　　　(D)提高装配精度

48. 液压泵的常用类型按输出流量能否调节可分为(　　)。
(A)可调泵　　(B)定量泵　　(C)不可调泵　　(D)变量泵

49. 内燃机机油系统包括(　　)。
(A)机油滤清器　　(B)防爆安全阀　　(C)机油泵　　(D)冷却器

50. 液压泵的常用类型按压力的高低可分为(　　)。
(A)低压泵　　(B)常压泵　　(C)中压泵　　(D)高压泵

51. 修配装配法的缺点是(　　)。
(A)不能互换　　　　　　　　　　　　(B)装配工作量大
(C)只能用于小批量生产　　　　　　　(D)只能用于大批量生产

52. 液压泵的输油量与(　　)成正比。
(A)密封容积变化的大小　　　　　　　(B)单位时间变化次数
(C)柱塞的运动速度　　　　　　　　　(D)液压油的质量

53. 零件在装配过程中,按照零件连接松紧程度和连接方法的不同,可分为(　　)。
(A)固定连接　　(B)不可拆连接　　(C)活动连接　　(D)过盈连接

54. 凸轮与从动件的接触形式有(　　)。
(A)平面接触　　(B)滚子接触　　(C)尖端接触　　(D)弧形接触

55. 对柴油机配气系统的要求是(　　)。
(A)应有足够的流通能力　　　　　　　(B)良好的自动性能

(C)很好的冷却能力　　　　　　　　　(D)足够的强度和耐磨性

56. 柴油机工况是用柴油机的(　　)来表示的。

(A)性能指标　　　(B)消耗指标　　　(C)工作参数　　　(D)柴油机转速

57. 千分尺的制造精度主要由它的(　　)的大小来决定。

(A)螺杆精度　　　　　　　　　　　(B)示值误差

(C)两测量面垂直误差　　　　　　　　(D)两测量面平行度误差

58. 梯形螺纹的等级可分为(　　)。

(A)1级　　　(B)2级　　　(C)3级　　　(D)4级

59. 高度游标卡尺主要用来测量(　　)用的。

(A)精度　　　(B)尺寸　　　(C)划线　　　(D)高度

60. 利用摩擦力防松的方式,可采用(　　)。

(A)止动垫防松　　　(B)弹簧垫圈防松　　　(C)双螺母防松　　　(D)弹性圈螺母防松

61. 水平仪按其工作原理分为(　　)。

(A)机械水平仪　　　(B)电子水准仪　　　(C)水准仪　　　(D)电子水平仪

62. 利用机械方法防松可采用(　　)。

(A)采用槽型螺母　　　(B)采用开口销　　　(C)圆螺母　　　(D)止动垫

63. 根据轴所受载荷不同,可将轴分为(　　)。

(A)心轴　　　(B)转轴　　　(C)传动轴　　　(D)平衡轴

64. 柴油机配气机构由(　　)等组成。

(A)推杆　　　(B)摇臂　　　(C)气阀　　　(D)气缸盖

65. 常用的测功器有和(　　)。

(A)机械测功器　　　(B)水力测功器　　　(C)电力测功器　　　(D)热能测功器

66. 螺栓的破坏形式有(　　)。

(A)螺栓扭曲　　　　　　　　　　　(B)螺栓头部拉断

(C)螺杆螺纹部分拉断　　　　　　　　(D)脱扣

67. 机床床身导轨的几何精度直接关系到机床的(　　)。

(A)检修精度　　　(B)几何精度　　　(C)尺寸精度　　　(D)工作精度

68. 游标卡尺有(　　)之分。

(A)游标卡尺　　　(B)深度游标卡尺　　　(C)锥度游标卡尺　　　(D)高度游标卡尺

69. 飞轮的功用主要是使柴油机(　　)。

(A)运转平衡　　　(B)转速提升　　　(C)储存动能　　　(D)转速下降

70. 喷油器按照工作原理可分为(　　)等。

(A)开式　　　(B)半开式　　　(C)闭式　　　(D)组合式

71. 柴油机正常运转时,排出的废气应以(　　)色为好。

(A)白色　　　(B)无色透明　　　(C)浅灰或淡蓝　　　(D)微黄

72. 凸轮机构按从动件型式分为(　　)。

(A)平滑式从动杆　　　　　　　　　(B)尖顶式从动杆

(C)滚动式从动杆　　　　　　　　　(D)平底式从动杆

73. 属于钳工常用设备的有(　　)。

(A)验电笔　　　　(B)虎钳　　　　　(C)清洗机　　　　(D)手电钻

74. 工艺卡片的技术要求包括(　　)等几部分。

(A)工艺规程　　(B)技术规范　　　(C)性能条件　　　(D)报废标准

75. 下列属于喷油嘴调整试验的是(　　)。

(A)喷油压力试验调整　　　　　　　(B)雾化质量检查

(C)喷油干脆程度检查　　　　　　　(D)喷油锥角检查

76. 液压系统中压力控制回路的几种形式分别是(　　)。

(A)调压回路　　(B)减压回路　　　(C)增压回路　　　(D)卸荷回路

77. 滚动轴承的拆卸方法有(　　)。

(A)敲击法　　　(B)拉出法　　　　(C)推压法　　　　(D)热拆法

78. (　　)都属于机械加工的工艺基准。

(A)装夹基准　　(B)工序基准　　　(C)定位基准　　　(D)测量基准

79. 下列属于气阀驱动机构的有(　　)。

(A)凸轮轴　　　(B)推杆　　　　　(C)泵下体　　　　(D)摇臂

80. 柴油机运转时承受的机械负荷主要来自于(　　)。

(A)气缸内燃气压力产生的作用力　　(B)零部件质量在运动时产生的惯性力

(C)由振动、变形引起的附加应力　　(D)运转时产生的阻力

81. 手工矫正的常用方法有(　　)。

(A)液压法　　　(B)扭转法　　　　(C)变曲法　　　　(D)延展法

82. 在提高柴油机压缩比时主要限制(　　)。

(A)机械负荷过高　　　　　　　　　(B)热负荷过大

(C)曲轴上的最大扭矩　　　　　　　(D)供油量过大

83. 维氏硬度常用于检测(　　)。

(A)较厚的材料　　　　　　　　　　(B)较薄的材料

(C)调质后的硬度　　　　　　　　　(D)渗碳、氮化层的硬度

84. 气门经常会出现(　　)等故障。

(A)气门烧损　　(B)气门下陷　　　(C)气门头部破裂　(D)气门杆卡住

85. 布氏硬度一般用于(　　)的检测。

(A)铸、锻件　　(B)原材料　　　　(C)成品件　　　　(D)薄件

86. 常用的研具材料有(　　)。

(A)弹簧钢　　　(B)灰铸铁　　　　(C)软钢　　　　　(D)铜

87. 洛氏硬度常用于(　　)工件的硬度检测。

(A)淬火　　　　(B)高温回火　　　(C)低温回火　　　(D)退火

88. 连杆螺钉损伤的主要原因有(　　)。

(A)螺钉质量不好　　　　　　　　　(B)未按照规定力矩进行紧固

(C)连杆瓦不合格　　　　　　　　　(D)螺钉装紧后有歪斜现象

89. 钢的表面热处理分为(　　)。

(A)表面渗碳　　(B)表面调质　　　(C)表面淬火　　　(D)化学热处理

90. 下列构成连杆组的零件有(　　)。

(A)连杆体　　　　　(B)连杆瓦　　　　　(C)止推瓦　　　　　(D)定位销

91. 用金属材料制作机械零件时,选材的一般原则是在满足力学性能的前提下,很好地考虑(　　)。

(A)经济性　　　　　(B)加工性能　　　　(C)工艺性能　　　　(D)机械性能

92. 联合调节器由(　　)等部分组成。

(A)配速机构　　　　(B)转速调节机构　　(C)功率调节机构　　(D)伺服马达

93. 齿轮传动根据其传动轴的相对位置可分为(　　)。

(A)垂直齿轮传动　　　　　　　　　　　(B)平面齿轮传动

(C)伞齿轮传动　　　　　　　　　　　　(D)空间齿轮传动

94. 柴油机三大泵通常指(　　)。

(A)高温水泵　　　　(B)机油泵　　　　　(C)燃油泵　　　　　(D)低温水泵

95. 变位齿轮传动,按其中心距改变与否可分为(　　)。

(A)高度变位齿轮传动　　　　　　　　　(B)空间变位齿轮传动

(C)角度变位齿轮传动　　　　　　　　　(D)垂直变位齿轮传动

96. 配气机构凸轮轴传动装置由(　　)等组成。

(A)曲轴齿轮　　　　(B)中间齿轮　　　　(C)左右介轮　　　　(D)凸轮轴齿轮

97. 联轴器常用的类型有(　　)。

(A)弹簧联轴器　　　　　　　　　　　　(B)固定式刚性联轴器

(C)可移式刚性联轴器　　　　　　　　　(D)弹性联轴器

98. 标准麻花钻由(　　)组成。

(A)柄部　　　　　　(B)颈部　　　　　　(C)工作部分　　　　(D)辅助部分

99. 下列组成液压系统的零件有(　　)。

(A)油缸　　　　　　(B)压缩机　　　　　(C)油马达　　　　　(D)流量控制阀

100. 凸轮轴传动齿轮装配技术要求有(　　)。

(A)齿侧间隙应符合要求　　　　　　　　(B)涂色检查接触面积

(C)相啮合齿轮端面应平齐　　　　　　　(D)凸轮轴与曲轴位置正确

101. 单作用叶片泵属于变量泵,其特点是(　　)。

(A)结构复杂　　　　(B)尺寸小　　　　　(C)制造方便　　　　(D)价格低

102. 金属材料的力学性能包括(　　)。

(A)金相组织　　　　(B)强度　　　　　　(C)硬度　　　　　　(D)疲劳强度

103. 常用的液压控制阀分为(　　)。

(A)方向控制阀　　　(B)压力控制阀　　　(C)速度控制阀　　　(D)流量控制阀

104. 下列属于凸轮轴故障的是(　　)。

(A)锈蚀　　　　　　(B)磨损　　　　　　(C)擦伤　　　　　　(D)点蚀

105. 下列属于方向控制阀的有(　　)。

(A)单向阀　　　　　(B)双向阀　　　　　(C)换向阀　　　　　(D)定向阀

106. 齿轮装配后,检查齿侧隙的方法有(　　)。

(A)塞尺法　　　　　(B)目测法　　　　　(C)压铅法　　　　　(D)百分表法

107. 下列属于压力控制阀的有(　　)。

(A)溢流阀　　　　(B)减压阀　　　　(C)顺序阀　　　　(D)流量阀

108. 柴油机润滑油的作用有(　　)。

(A)减少摩擦作用　　(B)冷却作用　　(C)清洗作用　　　(D)密封作用

109. 下列属于流量控制阀的有(　　)。

(A)节流阀　　　　(B)顺序阀　　　　(C)溢流阀　　　　(D)调速阀

110. 柴油机的润滑方式有(　　)等。

(A)飞溅润滑　　　(B)机械润滑　　　(C)人工添加润滑　(D)压力润滑

111. 下列属于安全用电措施的是(　　)。

(A)零线必须进开关　　　　　　　　(B)合理选择照明电压

(C)电气设备安装正确　　　　　　　(D)合理选择导线

112. 属于柴油机固定件的有(　　)。

(A)减振器　　　　(B)机体　　　　　(C)连接箱　　　　(D)气缸套

113. 工作机械的电气控制线路由(　　)组成。

(A)动力电路　　　(B)控制电路　　　(C)信号电路　　　(D)保护电路

114. 柴油机的主要运动机件有(　　)等。

(A)活塞组　　　　(B)连杆组　　　　(C)连接箱　　　　(D)曲轴

115. 拆卸工作的一般原则是(　　)。

(A)先拆零件,再拆部件　　　　　　(B)按照与装配相反的程序进行

(C)从外部到内部拆卸　　　　　　　(D)从上部拆到下部

116. 属于柴油机配气机构的有(　　)。

(A)气缸盖　　　　(B)气门组　　　　(C)气门机构　　　(D)传动机构

117. 机器旧件修理前检查的原则是(　　)。

(A)严格按照技术要求进行　　　　　(B)所有零部件都应该进行修理

(C)检查部件磨损情况　　　　　　　(D)不合格件不能再装车

118. 气缸是由(　　)等组成的。

(A)小油封　　　　(B)密封盖　　　　(C)气缸盖　　　　(D)气缸套

119. 滚动轴承的拆卸方法有(　　)。

(A)敲击法　　　　(B)拉出法　　　　(C)推压法　　　　(D)热拆法

120. 属于柴油机进排气系统的有(　　)。

(A)增压器　　　　(B)继电器　　　　(C)中冷器　　　　(D)空气滤清器

121. 常用的装配方法有(　　)。

(A)完全互换法　　(B)调整法　　　　(C)修配法　　　　(D)不完全互换法

122. 要做好装配工作,应掌握的要点有(　　)。

(A)做好零部件清洗工作　　　　　　(B)配合表面加一些润滑油

(C)配合表面要经过修正整　　　　　(D)配合尺寸要正确

123. 下列属于不正常损坏的有(　　)。

(A)运输不当　　　(B)表面碰伤　　　(C)保管不当　　　(D)制造质量不达标

124. 属于柴油机调控系统的有(　　)。

(A)调速器　　　　(B)传动装置　　　(C)控制装置　　　(D)超速停车装置

125. 下列属于正常损坏的有( )。
(A)磨损　　　　(B)磕碰　　　　(C)变形　　　　(D)腐蚀
126. 切削用量的计算要素有( )。
(A)材料硬度　　(B)吃刀深度　　(C)走刀量　　　(D)切削速度
127. 测定废气烟度的常用方法有( )。
(A)目测法　　　(B)滤纸过滤法　(C)光透射测定法　(D)光电烟度测定法
128. 属于柴油机燃油系统的有( )。
(A)燃油输送泵　(B)燃油精滤器　(C)喷油泵　　　(D)继电器
129. 增压器在试验中要测量的参数有( )。
(A)压力　　　　(B)温度　　　　(C)转速　　　　(D)进气流量
130. 按划线的线条在加工中的作用,线条可分( )。
(A)加工线　　　(B)证明线　　　(C)找正线　　　(D)基准线
131. 下列是用来测量转速的装置有( )。
(A)离心式转速表　(B)测速电机　(C)频闪测速仪　(D)转速传感器
132. 属于柴油机机油系统的有( )。
(A)机油泵　　　(B)机油滤清器　(C)油压继电器　(D)溢流阀
133. 柴油机台架试验的启动方式有( )。
(A)机械式启动　(B)手动盘车　　(C)电动机拖动　(D)压缩空气启动
134. 对影响研磨工件表面粗糙度的因素,说法正确的是( )。
(A)压力小,工件表面粗糙　　　(B)压力大,工件表面粗糙
(C)研磨时要及时进行清洁　　　(D)磨料越细,工件表面越细
135. 下列属于柴油机试验时应做的安全装置功能检查的是( )。
(A)超速保护　　　　　　　　　(B)压力温度自动报警
(C)燃油箱油位　　　　　　　　(D)曲轴箱防爆
136. 柴油机在工作中,排黑烟的主要原因有( )等。
(A)燃油雾化不良　　　　　　　(B)进气量不足
(C)窜机油　　　　　　　　　　(D)喷油提前角调整不当
137. 对于柴油机功率不足原因分析说法正确的是( )。
(A)供油量太小　(B)油腔中有空气　(C)粗滤器堵塞　(D)供油时间不当
138. 对双头螺柱装配要求说法正确的是( )。
(A)必须与机体表面垂直　　　　(B)不能产生弯曲变形
(C)可以有轻微松动　　　　　　(D)要紧密贴合,连接牢固
139. 对于柴油机爆振原因分析说法正确的是( )。
(A)压缩比太大　　　　　　　　(B)点火时间太晚
(C)燃烧室积炭太多　　　　　　(D)发动机过热
140. 柴油机在工作中,引起燃气在支管内燃烧的原因主要有( )。
(A)喷油过多　　(B)进气量少　　(C)压缩压力低　(D)喷嘴雾化不良
141. 要想使柴油机燃烧过程充分完善,下列说法正确的是( )。
(A)排气应该彻底干净　　　　　(B)有良好的混合气

(C)喷油应滞后   (D)控制喷油量

142. 剖视图一般应标注( )。

(A)精度等级 (B)剖切位置 (C)投影方向 (D)名称

143. 对柴油机功率偏差过大原因分析说法正确的是( )。

(A)功率伺服器卡滞   (B)功率伺服器油封漏油

(C)功率滑阀抗劲   (D)功调系统变阻器线路反接

144. 下列能引起柴油机敲缸的现象是( )。

(A)气门间隙过小   (B)气缸内有异物

(C)喷嘴雾化不良   (D)气缸垫片损坏

145. 起锯的基本要领是( )。

(A)确定锯位 (B)行程要短 (C)压力要小 (D)速度要慢

146. 柴油机排温过高的原因有( )。

(A)增压压力降低 (B)后燃严重 (C)机油参与燃烧 (D)排气背压高

147. 三视图的投影规律,说法正确的是( )。

(A)主、俯视图长对正   (B)主、左视图长对正

(C)主、左视图高平齐   (D)俯、左视图宽相等

148. 机车柴油机按照速度等级分为( )。

(A)匀速柴油机 (B)低速柴油机 (C)中速柴油机 (D)高速柴油机

149. 一个完整的尺寸,应包括( )这几个基本要素。

(A)尺寸位置 (B)尺寸线   (C)尺寸界线 (D)尺寸数字

150. 涡轮增压系统基本形式可分为( )。

(A)稳压增压系统   (B)恒压增压系统

(C)节点增压系统   (D)脉冲增压系统

151. 操作人员监视运行中的电气控制系统常用( )等方法。

(A)听   (B)闻   (C)看   (D)摸

152. 下列属于增压器试验压气机喘振的原因是( )。

(A)中冷器堵塞   (B)压气机流通面积减小

(C)柴油机负荷突然降低   (D)燃气窜入进气道

153. 平面刮削一般要经过( )几个步骤。

(A)粗刮   (B)细刮   (C)精刮   (D)麻花刮

154. 下列是造成柴油机增压器增压压力偏低的现象有( )。

(A)涡轮增压器转速增高   (B)空气滤清器堵塞

(C)压气机气道有污物   (D)进气管各接头漏气

155. 锤击的基本要求是( )。

(A)稳   (B)准   (C)重   (D)狠

156. 对涡轮增压器转速升高的原因说法正确的是( )。

(A)柴油机排气温度过高   (B)柴油机超速

(C)大气压力高   (D)进入涡轮的燃气减少

157. 气缸是由( )组成的。

(A)橡胶圈　　　　(B)气缸套　　　　(C)水套　　　　(D)过水套

158. 对涡轮增压器窜油的原因说法正确的是(　　)。

(A)油封垫片漏　　　　　　　　(B)进油道工艺堵漏

(C)轴承座间垫片漏　　　　　　(D)气封圈不同心

159. 油底壳的主要作用是(　　)。

(A)支撑机体　　(B)储存燃油　　(C)储存润滑油　　(D)与机体构成曲轴箱

160. 对涡轮增压器产生噪声和振动的原因说法正确的是(　　)。

(A)工作轮和静止件相碰　　　　(B)涡轮轴磨损严重

(C)增压器安装螺栓松动　　　　(D)增压器定子积炭严重

161. 活塞环的切口形状有(　　)等几种。

(A)平切口　　　(B)直切口　　　(C)斜切口　　　(D)搭切口

162. 对涡轮增压器回油温度过高的原因说法正确的是(　　)。

(A)燃气进入回油道　　　　　　(B)机油油压过高

(C)增压器轴承损坏　　　　　　(D)冷却系统堵塞

163. 一张完整的装配图应包括(　　)。

(A)必要的尺寸　　　　　　　　(B)必要的技术条件

(C)零件序号和明细栏　　　　　(D)标题栏

164. 下列属于柴油机进气系统零部件的有(　　)。

(A)连接箱　　　(B)稳压箱　　　(C)气缸盖　　　(D)增压器

165. 对齿轮传动机构装配技术要求说法正确的是(　　)。

(A)传动平稳　　(B)无冲击　　　(C)保证传动比　　(D)承载能力强

166. 下列属于柴油机排气系统零部件的有(　　)。

(A)波纹管　　　(B)喷嘴环　　　(C)稳压箱　　　(D)气缸盖

167. 齿轮与轴的连接有(　　)等形式。

(A)空转　　　　(B)平移　　　　(C)滑移　　　　(D)固定

168. 对柴油机冷却水温过高的原因说法正确的是(　　)。

(A)补水量太多　(B)系统中有空气　(C)回止阀方向装反　(D)散热器水道堵塞

169. 齿轮安装在轴上的常见误差有(　　)等。

(A)齿轮偏心　　(B)歪斜　　　　(C)尺寸超差　　(D)端面未贴紧轴肩

170. 柴油机按照机体的形状可分为(　　)等几种。

(A)直列式　　　(B)并列式　　　(C)H 型机体　　(D)V 型机体

171. 对柴油机配气机构的要求是(　　)。

(A)足够的气流通过能力　　　　(B)良好的动力性能

(C)足够的刚度和强度　　　　　(D)良好的耐热性能

172. 16V240ZJD 型柴油机凸轮轴传动装置由(　　)组成。

(A)左右侧齿轮装配　　　　　　(B)凸轮轴齿轮

(C)中间齿轮装配　　　　　　　(D)曲轴齿轮

173. 16V240ZJD 型柴油机的传动装置包括(　　)。

(A)随动机构传动装置　　　　　(B)凸轮轴转动装置

(C)机械传动装置   (D)泵传动装置

174. 柴油机弹性联轴节漏油,会造成(　　)。

(A)影响柴油机清洁   (B)增加机油消耗

(C)加大柴油机振动   (D)影响主发电机工作

175. 柴油机联轴节内部充满机油,能起到(　　)作用。

(A)阻尼   (B)减振   (C)润滑   (D)散热

176. 属于柴油机曲轴直接或间接驱动的有(　　)。

(A)盘车机构   (B)配气机构   (C)喷油泵   (D)水泵

177. 活塞环按用途分为(　　)。

(A)气环   (B)油环   (C)锥环   (D)平环

178. 对活塞裙的材质要求是(　　)。

(A)抗拉强度高   (B)热膨胀系数小   (C)强度高   (D)耐磨性好

179. 对活塞环安装要求说法正确的是(　　)。

(A)不得装反   (B)能在环槽内自由滑动

(C)环的开口可以在同一侧   (D)各环开口错开 90°

180. 活塞组通常由(　　)组成。

(A)活塞销   (B)卡环   (C)活塞本体   (D)活塞环

181. 对柴油机轴瓦组装要求说法正确的是(　　)。

(A)轴瓦应有涨量   (B)不允许自由脱落

(C)瓦背与座孔必须密贴   (D)允许有轻微转动

182. 柴油机的(　　)共同组成柴油机的燃烧室。

(A)气缸套   (B)气缸盖   (C)连杆   (D)活塞

183. 属于柴油机运动件的有(　　)。

(A)弹性支撑   (B)曲轴   (C)凸轮轴   (D)活塞连杆组

184. 属于柴油机固定件的有(　　)。

(A)连接箱   (B)凸轮轴   (C)气缸套   (D)盘车机构

185. 柴油机机油系统中通常设置有(　　)继电器。

(A)漏油保护   (B)卸载油压   (C)过载保护   (D)停机油压

186. 下述属于柴油机工作过程的是(　　)。

(A)排气   (B)进气   (C)压缩   (D)燃烧膨胀

187. 以下属于钳工常用工艺装备的是(　　)。

(A)组装胎具   (B)液压拉伸器   (C)试验台   (D)扳手

188. 以下是钳工常用气(风)动工具的有(　　)。

(A)风动砂轮机   (B)气锯   (C)气动螺丝刀   (D)气动除锈机

189. 划线基准通常有(　　)等类型。

(A)以两个相互垂直平面为基准   (B)以两个相互平行的中心线为基准

(C)以两条中心线为基准   (D)以一个平面和一条中心线为基准

190. 锯条的损坏形式有(　　)。

(A)锯条磨损   (B)锯条折断   (C)锯齿崩裂   (D)锯齿磨损快

191. 锉刀的种类有（　　）。
(A)普通锉　　　　(B)特种锉　　　　(C)合金锉　　　　(D)什锦锉

192. 平面的锉削方法有（　　）。
(A)顺向锉　　　　(B)压锉　　　　(C)交叉锉　　　　(D)推锉

193. 螺纹按照螺纹的旋向不同可分为（　　）。
(A)正旋螺纹　　　　(B)左旋螺纹　　　　(C)反旋螺纹　　　　(D)右旋螺纹

194. 螺纹连接的防松方法有（　　）。
(A)加弹簧垫　　　　(B)加锁紧螺母　　　　(C)加大扭紧力矩　　　　(D)加止动垫

195. 零件和部件密封性试验的方法有（　　）。
(A)压缩法　　　　(B)液压法　　　　(C)气压法　　　　(D)检查法

四、判 断 题

1. 基孔制是孔的基本偏差一定,通过改变轴的基本偏差而形成各种配合的一种制度。（　　）

2. 选用公差带时,应按常用、优先、一般的顺序选取。（　　）

3. 采用基孔制配合一定要比采用基轴制配合的加工经济性好。（　　）

4. 基本偏差的绝对值一定比另一极限偏差的绝对值小。（　　）

5. 某一零件的实际尺寸正好等于基本尺寸,则该尺寸必定合格。（　　）

6. 尺寸公差用于限制尺寸误差,其研究对象是尺寸,形位公差用于限制形状和位置误差,其研究对象是几何要素。（　　）

7. 形状公差要求的要素为单一要素。（　　）

8. 当被测要素为中心要素时,代号指引线的箭头应与该要素轮廓尺寸线对齐。（　　）

9. 公差原则就是处理尺寸公差与形位公差关系的规定。（　　）

10. 在表面粗糙度评定参数 Ra、Rz、Ry 三项参数中,Ra 能充分地反映表面微观几何形状高度方面的特性。（　　）

11. 16V240ZJB 型柴油机连杆瓦装好把紧后应用百分表检查圆度和圆柱度。（　　）

12. 驱动液压泵的电动机所需功率应比液压泵的输出功率大。（　　）

13. 单向节流阀由单向阀和节流阀串联而成。（　　）

14. 外啮合齿轮泵中,轮齿不断进入啮合的一侧的油腔是吸油腔。（　　）

15. 往复两个方向的运动均通过压力油作用实现的液压缸称为双作用缸。（　　）

16. 压力继电器的作用是根据液压系统的压力变化自动接通或断开有关电路,以实现程序控制和安全保护。（　　）

17. 保护接地只要有接地电阻,而它的阻值大小与接地效果无关。（　　）

18. 在安装照明电路时,必须做到火线进开关。（　　）

19. 电器设备在未确定其一定带电前,可以认为它是不带电的。（　　）

20. 1 W、100 Ω 碳质电阻接入 36 V 的电压下使用,不能安全工作。（　　）

21. 功率越大的电器,需要的电压一定大。（　　）

22. 在切削用量中,对切削温度影响最大的是切削速度,影响最小的是切削深度。（　　）

23. 切削中出现工件表面质量明显下降,异常振动或响声时,说明刀具已磨损严

重。（　　）

24. 对于工件的粗加工,应选择以润滑为主的冷却润滑液。（　　）

25. 切削用量中,切削速度对刀具的耐用度和切削温度影响较大。（　　）

26. 钻头的前角的大小在不同半径处,前角是不相等的。（　　）

27. 一般直径在 5 mm 以上的钻头,均须修磨横刃。（　　）

28. 用水平仪或自准仪,测量表面较长零件的直线度误差属于角差测量法。（　　）

29. 用锥形分配的成套丝锥只要头一次攻过,即可得到完整的牙形。（　　）

30. 钻黄铜的群钻,为避免扎刀,应设法把主切削刃上的前角全部磨小。（　　）

31. 选择攻丝的底孔直径时,脆性材料上的底孔直径应比塑性材料上的底孔直径大一些。（　　）

32. 一般平面的手工研磨时,精研应比粗研的研磨速度快一些。（　　）

33. 刮花可以进一步提高刮削精度。（　　）

34. 采用分组装配法时,尺寸链中各尺寸均按经济公差制造。（　　）

35. 采用分组法装配时,装配质量不决定于零件的制造公差,而决定于分组公差。（　　）

36. 光孔上丝装配适用于任何的金属材料。（　　）

37. 齿轮的接触精度包括一定的接触面积和正确的接触位置。（　　）

38. 蜗杆的轴心线应在蜗轮轮齿的对称中心面内。（　　）

39. 选用链条时,应尽量避免选用奇数链节。（　　）

40. 主轴定向装配时,前后轴承的精度等级相同,主轴的径向跳动量最小。（　　）

41. 在夹具中夹紧力的方向最好与切削力、工件重力方向相反。（　　）

42. 硬质合金中,碳化物含量越高,钴含量越低,则其强度及韧性越高。（　　）

43. 大部分合金钢的淬透性都比碳钢好。（　　）

44. 热硬性高的钢,必定有较高的回火稳定性。（　　）

45. 淬透性好的钢,淬火后硬度一定很高。（　　）

46. 感应加热表面淬火,淬硬层的深度取决于电流频率的大小。（　　）

47. 压缩环的密封作用主要来自于自身弹性和环的材料。（　　）

48. 二冲程柴油机一个工作循环,只有两个工作过程。（　　）

49. 柴油机使用的燃油都是高热值燃油。（　　）

50. 十六烷值是评定燃油自燃性的指标。（　　）

51. 气缸内的残余废气越多,对柴油机工作越不利。（　　）

52. 气缸内的充气量是决定柴油机作功能力的主要因素。（　　）

53. 配气相位选择适当与否,不仅影响进、排气质量,也影响柴油机功率。（　　）

54. 进入柴油机气缸中的空气密度,与空气的温度有直接的关系。（　　）

55. 柴油机曲轴上安装减振器是为了减轻柴油机的振动。（　　）

56. 柴油机启动前甩车,是为了排除气缸内的机油及其他积聚物。（　　）

57. 燃油内含水分过多,会使柴油机启动困难。（　　）

58. 机油或冷却水温度低,会使柴油启动困难。（　　）

59. 高负荷下,柴油机突然卸载,会使柴油机突然停机。（　　）

60. 为保证曲轴运转平稳,必须对其作动平衡试验。（　　）

61. 活塞环的切口形式,切口开度的大小,对漏气影响都很大。(　　)

62. 曲轴上各曲柄的相互位置与柴油机的发火顺序无关。(　　)

63. 气门与气门座接触环带宽度应宽些,以利于密封。(　　)

64. 增压后的空气,经中冷器冷却后,可提高柴油机功率和经济性。(　　)

65. 二次喷射能提高供油效率。(　　)

66. 高压油管的剩余压力越低,则喷油滞后应越短。(　　)

67. 16V240ZJB 型柴油机的气门冷态间隙,在气门关闭状态下,用百分表检查调整。
(　　)

68. 柴油机的性能指标随转速而变化的关系,称为速度特性。(　　)

69. 调整检查试验中,做额定功率、小时功率时必须连续进行。(　　)

70. 经调整检查试验合格的柴油机,方可提交验收试验。(　　)

71. 气门间隙过大,会使气门关闭时造成冲击,还会延长气门的持续开启时间。(　　)

72. 三相负载的接法是由电源电压决定的。(　　)

73. 当电源电压为 380 V,负载的额定电压为 220 V 时,应作三角形连接。(　　)

74. 当电源电压为 380 V,负载的额定电压也为 380 V 时,应作星形连接。(　　)

75. 正弦交流电的三要素是最大值、角频率和初相角。(　　)

76. 酸性蓄电池的制造费用较低,放电量大。(　　)

77. 酸性蓄电池主要用于大多数内燃机电气设备,提供起动电流。(　　)

78. 利用涡流产生高温熔炼金属,或对金属进行热处理。(　　)

79. 电度表中铅盘转动及电工测量仪表中的磁感应阻尼器是根据涡流的原理工作的。
(　　)

80. 涡流消耗电能,使电机、电气设备效率降低。(　　)

81. 涡流能使铁芯发热,而且有去磁作用,会削弱原有磁场。(　　)

82. 调压回路的作用是控制液压系统的压力,使其不超过某一数值。(　　)

83. 减压回路的作用就是利用减压阀从系统的高压主油路引出一条并联的低压油路作为
辅助油路。(　　)

84. 增压回路是利用增压液压阀来提高液压系统中某一支路的压力,以满足工作机构的
需要。(　　)

85. 当液压系统中的执行元件短时停止运动或在某一段工作时间内要保持很大的压力,
但运动速度很慢或不动时,应使液压系卸荷。(　　)

86. 在液压系统图中,油泵和油马达都用圆圈表示,换向阀用若干个方框来表示。(　　)

87. 液压传动系统中,压力阀通过弹簧力和控制液流的压力表来控制系统油路压
力。(　　)

88. 齿顶圆和齿顶线用粗实线绘制。(　　)

89. 分度圆和分度线用细实线绘制。(　　)

90. 装配图中相同的部分只应有一个序号或代号,一般亦只标注一次,必要时多处出现的
相同组成部分允许重复标注。(　　)

91. 产品要求是对质量管理体系要求的补充。(　　)

92. 企业应该对供方提供的产品质量进行检查,根据检查结果来选择合格的供

方。(　　)

93. 工人熟悉图纸的时间属于作业时间。(　　)

94. 工人准备工具、量具的时间不能计入定额时间。(　　)

95. 起动变扭器是多循环液力传动中,在机车启动及低速范围时工作的变扭矩。(　　)

96. 气密性最好的活塞环搭口形式是重叠搭口。(　　)

97. 柴油机增压的主要目的是提高柴油机的功率。(　　)

98. 电路图一般可分为原理图、配线图和原理配线图和电配原理图四种。(　　)

99. 阅读控制电路时,要根据主电路对控制电路的要求,结合生产工艺、按动作的先后顺序阅读。(　　)

100. 凸轮机构按从动件型式分为:尖顶式从动杆、滚动式从动杆、平底式从动杆。(　　)

101. 旋转零件的平衡状态有两种:一种是静平衡,另一种是动平衡。(　　)

102. 工作载荷是机械零件在机器正常工作时所承受的载荷。(　　)

103. 用原动机(例如电动机)的额定功率计算,所求出来的载荷称为额定载荷。(　　)

104. 机构中的连杆与从动杆共线时,传动角为零,机构的这种位置称为死点。(　　)

105. 零件是机器在制造时进行分别加工的单元体,构件则是能在机器工作时作分别运动的单元体。(　　)

106. 由一系列齿轮所组成的齿轮传动系统称为轮系。(　　)

107. 轮系的传动比,是指该轮系中首末两轮的转速之比。(　　)

108. 液体的压力有静压力和动压力。(　　)

109. 齿轮泵属于高压定量泵。(　　)

110. 单作用叶片泵属于定量泵。(　　)

111. 液压系统中,系统无压力可能是因为液压泵转向不对。(　　)

112. 液压泵是将电动机输出的机械能转换为液压能的能量转换装置。(　　)

113. 溢流阀在液压系统中是用来调节液压系统中的恒定压力。(　　)

114. 径向柱塞泵的柱塞中心线垂直于转轴轴线。(　　)

115. 轴向柱塞泵的柱塞中心线平行于转轴轴线。(　　)

116. 变量泵容积一经调定,运转中该容积即保持常值。(　　)

117. 从原理上讲,直控顺序阀可以代替直控溢流阀。(　　)

118. 在液压系统中,能满足执行元件按严格顺序依次动作的基本回路叫顺序动作回路。(　　)

119. 顺序动作回路可分为用压力控制和用行程控制两类。(　　)

120. 当液压系统中的执行元件停止运动以后,能够使液压泵输出的油液以最小的压力直接流回油箱的基本回路叫卸载回路。(　　)

121. 当液压系统卸荷时,液压泵输出的功率最小,这样就可以节省动力消耗,减少系统发热,并可延长泵的使用寿命。(　　)

122. 串联电路中,总电压等于各段导体电压之和,总电流与各段导体电流相同。(　　)

123. 并联电路中,总电流等于各段导体电流之和,总电压与各段导体电压相等。(　　)

124. 四冲程柴油机曲轴旋转两周完成一个工作循环。(　　)

125. 二冲程柴油机曲轴旋转一周完成一个工作循环。(　　)

126. 16V240ZJB 型柴油机旋转方向,在输出端应为逆时针方向。(　　)

127. 在输出端面向柴油机,左边为主缸,右边为副缸。(　　)

128. 柴油机允许连续运转一小时的最大功率叫小时功率。(　　)

129. 柴油机允许长期连续运转的最大功率叫持续功率。(　　)

130. 喷油泵的供油时刻可以用供油提前角或喷油提前角来表示。(　　)

131. 滑动轴承烧瓦通常是由于缺油、装配不正确、超载和滑油不洁引入硬质颗粒引起的。(　　)

132. 用量块组测量工件时,在计算尺寸选取第一块时,应按组合尺寸的最后一位数字进行选取。(　　)

133. 检验机床精度和测量工件的形状和位置误差时,可选用百分表法测量。(　　)

134. 齿轮游标卡尺是用来测量齿轮公法线长度。(　　)

135. 螺纹千分尺是用来测量螺纹的中径尺寸。(　　)

136. 用塞规检验孔时,塞规止端的尺寸为孔的最小极限尺寸。(　　)

137. 用环规检验轴时,环规的过端为轴的最小极限尺寸。(　　)

138. 用塞规检验孔时,塞规的过端为孔的最大极限尺寸。(　　)

139. 用环规检验轴时,环规的止端为轴的最大极限尺寸。(　　)

140. 由于万能量角器是万能的,因而它能测出 0°～360° 之间的任何角度。(　　)

141. 利用正弦规测量角度属于间接测量法。(　　)

142. 百分表的示值范围最大为 0～10 mm,因而百分表只能用来测量尺寸较小的工件。(　　)

143. 内径百分表和内径千分尺一样,可以从测量器具上直接读出被测尺寸的数值。(　　)

144. 读数值为 0.02 mm/1 000 mm 的水平仪,当其水准器的气泡移动 1 格时,表示被测平面在 1 000 mm 内的高度差为 0.02 mm。(　　)

145. 用读数值为 0.02 mm/1 000 mm 的水平仪测量长度为 600 mm 的导轨工作面时,气泡移动 2.5 格则高度差为 0.02 mm。(　　)

146. 16V240ZJB 型柴油机预装主轴瓦时,应测量主轴瓦的圆度和圆柱度。(　　)

147. 气缸套组件装入机体后,应用内径千分尺检查其圆度和圆柱度。(　　)

148. 气缸套组件装入机体后,应用百分表检查气缸套组件底面与机体表面的密贴性。(　　)

149. 16240ZJB 型柴油机的连杆螺钉拧紧是用螺钉的伸长量来表示,伸长为 0.54～0.58 mm。(　　)

150. 16V240ZJB 型柴油机连杆瓦与曲柄销之间的油隙是用百分表来检查校对的。(　　)

151. 普通平键是不能承受轴向力的。(　　)

152. 矩形花键的工作面都是键齿的两侧面。(　　)

153. 装配后的圆锥销大端略凸出,小端略凹进是合格的。(　　)

154. 销子孔加工时,必须使两被连接件一同钻铰。(　　)

155. 选择滚动轴承配合时,一般是固定套圈比转动套圈配合得紧一些。(　　)

156. 推力轴承装配时,紧环应与轴肩或轴上的固定件的端面靠平,松环应与套件端面靠平。(　　)

157. 传动带的张紧力过大,会加剧带的磨损,影响传动效率。(　　)

158. 水平安装的链条应比垂直安装的链条下垂度小些。(　　)

159. 安装弹簧卡片时应使其开口端方向与链的速度方向相同。(　　)

160. 蜗杆轴线与蜗轮轴线垂直度超差则不能正确啮合。(　　)

161. 流量计是用来测量流体量的计量仪器。(　　)

162. 流量计测量出来的流体量都是瞬时流量。(　　)

163. 测量转速的仪表统称为测速器。(　　)

164. 离心式转速表简单通用,但准确性稍差。(　　)

165. 钟表式转速表测量精度较高。(　　)

166. 因为光学平直仪是一种测角仪器,所以不能用它检查机件的几何精度。(　　)

167. 装配工作是产品形成的最后一个环节,对产品质量起到重要的保证作用。(　　)

168. 为保证装配质量,大型设备的总组装应在出厂前完成。(　　)

169. 精密设备的安装基础应设有防振槽。(　　)

170. 十六烷值越高,越有利于柴油机工作。(　　)

171. 柴油机旋转方向,在输出端应为逆时针方向。(　　)

172. 柴油机润滑系统机油压力不足是由机油泵造成的。(　　)

173. 对柴油机冷却系统的要求是冷却速度越快越好,冷却温度越低越好。(　　)

174. 在燃油系统设置安全阀是为了减少燃油压力。(　　)

175. 配气相位选择适当与否,不仅影响进、排气质量,也影响柴油机功率。(　　)

176. 柴油机试验时,要从高速到低速,由低负荷到高负荷进行。(　　)

177. 采用废气涡轮增压可以提高进入气缸中的空气密度。(　　)

178. 所谓增压就是指增加燃油的压力。(　　)

179. 要提高进入柴油机气缸中的空气密度,必须降低该部分空气的温度。(　　)

180. 冷却增压空气的装置是中冷器。(　　)

181. 零件达到极限损伤,则必须修换。(　　)

182. 若燃油管路内混有空气,容易造成增压器喘振。(　　)

183. 一般机车柴油机的曲轴箱内应设置防爆装置。(　　)

184. 差示压力计是一种计量装置。(　　)

185. 柴油机机体损伤主要表现是变形,裂纹和主轴孔研损。(　　)

186. 修理柴油机机体裂纹都是用焊修的方法。(　　)

187. 为修复磨损的气缸套,可在磨损表面镀铬恢复其尺寸精度。(　　)

188. 用工艺轴、百分表在平台上检查连杆变形,若连杆孔中心连线成水平位置检查的是连杆的弯曲变形。(　　)

189. 用工艺轴、百分表在平台上检查连杆变形,若连杆孔中心线成铅垂位置检查的是连杆的扭曲变形。(　　)

190. 曲轴磨损主要是轴颈尺寸变小。(　　)

191. 曲轴磨损一般是不均匀磨损。(　　)

192. 曲轴轴颈圆根部分应力集中是造成曲轴断裂的主要原因。(　　)

193. 为避免形成应力集中,曲轴表面绝不许有机械损伤。(　　)

194. 曲轴发生裂纹,可进行焊修。(　　)
195. 柴油机主轴在检修时是否更换主要依据工作面的损伤情况。(　　)
196. 为避免主轴瓦瓦口处受压变形,瓦口应略低于轴承座孔平面。(　　)
197. 曲轴主轴颈、机体轴承孔经过修磨后安装主轴瓦必须要选配。(　　)
198. 凸轮轴的高度磨损量超过 0.15 mm 时,必须更换。(　　)
199. 凸轮轴存放不当会造成扭转变形。(　　)
200. 实现自动化和机械化装配可以大大缩短装配时间。(　　)

五、简答题

1. 说明齿轮传动机构的啮合质量内容和检查方法。
2. 简述双头螺柱的装配要点。
3. 简述滚动轴承定向装配的概念、要点。
4. 简述圆锥销的装配要点。
5. 简述标准群钻的形状、特点。
6. 酸性蓄电池有什么优点? 主要用于何种场合?
7. 什么叫热继电器? 如何正确使用?
8. 液压系统中速度控制回路的作用是什么? 主要有几种形式?
9. 液压系统中方向控制回路的作用是什么?
10. 常用的液压控制阀分几类?
11. 如何计算液压缸的运动过度和工作压力?
12. 什么叫部件装配? 部件装配的主要工作内容包括哪些?
13. 工艺规程有何用途?
14. 产品的装配工艺过程由哪四部分组成?
15. 制定工艺规程的依据是什么?
16. 何谓工艺规程? 工艺规程有哪几类?
17. 传动箱轴端油封漏油的主要原因是什么?
18. 畸形工件划线基准应怎样选择?
19. 气压夹紧装置压缩空气的压力一般是多少?
20. 常用的凸轮有几种形式?
21. 什么是零件? 什么是构件? 试举例说明。
22. 什么叫机构运动简图?
23. 设计机械零件的基本要求是什么?
24. 机器和机械零件设计常用的方法有哪几种?
25. 什么是机器和机械零件的经验设计?
26. 材料的选用原则是什么?
27. 机械零件的使用要求包括哪几个方面?
28. 什么是机械零件的工艺性?
29. 液压传动中的液体回路是怎样进行控制的?
30. 一般液压系统由哪些基本部分组成?

31. 节流阀在液压系统中的作用？

32. 柴油机突然自动停转原因是什么？

33. 若柴油机油、水温度降不下来可能有哪几方面的原因？

34. 柴油机起动时，曲轴转动但不发火，试从柴油机系统方面分析其原因。

35. 柴油机发生飞车原因有哪些？

36. 试分析液压系统产生爬行的主要原因。

37. 配气机构凸轮轴传动装置有哪些部分组成？

38. 试述凸轮机构有哪些优点？

39. 说明配气机构凸轮轴传动装置的装配技术和检查方法。

40. 简述凸轮轴的用途。

41. 凸轮轴容易出哪些故障？

42. 使用后的凸轮表面为什么会有剥离现象？

43. 畸形工件的划线方法有哪些？

44. 钻直径 3 mm 以下的小孔时，必须掌握哪些要点？

45. 钻精密孔的切削用量如何确定？

46. 在一般精度的钻床上钻 $\phi2\sim\phi3$ mm 小孔时，其转速取多少为宜？

47. 钻精孔时，钻头切削部分的几何角度须作怎样的改进？

48. 转动零件的动平衡基本原理与校正方法？

49. 动平衡校正方法有哪几种？

50. 静平衡的实质是什么？

51. 平衡方法有几种？怎样进行静平衡？

52. 高速旋转的零件或组合件产生不平衡的原因有哪些？

53. 为什么旋转零件如曲轴、传动轴等会出现动不平衡？

54. 什么是静平衡？

55. 什么是动平衡？

56. 什么是动不平衡？

57. 动平衡机有哪几种？

58. 什么叫平衡精度？什么叫剩余不平衡力矩？

59. 为什么高速旋转零件或组合件要进行静平衡或动平衡？

60. 动平衡试验的检查项目一般有哪些？

61. 对机械零件工作能力的基本要求有哪些？

62. 凸轮机构的推杆有哪几种结构形状？

63. 简述平面连杆机构由什么杆件组成？有什么特点？

64. 曲柄摇杆机构存在的条件是什么？

65. 喷油泵由哪些部分组成？

66. 喷油器由哪些部分组成？

67. 喷油器喷射压力是用什么件进行调整？

68. 柱塞副磨损后，对柴油机有何影响？怎样处理？

69. 常用的滚动轴承精度有哪几级？

70. 简述轴承的功用及种类。

六、综 合 题

1. 试述四冲程柴油机的实际进气过程与理论进气冲程的区别、目的、道理。

2. 电涡流是怎样产生的? 有何利弊?

3. 阅读电气控制线路原理图的步骤是什么?

4. 液压系统中压力控制回路的作用是什么? 主要有几种形式?

5. 液压传动具有什么特点?

6. 工艺卡片的内容一般包括哪几个方面?

7. 简述 16V240ZJB 型柴油机台架验收试验的主要内容。

8. 简述机械零件设计的一般步骤。

9. 液压传动与机械传动相比有什么特点?

10. 16V240ZJD 型柴油机的活塞行程为 275mm,试计算气缸工作容积。

11. 齿轮轮齿常见的失效形式有哪几种?

12. 为什么不能用一般方法钻斜孔? 钻斜孔可采用哪些方法?

13. 铰孔的粗糙度不好的原因是什么? 如何预防?

14. 铰孔后不圆的原因是什么? 如何预防?

15. 工件在静平衡试验时使用什么装置? 简述其试验步骤?

16. 转子的静平衡和动平衡有什么不同?

17. 齿轮传动有哪些基本类型? 它们各用在什么情况?

18. 选用液压油时应考虑哪些因素?

19. 阅读电气控制线路原理图的步骤是什么?

20. 简述柴油机的工作过程。

21. 试述硅油簧片减振器的结构、原理。

22. 试述柴油机磨合试验的目的、方法和内容。

23. 试述柴油机的调整检查试验过程。

24. 简述柴油机的验收试验过程。

25. 怎样排除柴油机飞车的故障?

26. 柴油机启动困难或运转功率不足是什么原因?

27. 怎样检查和排除柴油机不易启动或不能启动的故障?

28. 发动机运转不平稳、有振抖和敲击声的主要原因有哪些?

29. 柴油发动机工作时排气管冒白烟的原因有哪些? 应怎样排除?

30. 柴油机工作时发抖,排气管冒黑烟的原因有哪些?

31. 试验时柴油机功率加不上的主要原因是什么?

32. 在厚为 30 mm 的钢板上钻 ϕ12 mm 的孔。若 v=20 m/min 进给量 f=0.15 mm/r, 求主轴转速 n。若钻头顶角 2ψ=1 200,求钻透钢板需用的时间。

33. 说明联合调节器中传动装置的作用及结构原理。

34. 说明曲轴上弹性联轴节的工作原理。

35. 试说明柴油机主轴瓦主要的装配技术要求。

内燃机装配工(高级工)习题答案

一、填 空 题

1. 面积较大
2. 顶尖中心
3. 配合间隙
4. 电力
5. 直接启动
6. 停止按钮
7. 热继电器
8. 压力角
9. 齿条
10. 流量和压力
11. 稳压
12. 密封容积
13. 压力阀
14. 运动速度
15. 节流阀
16. 输油量
17. 摩擦力
18. 基本尺寸
19. 公差带位置
20. 使用性能
21. 标准件
22. 尺寸线
23. 算术平均值
24. 淬火＋中温回火
25. 去应力退火
26. 同素异构转变
27. 耐磨性
28. 进给量
29. 二重顶角
30. 润滑条件
31. 内、外圆锥
32. 中性层
33. 接触
34. 等于
35. 足够的
36. 零件制造
37. 光孔上丝
38. 顺序逐次
39. 压入法
40. 80%～85%
41. 齿侧隙
42. 节圆上下
43. 齿形
44. 小端
45. 下方
46. 两端单向
47. 轴承精度
48. 回转精度
49. 气缸总容积
50. 曲轴转角
51. 气门重叠角
52. 右列后左列
53. 气缸工作
54. 热值
55. 示功图
56. 指示功率
57. 减小
58. 开度
59. 干扰力矩
60. 进行压缩
61. 转动柱塞
62. 弹簧预紧力
63. 全制
64. 飞溅
65. 常温开式
66. 检查装配质量
67. 速度
68. 自由
69. 水
70. 指示
71. 熔着磨损
72. 内油道式
73. 磁极数为2极
74. 中心高
75. 2
76. 磁路部分
77. 负载功率
78. 星形
79. 额定电压
80. 380
81. 星形(丫)
82. 碱性蓄电池
83. 调整电流装置
84. 动作顺序
85. 卸荷回路
86. 流量控制阀
87. $3 \times 10^{6} \sim 63 \times 10^{6}$ Pa
88. 运动速度
89. ε
90. 往复
91. 重合
92. 磨损
93. 热继电器
94. 作业
95. 互换
96. 齿轮
97. 圆锥齿轮传动
98. 气动
99. 局部视图
100. 技术文件
101. 动量矩
102. 动力平衡
103. 全部刮去
104. 顶部一小部分
105. 留着不刮
106. 失效
107. 刚度
108. 闭式
109. 降低剩余油压
110. 齿面点蚀
111. 切口
112. 液体压力
113. 百分表
114. 齿轮
115. H
116. 柱塞泵
117. 输油方向
118. 变量泵
119. 中压泵
120. 单位时间变化次数
121. 大气
122. 单向阀
123. 基孔
124. 基轴
125. 摩擦性质
126. 两侧

127. 并联电路　128. 上、下止点　129. 滚子接触　130. 气缸工作容积
131. 燃烧室容积　132. 气缸总容积　133. 性能指标　134. 曲轴
135. 密封　136. 高温、高压　137. 2′和5′　138. 0.2~0.25
139. 测量范围　140. 内径指示仪　141. 0°~320°　142. 两测量面
143. 划线　144. 电子　145. ϕ30　146. 29.97
147. ϕ20　148. ϕ20.05　149. 00　150. 0.02
151. 1 m　152. 1　153. 平面　154. 塞尺
155. 涂色法　156. 厚度　157. 百分表　158. 二通阀
159. 两轴相交　160. 重合　161. 脱链　162. 防松
163. 传动轴　164. 动压、静压　165. 熔断器　166. 机械能
167. 化学能　168. 自准直　169. 测功器　170. 电力测功器
171. 导轨部分　172. 工作精度　173. 定位销　174. 强度测定
175. 解体　176. 紧急停车按钮　177. 固定台位组装　178. 蓄电池
179. 基础　180. 活塞行程　181. 4　182. 进气
183. 压缩　184. 燃烧膨胀作功　185. 排气　186. 压缩
187. 燃烧膨胀作功　188. 自燃　189. 750　190. 750~1 350
191. 1 350　192. 储存　193. 燃烧品质　194. 浅灰或淡蓝
195. 燃油消耗率　196. 20℃　197. 3　198. 工时定额
199. 基本时间　200. 经验估工法

二、单项选择题

1. B　2. C　3. D　4. A　5. C　6. D　7. B　8. C　9. A
10. D　11. D　12. C　13. B　14. C　15. B　16. D　17. A　18. C
19. D　20. D　21. B　22. B　23. A　24. D　25. C　26. B　27. B
28. C　29. D　30. A　31. A　32. D　33. C　34. C　35. C　36. B
37. D　38. D　39. A　40. C　41. D　42. C　43. C　44. C　45. B
46. D　47. D　48. D　49. C　50. D　51. B　52. B　53. D　54. C
55. D　56. C　57. B　58. C　59. D　60. A　61. A　62. C　63. C
64. D　65. D　66. C　67. A　68. C　69. D　70. B　71. A　72. C
73. D　74. B　75. B　76. A　77. A　78. D　79. D　80. B　81. B
82. B　83. B　84. D　85. B　86. C　87. B　88. C　89. D　90. D
91. B　92. D　93. C　94. C　95. A　96. B　97. D　98. B　99. C
100. B　101. A　102. C　103. D　104. A　105. B　106. C　107. D　108. D
109. D　110. C　111. D　112. C　113. D　114. C　115. C　116. C　117. D
118. A　119. B　120. D　121. C　122. A　123. D　124. C　125. A　126. D
127. C　128. D　129. C　130. B　131. C　132. D　133. A　134. D　135. A
136. C　137. A　138. B　139. D　140. A　141. B　142. B　143. D　144. C
145. A　146. D　147. D　148. B　149. D　150. A　151. D　152. D　153. C
154. D　155. A　156. C　157. A　158. D　159. C　160. C　161. A　162. D

163. A　164. D　165. B　166. A　167. D　168. B　169. C　170. D　171. A
172. C　173. D　174. A　175. D　176. C　177. B　178. B　179. D　180. A
181. C　182. C　183. A　184. A　185. A　186. A　187. B　188. B　189. D
190. A　191. B　192. B　193. C　194. C　195. A　196. A　197. B　198. C
199. A　200. B　201. A　202. A　203. D　204. C　205. A

三、多项选择题

1. BCD　2. ABC　3. AD　4. BCD　5. BC　6. ABCD　7. BCD
8. ABC　9. AB　10. ABC　11. BD　12. ACD　13. AC　14. BCD
15. BC　16. BCD　17. CD　18. ABCD　19. AC　20. ABC　21. CD
22. ABD　23. AD　24. AC　25. BCD　26. ABCD　27. BC　28. ACD
29. ABCD　30. BC　31. ACD　32. BCD　33. ABCD　34. BCD　35. ABCD
36. ABC　37. BCD　38. ABCD　39. AC　40. ABCD　41. ACD　42. ACD
43. ABCD　44. BCD　45. BC　46. ABCD　47. AD　48. BD　49. ACD
50. ACD　51. ABC　52. AB　53. AC　54. ABC　55. ABD　56. AC
57. BD　58. ABC　59. ABC　60. BCD　61. CD　62. ABCD　63. ABC
64. ABC　65. BC　66. BCD　67. BD　68. ABD　69. AC　70. AC
71. BC　72. BCD　73. BCD　74. ABCD　75. ABCD　76. ABCD　77. ABCD
78. BCD　79. ABD　80. AB　81. BCD　82. AB　83. BD　84. ABCD
85. AB　86. BCD　87. AC　88. ABCD　89. CD　90. ABD　91. AC
92. ABCD　93. BD　94. ABD　95. AC　96. ABCD　97. BCD　98. ABC
99. ACD　100. ABCD　101. BCD　102. BCD　103. ABD　104. BCD　105. AC
106. ACD　107. ABC　108. ABCD　109. AD　110. ACD　111. BCD　112. BCD
113. ABCD　114. ABD　115. BCD　116. ABC　117. ACD　118. CD　119. ABCD
120. ACD　121. ABC　122. ABD　123. ABCD　124. ABCD　125. ACD　126. BCD
127. BCD　128. ABC　129. ABCD　130. ABC　131. ABCD　132. ABCD　133. ACD
134. BCD　135. ABD　136. ABCD　137. ABCD　138. ABD　139. ACD　140. ABCD
141. ABD　142. BCD　143. ABCD　144. ABCD　145. ABCD　146. ABCD　147. ACD
148. BCD　149. BCD　150. BD　151. ABCD　152. ABCD　153. ABC　154. BCD
155. ABD　156. ABD　157. BC　158. ABCD　159. CD　160. ABC　161. BCD
162. ACD　163. ABCD　164. BCD　165. ABCD　166. ABD　167. ACD　168. BCD
169. ABD　170. AD　171. ABC　172. ABCD　173. BD　174. ABD　175. ACD
176. BCD　177. AB　178. BCD　179. ABD　180. ABCD　181. ABC　182. ABD
183. BCD　184. ACD　185. BD　186. ABCD　187. ABC　188. ABCD　189. ACD
190. BCD　191. ABD　192. ACD　193. BD　194. ABD　195. BC

四、判　断　题

1. √　2. ×　3. ×　4. √　5. ×　6. √　7. √　8. √　9. √
10. √　11. √　12. √　13. ×　14. ×　15. √　16. √　17. ×　18. √

19.×	20.√	21.×	22.√	23.√	24.×	25.√	26.√	27.√
28.×	29.√	30.×	31.√	32.×	33.×	34.√	35.√	36.×
37.√	38.√	39.√	40.√	41.×	42.×	43.√	44.√	45.×
46.√	47.√	48.√	49.√	50.√	51.√	52.√	53.√	54.√
55.×	56.√	57.√	58.√	59.×	60.√	61.√	62.×	63.×
64.√	65.×	66.×	67.√	68.√	69.√	70.√	71.×	72.×
73.×	74.√	75.√	76.√	77.√	78.√	79.√	80.√	81.√
82.√	83.√	84.√	85.√	86.√	87.√	88.√	89.√	90.√
91.×	92.√	93.×	94.×	95.√	96.√	97.√	98.√	99.√
100.√	101.√	102.√	103.√	104.√	105.√	106.√	107.√	108.√
109.×	110.√	111.√	112.√	113.√	114.√	115.√	116.×	117.×
118.√	119.√	120.√	121.√	122.√	123.√	124.√	125.√	126.×
127.×	128.√	129.√	130.√	131.√	132.√	133.√	134.√	135.√
136.√	137.√	138.√	139.√	140.√	141.√	142.√	143.√	144.√
145.×	146.√	147.√	148.√	149.√	150.√	151.√	152.√	153.√
154.√	155.√	156.√	157.√	158.√	159.√	160.√	161.√	162.√
163.√	164.√	165.√	166.√	167.√	168.×	169.√	170.√	171.×
172.√	173.√	174.√	175.√	176.√	177.√	178.√	179.√	180.√
181.√	182.√	183.√	184.×	185.√	186.√	187.√	188.√	189.×
190.×	191.√	192.√	193.√	194.√	195.×	196.√	197.√	198.√
199.×	200.√							

五、简答题

1. 答:内容:齿侧隙:用百分表、塞尺、压铅法检查(2.5分)。接触斑点:用涂色法检查(2.5分)。

2. 答:(1)双头螺柱与机体螺纹的配合应有足够的紧固性,以保证在装拆螺母的过程中,无任何松动现象(2分)。

(2)双头螺柱的轴心线必须与机体表面垂直(1.5分)。

(3)双头螺柱装入时,必须用油润滑,以防旋入时产生胶合现象,也便于以后拆卸(1.5分)。

3. 答:概念:人为地控制各装配件径向跳动误差方向,合理组合,以提高装配精度的一种方法(2分)。

要点:(1)前后轴承内圈的最大径向跳动量 δ_1、δ_2 在主轴中心线的同一侧,且与主轴锥孔最大径向跳动动量的相反方向(1分)。(2)后轴承的精度应比前轴承低一级(1分)。(3)轴承外圈也按上述方法定向装配(1分)。

4. 答:(1)被连接件应同时钻铰(1.5分)。

(2)用试装法控制孔径,即铰孔时,以圆锥销能自由地插入销长的 80%～85% 为宜(2分)。

(3)将销涂油打入销孔内(1.5分)。

5. 答:标准群钻的形状特点是:有三尖七刃、两种槽。即三尖是由于磨出月牙槽,主切削刃形成三个尖(2分);七刃是两条外刃、两条圆弧刃、两条内刃,一条横刃;两种槽是月牙槽和单面分屑槽(3分)。

6. 答:酸性蓄电池的制造费用较低,放电量大(2分)。主要用于大多数内燃机电气设备,提供起动电流(3分)。

7. 答:热继电器是利用电流的热效应而使触头动作的电器(2分)。使用热继电器时,应将热驱动器件的电阻丝串联在主电路中,将常闭触头串联在具有接触器线圈的控制电路中(3分)。

8. 答:为了满足液压系统工作机构对速度的要求,就要控制和调节进入液压缸和液压马达的流量或改变液压马达的排油量(2分)。

常见速度控制回路主要有:(1)进油节流调速回路(1分)。(2)回油节流调速回路(1分)。(3)旁路节流调速回路(1分)。

9. 答:方向控制回路的作用是用来控制液压系统中各油路的接通、切断或改变流向(2分),从而使各执行元件按照需要做出起动、停止或换向等一系列动作(3分)。

10. 答:主要分三大类:

(1)方向控制阀,用于控制油液的流动方向,常用于有单向阀和换向阀(1.5分)。

(2)压力控制阀,用于控制工作液体压力,常用的有溢流阀、减压阀、顺序阀等(1.5分)。

(3)流量控制阀,用于控制工作系统的流量,以改变执行机构的运动速度,常用的有节流阀、调速阀等(2分)。

11. 答:液压缸的运动速度:

$$v = Q/A$$

式中　v——缸的运动速度,m/s;

　　　Q——流入液压缸的流量,m^3/s;

　　　A——活塞的有效作用面积,m^2。(2.5分)

液压缸的工作压力:

$$P = F/A$$

式中　P——液压缸的压力,N/m^2,Pa;

　　　F——作用在液压缸上的外界负载,N;

　　　A——活塞有效工作面积,m^2。(2.5分)

12. 答:凡是将两个以上的零件组合在一起或将零件与组件(或称组合件)结合在一起,为一个装配单元的装配工作称部件装配(2分)。

主要工作内容包括:零件清洗,整形和补充加工,零件的预装,组件装配、部件总装配和调整四个过程(3分)。

13. 答:工艺规程是进行加工和操作的依据(2分),是加强质量管理的重要技术文件(3分)。

14. 答:(1)装配前的准备工作。(2)装配工作。(3)调整精度检验和试车。(4)油漆、涂油和装箱。(每个小项1.25分)

15. 答:制定工艺规程的依据大致有以下几点:

(1)产品的图纸,如零件图、装配图等(1.5分)。

(2)产品的生产类型,如产量及生产方式等(1.5分)。

(3)现有的生产条件,如场地、设备、工艺装备、工人技术水平等(2分)。

16. 答:工艺规程是产品在加工、装配和修理过程中所使用的具有指导性的技术文件,其中规定了工艺过程的内容、方法、工艺路线,以及所使用的设备及工、卡、量具等。工艺规程是一种技术法规,又称工艺守则(3分)。工艺规程可分为机械加工工艺规程、装配工艺规程及修理工艺规程三类(2分)。

17. 答:主要原因是油封处的润滑油量太多(1.5分),油封间隙过大或油封配合长度过短(2分),回油不畅(1.5分)所致。

18. 答:畸形工件由于形状奇特,如果划线基准选择不当,会使划线工作不能顺利进行(2分)。但在一般情况下,还是可以找出其设计时的中心线或主要表面来作为划线时的基准,必要时,也可划参考线来作为划线时的辅助基准(3分)。

19. 答:气压夹紧装置压缩空气的压力应为 0.4~0.8 MPa(5分)。

20. 答:常用的凸轮有圆盘凸轮、圆柱凸轮、圆锥凸轮和活板凸轮形式(每个知识点 1.25分)。

21. 答:零件是组成机器的最小单元实体。例如螺栓、螺母等(2分)。构件是组成机构或机器的最小运动单元体。例如曲柄滑块机构中的连杆。构件可以是一个零件,也可以由几个零件所形成(3分)。

22. 答:利用构件和运动副的符号把机构的组成关系表示出来的一种示意图(5分)。

23. 答:设计机械零件的基本要求,可概括为工作可靠和成本低廉(1分)。判断机械零件工作能力的基本准则是:强度、刚度、振动稳定性和可靠性等(1.5分);而实现机械零件成本低廉的经济性准则是:正确选择材料,合理规定精度等级、赋予零件具有良好的工艺性并采用新工艺,尽可能选用标准零件等(2.5分)。

24. 答:常用的设计方法有理论设计、经验设计、模型实验设计三种(每个知识点 1.5分)。

25. 答:根据已有的机器及机械零件长期使用累积经验而概括出来的经验公式和数据,或采用"类比法"进行设计(5分)。

26. 答:机械零件的工作可靠性和经济性与材料的选用关系很大(2分)。在选用一般机械零件材料时,所选材料应满足零件的使用要求和符合经济原则(3分)。

27. 答:机械零件的使用要求可以概括为:

(1)零件的工作情况和载荷作用情况,以及相应的失效形式所提出的要求(2分);

(2)对零件的尺寸和重量所提出的要求(1.5分);

(3)零件在机器或部件中的重要程度(1.5分)。

28. 答:在一定的生产规模和生产条件下,制造机械零件所用的劳动量最小,加工费用最小,而零件结构又满足使用要求,则这样的零件称为具有良好的工艺性(5分)。

29. 答:液压传动中的液体回路是通过一系列控制阀来实现控制的(5分)。

30. 答:液压系统是由油泵(0.5分)、油缸(0.5分)、油马达(1分)、压力控制阀(1分)、流量控制阀(1分)、方向控制阀(1分)及其他装置组成。

31. 答:主要是控制液压系统的流量(2.5分),改变工作机构的运动速度(2.5分)。

32. 答:(1)柴油机突然自动停转,可能是调节齿杆卡死在不供油位置(2.5分)。

(2)若逐渐减速到停车,可能是由于燃油系统进入空气;粗滤器,精滤器堵塞;输油泵损坏或燃油箱燃油用完(2.5分)。

33. 答:可能有以下几方面原因:(每个小项 1分)

(1)冷却水系统水量不足;

(2)冷却水系统温度控制阀恒温元件作用不良;

(3)水泵故障;

(4)中冷补水阀关闭;

(5)静液压马达或静液压泵故障。

34. 答:从柴油机系统方面分析可能有如下原因:(每个小项 1 分)

(1)燃油压力不足;

(2)燃油系统有空气;

(3)喷油泵齿条或供油拉杆卡死;

(4)调速器缺油或调速器故障;

(5)油、水温度过低等。

35. 答:(1)喷油泵油量控制拉杆被卡住;其主要原因有拉杆拉伤、烧损、拉杆被脏物挤住、拉杆碰在其他机件上被卡住,拉杆生锈等(2.5 分)。

(2)调速器失灵:调速器摩擦离合器片打滑。调速器内机油过多,调速器高低速弹簧折断,且折断后被其他机件卡住,阻碍调速器转动。飞锤压力轴承损坏,飞锤销折断、脱出(2.5 分)。

36. 答:(1)由于空气混入液压系统;(2)液压系统工作压力不足;(3)相对运动件之间润滑不良;(4)装配精度及安装精度不良或调整不当(每个小项 1.25 分)。

37. 答:配气机构凸轮轴传动装置主要由曲轴齿轮、中间齿轮、左右侧介轮、凸轮轴齿轮和支架组成。(每个知识点 1 分)

38. 答:凸轮机构的优点是工作可靠,刚性好,结构简单、紧凑(3 分),适当地设计出凸轮的轮廓曲线可以使推杆得到各种预期的运动(2 分)。

39. 答:(1)相啮合的齿侧间隙应符合要求,用百分表检查。(2)用涂色法检查齿的接触面积。(3)相啮合的齿轮端面应平齐。(4)凸轮轴与曲轴位置正确(每个小项 1.25 分)。

40. 答:转动的柴油机曲轴通过传动齿轮驱动凸轮轴,使它能正确、定时地(2 分)直接控制各个缸的配气和喷油(3 分)。

41. 答:凸轮工作表面上易出现磨损、擦伤和麻点(点蚀)等故障(5 分)。

42. 答:剥离的原因有:

(1)凸轮表面所受的接触应力较大(可高达 3 000～5 000 MPa)(1.5 分)。

(2)推杆滚轮的滚针质量较差,容易损坏,损坏后造成滚轮与凸轮接触不良(1.5 分)。

(3)喷油泵推杆(油泵下体)上的回油管螺纹孔相对位置精度较低。安装回油管路时,使推杆滚轮转动了一个角度,导致滚轮和凸轮接触不良,造成凸轮表面的剥离现象(2 分)。

43. 答:划线方法有两种:

(1)划线基准的选择方法。一般应选择比较重要的中心线,如孔的中心线等,有时还要在零件上比较重要的部位再划一条参考线作为辅助基准(2.5 分)。

(2)工件的安装法。如用心轴、方箱、弯板或专用夹具和辅具对畸形工件进行安装、校正来划线(2.5 分)。

44. 答:钻小孔时必须掌握以下几点:(每个小项 1.25 分)

(1)选用精度较高的钻床和小型的钻夹头。

(2)尽量选用较高的转速;一般精度的钻床选:$n=1\,500\sim3\,000$ r/min,高精度的钻床选:$n=3\,000\sim10\,000$ r/min。

(3)开始进给时进给量要小,进给时要注意手劲和感觉,以防钻头折断。

(4)钻削过程中须及时提起钻头进行排屑,并在此时输入切削液或在空气中冷却。

45. 答:钻铸铁时,v 选用 20 m/min,f 选用 0.1 mm/r 左右(2.5 分)。

钻钢时,v 选用 10 m/min,f 选用 0.1 mm/r 左右(2.5 分)。

46. 答:转速一般采用 1 500～2000 r/min 为宜(5 分)。

47. 答:(1)磨出第二顶角要小于或等于 75°,新切削刃长度为 3～4 mm,刀尖角处磨出 R0.2～0.5 的小圆角(1 分)。

(2)磨出副后角 6°～8°,留棱边宽 0.10～0.20 mm,修磨长度为 4～5 mm(1 分)。

(3)磨出负刃倾角为 -10°～-15°(1 分)。

(4)主切削刃附近的前刀面和后刀面用油石磨光(1 分)。

(5)后角不宜过大,一般 $\alpha = 6°～10°$(1 分)。

48. 答:其原理是转子的主惯性轴与旋转轴线交错,且转子重心在旋转轴线上,即已处于静平衡状态,但转子旋转时,产生一个不平衡力矩(2 分)。校正方法是将转子的轴颈水平搁置在动平衡机的支撑上,必须在垂直于旋转轴的两个平面内各加一个平衡重量,其数值和相位必须在转子旋转的情况下由动平衡机的指示器确定,直到指示器表示的不平衡量满足设计要求即认为合格(3 分)。

49. 答:动平衡校正有下列几种方法:

(1)转子的转数降低到临界转数条件下进行动平衡校正(1.5 分)。

(2)在工作转数情况下进行动平衡校正(1.5 分)。

(3)转子转速很高(5 000 r/min)时可用引进的高速动平衡机进行动平衡校正(2 分)。

50. 答:静平衡法的实质是确定旋转件上不平衡量的大小和位置(2 分)。静平衡只能平衡旋转件重心的不平衡,而不能消除不平衡力偶,故仅适用于直径比较小或转速不高的旋转件(3 分)。

51. 答:有静平衡和动平衡两种(1 分)。旋转零件静平衡的方法是:先找出不平衡量的大小和位置(2 分),然后在偏重处去掉相应重量的材料或在其偏重的对应处增加相应重量的材料,以得到平衡(2 分)。

52. 答:产生不平衡的原因,一般有:(每个小项 1.25 分)

(1)由于零件的制造质量不均匀(如缩孔、砂眼);

(2)由于零件的磨损或加工有偏差(如零件的中心轴线偏离旋转轴线);

(3)装合时,零件或组合件的旋转中心或轴线产生偏移(如曲轴突缘与飞轮变位,传动轴万向节十字轴位移)。

(4)由于使用不当,导致零件弯曲、凹陷或破损。

53. 答:旋转直径小于长度的零件(如曲轴,传动轴等),如果在其旋转轴线两侧产生力偶,便会出现动不平衡(1 分),这种不平衡有下列两种情况:

(1)旋转轴线不与惯性主轴相重合(2 分)。

(2)旋转轴线两侧的力偶不平衡(2 分)。

54. 答:在旋转体校正平面上安放一个平衡重,就可以使旋转体达到平衡,称为静平衡(5 分)。

55. 答:在不平衡的旋转体的垂直于旋转轴的两个校正平面内,各加一个平衡重,使旋转体达到平衡,称为动平衡(5分)。

56. 答:旋转件在径向方向上的各不平衡量所产生的离心力,且组成力偶,则在旋转时不仅产生垂直于旋转轴线方向的振动,而且使旋转轴线产生倾斜的振动。这种不平衡称为动不平衡(5分)。

57. 答:动平衡机种类繁多,常用的有:弹性支架平衡机、摆式平衡机、框架式平衡机、电子式动平衡机及各种整机平衡仪等(每个知识点1分)。

58. 答:平衡精度就是指旋转件经平衡后,允许存在不平衡量的大小(2分)。旋转件经过平衡后,还会存在一些剩余不平衡量,而由这些剩余不平衡量产生的离心力所组成的力矩,就称为剩余不平衡力矩(3分)。

59. 答:高速旋转的零件(如曲轴、飞轮)或组合件(如传动轴、万向节总成),如失去静平衡或动平衡,将在零件本身或在其支承上产生附加载荷(如离心力,旋力偶)(3分),使相关机件产生振动、加速零件磨损,发出冲击响声(2分)。

60. 答:动平衡试验的检查项目有:(每个小项1.25分)

(1)最大剩余不平衡量;

(2)在临界转速、工作转速和超速等位置上的振动数据;

(3)所加平衡物(或磨去金属)的材料、安装结构要素、位置及有关数据等;

(4)工作转速与临界转速的避开程度。

61. 答:主要有强度、刚度、耐磨性、振动稳定性、可靠性五个方面的要求。(每个知识点1分)

62. 答:推杆按其结构形状可分为:尖端推杆(2分)、滚子推杆(1.5分)和平底推杆(1.5分)3种。

63. 答:平面连杆机构由刚性杆件组成(2分)。各杆件用圆柱形铰链和滑块、滑道联结并能完成一定的运动(3分)。

64. 答:曲柄摇杆机构存在的条件是:

(1)在四杆机构中曲柄是最短的杆(2.5分)。

(2)在四杆机构中最短杆与最长杆之和应小于或等于其他两杆件长度之和(2.5分)。

65. 答:喷油泵由出油阀接头、出油阀接头座、出油阀行程止挡、出油阀弹簧、进油空心螺柱、喷油泵上体、调节齿杆、调节齿圈、柱塞弹簧、镶块、橡胶密封圈、滚轮销、滚轮、滚轮体、弹簧下座、喷油泵下体、柱塞套、柱塞、出油阀座、出油阀等组成。(每个知识点0.25分)

66. 答:喷油器由针阀体、针阀、压紧螺帽、弹簧下座、弹簧、喷油器体、弹簧上座、调整螺钉、锥形销、密封圈(一)、垫圈(一)、螺母、保护帽、螺钉、进油管、垫圈(二)、密封圈(二)组成。(每个知识点0.3分)

67. 答:喷油器喷射压力是通过调压螺钉改变调压弹簧的压力来实现的(5分)。

68. 答:磨损后会使柱塞副之间的间隙过大,密封性降低,供油压力和供油量减小,且使喷油提前角和喷油延续角减小,使马力不足,严重时会使喷油器打不开,无法启动(3分)。

处理方法:将套筒旋转,使进、回油孔对换,可略改善其密封程度,从而使油泵继续工作或更换新柱塞副(2分)。

69. 答:目前常用的滚动轴承精度有四级,分别用C、D、E、G表示(3分),C级为超精密级;D级为精密级;E级为高级;G级为普通级2分)。

70. 答:轴承是用来支撑轴的(2分)。根据支撑表面的摩擦性质,轴承可分为滑动轴承和滚动轴承两大类(3分)。

六、综 合 题

1. 答:(1)区别:理论进气冲程是进气阀在上止点开,下止点关。实际进气过程是进气阀上止点前开,下止点后关(3分)。

(2)目的:多进空气,扫气和冷却(2分)。

(3)道理:进气阀提前开,当活塞到达上止点时,进气通道的截面达到最大,这样,活塞从上止点到下止点的有效时间内进气就多。进气阀开启时,排气阀还没关闭,具有一定压力的新鲜空气,将活塞上方的废气,从排气阀扫除,冷的空气流经活塞顶、排气阀时顺便进行冷却(4分)。

进气阀迟后关,可借空气的流动惯性多进一些空气(1分)。

2. 答:在具有铁芯的线圈中通以交流电时,铁芯内就有交变磁通通过,因而在铁芯内部必然产生感应电流,在铁芯中自成闭合回路,而形成犹如水中旋涡的涡流(4分)。

涡流的利用:利用涡流产生高温熔炼金属,或对金属进行热处理;电度表中铅盘转动及电工测量仪表中的磁感应阻尼器也是根据涡流的原理工作的(3分)。

涡流的危害:涡流消耗电能,使电机、电气设备效率降低;使铁芯发热;且涡流有去磁作用,会削弱原有磁场(3分)。

3. 答:有三个步骤:

(1)了解工作机械有几台电动机,它们的用途、运转要求和相互联系等(3分)。

(2)阅读动力电路。先在图顶部查阅功能,要弄清控制各电动机的接触器或负荷开关,以及电路中的保护电器和元件(3分)。

(3)自左向右逐条分析控制电路,弄清它是怎样控制动力电路的。通常电路的通断是由按钮等电器发出指令或由控制和保护电器发出信号到接触器,最后由接触器执行对电动机的控制(4分)。

4. 答:压力控制回路是利用压力控制阀来控制系统的压力,实现稳压、增压、调压等目的。以满足执行元件对力或力矩以及动作顺序的要求(4分)。根据使用目的的不同,压力控制回路主要有:

(1)调压回路:调压回路的作用是控制液压系统的压力,使其不超过某一数值,或在工作元件的运动过程中有不同的压力以适应载荷变化的要求,节省动力消耗和减少油液发热,并提高执行机构运动的平稳性(2分)。

(2)减压回路:减压回路的作用就是利用减压阀从系统的高压主油路引出一条并联的低压油路作为辅助油路,这样便可节省一台低压油泵(2分)。

(3)增压回路:增压回路是利用增压液压阀来提高液压系统中某一支路的压力,以满足工作机构的需要(2分)。

5. 答:(1)结构方面:元件单位重量传递的功率大,结构简单,布局灵活,便于和其他传动方式联用,易实现远距离操纵和自动控制(3分)。

(2)工作性能方面:速度、扭矩、功率均可作无级调节,能迅速换向和变速。缺点是速度不准确,传动效率低(3分)。

(3)维护使用方面:元件的自润滑性好,能实现系统的过载保护和保压,使用寿命长,元件易实现系列化、标准化、通用化,但对油液的质量、密封、冷却、过滤,对元件的制造精度、安装、调整和维护要求较高(4分)。

6. 答:工艺卡片的内容一般包括以下几个主要方面:

(1)工序号,即按作业顺序编排的序号(1分)。

(2)工作图是指明零件或总成的作业部位以便按照指明部位工作(1分)。

(3)技术要求,主要包括以下内容:

①工艺规程,主要是指用于工业上的数据(1分)。

②技术规范,主要是指零件的尺寸(如公称尺寸、允许磨损尺寸、极限磨损尺寸等)、表面精度及表面粗糙度、配合副的公差等(1分)。

③性能条件,是指装配中某部位的气压、油压、真空度、扭矩和弹力等(1分)。

④报废标准(1分)。

(4)设备、工夹具,应在每一作业项目(工序)中指明所使用的设备、夹具、刀具、量具和仪器等的名称及必要的型号(1分)。

(5)材料规程,是指工件材料的种类、型号及尺寸等(1分)。

(6)工序时间,是指完成每一工序所需的连续作业时间(1分)。

(7)机械性能,一般是指零件表面硬度等(1分)。

7. 答:16V240ZJB 型柴油机台架验收试验的主要内容有:

(1)检查:在柴油机转速 1 000 r/min,功率为 2 430 kW 和 2 650 kW 的情况下,分别测量柴油机的燃油消耗率等 19 项参数,并计算出柴油机有效功率 N(2分)。

(2)柴油机运转状态和泄漏状态检查:主要检查柴油机在满负荷状态下的运转是否良好,有无非正常的振动、发热现象,有无异音,以及柴油机各部分泄漏情况(2分)。

(3)定最大供油止挡:在各种参数检查符合要求时,方可进行(2分)。

(4)单项试验:共 6 项内容(1分)。

(5)功率调节试验:检查功率调节系统的作用(1分)。

(6)安全保护装置试验等:包括极限调速器和油压继电器试验(2分)。

8. 答:设计普通机械零件的一般步骤大致可以概括为:

(1)根据机器的总体设计方案,分析零件的工作情况(载荷分析),简化力学模型,考虑影响载荷的各项因素,确定计算载荷(2分)。

(2)分析零件可能出现的失效形式,确定零件承载能力的计算准则(1分)。

(3)根据材料的各项性能,经济因素及供应情况等,选择零件的材料及必要的处理方法(如热处理、表面冷作硬化处理等)(1.5分)。

(4)分析零件的应力(或变形),根据承载能力的计算准则、建立或选定相应的计算公式(1.5分)。

(5)选定或计算零件的主要参数和几何尺寸,必要时应对计算求得的数据进行标准化或圆整。对于一些重要参数和几何尺寸,必要时还应进行校核计算(2分)。

(6)根据所选定或计算求得的主要参数和几何尺寸并考虑工艺要求,进行结构设计,绘制零件工作图(2分)。

9. 答:液压传动与机械传动相比有如下特点:

(1)传动同样载荷,它体积小、质量小(1分)。

(2)结构简单,安装方便,易于完成各种复杂的动作,易于实现自动化(1.5分)。

(3)都设有安全控制系统,可以实现过载保护(1.5分)。

(4)利用传动介质使摩擦表面得到自行润滑,延长使用寿命(1.5分)。

(5)它能实现无级变速(1分)。

(6)油液易泄漏,其运动阻力大、因而效率低(1.5分)。

(7)对液压元件制造精度要求高,价格贵,使用维护要求有较高的技术(2分)。

10. 解:(10分)

$$V_h = \frac{\pi D^2 \cdot S}{4 \times 10^6} = \frac{\pi \times 240^2 \times 275}{4 \times 10^6} = 12.43 \text{ L}$$

式中　　V_h——气缸工作容积;

　　　　D——气缸直径;

　　　　S——活塞行程。

11. 答:常见的失效形式有:

(1)齿面的点蚀:啮合过程中,轮齿的接触面积小,在脉动变化的接触应力反复作用下,齿面缺陷处产生疲劳裂纹。扩展中引起小块金属剥落,形成小坑,绝大多数发生在靠近节线的齿根部分(2分)。

(2)齿面磨损:啮合时齿面间存在相对滑动,若有灰砂等有害物质进入啮合齿面,产生刮伤、凹沟,严重时使齿厚减薄,产生冲击,引起轮齿折断(2分)。

(3)齿面胶合:重载高速时,齿面油膜被破坏,使两齿面金属直接接触。这时,齿面温度很高,局部产生熔焊和撕裂,造成垂直节线划痕(2分)。

(4)轮齿折断:轮齿受到短期过载或严重冲击而突然折断,或者是交变应力超过疲劳极限,引起疲劳裂纹的扩展,致使轮齿折断(2分)。

(5)塑性变形:软齿面钢齿轮短期过载,或齿面摩擦系数较大时,使齿面金属发生塑性流动而变形,主动轮齿面节线外形成凹坑,被动轮齿面节线外形成凸岗,齿顶边缘处会出现飞边(2分)。

12. 答:用一般方法钻斜孔时,钻头刚接触工件先是单面受力,使钻头偏斜滑移,造成钻中心偏位,钻出的孔也很难保证正直。如钻头刚性不足时会造成钻头因偏斜而钻不进工件,钻头崩刃或折断。故不能用一般方法钻斜孔(4分)。钻斜孔一般采用以下两种方法:

(1)先用与孔径相等的立铣刀在工件斜面上铣出一个平面后再钻孔(3分)。

(2)用錾子在工件斜面上錾出一个小平面后,再用中心钻钻出一个较大的锥坑或用小钻钻出一个浅孔,然后再用所需孔径的钻头钻孔(3分)。

13. 答:(1)因铰刀的切削部分及校对部分粗糙度不好,刃口不锋利,有崩裂、缺口或毛刺影响粗糙度。需要刃磨。使刀齿锋利无缺口(1.5分)。

(2)因铰刀后角过大,当转速快时产生振动而影响粗糙度;后角需刃磨适宜(1.5分)。

(3)铰孔余量不适宜,过大时切削困难,过小时不能去掉前道工序留下的刀痕而影响粗度。因此要选择适当的余量(2分)。

(4)没有采用合适的冷却润滑液(1分)。

(5)铰刀退出时反转则影响粗糙度,因此退刀时铰刀要顺转(1.5分)。

(6)铰刀槽内,切屑黏积过多,所以要经常退出排屑(1分)。

(7)切削速度太快,产生刀瘤,影响粗糙度,故需降低转速,有刀瘤必须及时清除(1.5分)。

14. 答:(1)铰削余量太大,刃口不锋利,有啃刀现象。产生振动,因而使孔壁出现多棱形,所以余量要留得适宜,刃口要锋利(4分)。

(2)铰前钻孔不圆,加工余量不均匀有厚有薄,使铰削负荷不一致,产生弹跳造成孔径不圆,所以要提高钻孔质量(3分)。

(3)钻床精度不高,主轴振摆大,铰刀产生抖动,孔易出现多角形,故需提高钻床精度,防止铰刀振摆(3分)。

15. 答:工件在静平衡试验时,使用的装置主要有棱形、圆柱形和滚轮式的平衡架(2分)。静平衡试验的步骤:

(1)将平衡架放置成水平位置(2分)。

(2)将待平衡的工件装上心轴放在平衡架上缓慢转动,待其静止后,在其正下方作一记号。这样重复若干次,若记号始终在正下方说明此方向有偏重(2分)。

(3)在记号 S 的对称部位黏贴一定重量的橡皮泥,使其重量对旋转中心的力矩即可得到静平衡(2分)。

(4)根据橡皮泥的重量及其距旋转中心的距离用去重法或配重法使工件平衡(2分)。

16. 答:对于轴向宽度较小的转子,如砂轮、飞轮、叶轮等,其质量的分布可以近似地认为在同一回转平面内。因此,这样的转子等速运动时,由于偏心重量产生的离心惯性力,也看作是在同一回转平面内。在这种情况下,如果转子不平衡,那是因为转子的重心不在其回转轴上,离心惯性力之和不等于零的缘故。这种不平衡的转子在静止时即可显示出来,可采用静平衡的方法进行平衡。所以静平衡是平衡轴向尺寸较小的惯性力不为零的转子(5分)。

对于轴向宽度较大的转子,如多缸发动机的曲轴、电动机转子、汽轮机转子等,则由于偏心重量产生的离心惯性力不能认为在同一回转平面内,而是分布在不同的若干个互相平行的回转平面内。在这种情况下,如果转子不平衡,则离心惯性力之和可能等于零或不等于零,但是惯性力偶矩之和必不等于零。这种不平衡的转子,只有在转子运动时才能显示出来,要在动平衡机上用动平衡的方法进行平衡。所以动平衡是平衡轴向尺寸较大的惯性力和惯性力偶矩都不为零的转子(5分)。

17. 答:齿轮传动的类型很多,按照相互啮合齿轮的轴间位置可分为:

(1)圆柱齿轮传动:用于传递平行轴之间的运动和动力。按齿轮的齿向不同,可分为直齿圆柱齿轮和斜齿圆柱齿轮(3分)。

(2)圆锥齿轮传动:用于传递相交轴之间的运动和动力。按齿向不同又可分为直齿圆锥齿轮传动、斜齿圆锥齿轮传动和曲齿圆锥齿轮传动(4分)。

(3)螺旋齿轮传动:用于传递交错轴之间的运动和动力。它可分为螺旋圆柱齿轮传动和双曲线齿轮传动(3分)。

18. 答:选用液压油时一般应考虑四方面的因素(每个小项 2.5 分)。

(1)考虑液压系统中工作油压的高低。油压高,宜选黏度高的油液;油压低,宜选黏度低的油液。

(2)考虑液压系统的环境温度。温度高,宜选黏度高的油液;温度低,宜选黏度低的油液。

(3)考虑液压系统中的运动速度。油液流速高,宜选黏度低;油液流速低,宜选黏度高的。

(4)若液压系统以外的其他工作机构也要使用油液,则应考虑兼顾的问题。

19. 答:有三个步骤:

(1)了解工作机械有几台电动机,它们的用途、运转要求和相互联系等(2分)。

(2)阅读动力电路。先在图顶部查阅功能,要弄清控制各电动机的接触器或负荷开关,以及电路中的保护电器和元件(4分)。

(3)自左向右逐条分析控制电路,弄清它是怎样控制动力电路的。通常电路的通断是由接钮等电器发出指令或由控制和保护电器发出信号到接触器,最后由接触器执行对电动机的控制(4分)。

20. 答:四冲程柴油机的工作循环由活塞的进气、压缩、燃烧膨胀、排气四个冲程来完成(2分)。

(1)进气冲程是活塞由上止点向下移动,进气门打开(排气门关闭)经过滤清器滤清,增压器增压,中冷器冷却的空气进入稳压箱、进气支管、气缸盖进入气缸内。直到活塞到达下止点为止,为燃料的燃烧准备好所需的空气(2分)。

(2)压缩冲程是活塞到下止点后,进气门关闭。由于曲轴继续转动、活塞上行、压缩缸内的空气,使其压力和温度不断增高,以保证喷入气缸的燃料与空气混合而自燃,当活塞到达上止点时,压缩过程结束(2分)。

(3)燃烧膨胀冲程。活塞再次由上止点向下移动时,凸轮轴驱动的喷油泵通过高压油管喷油器将80 MPa的高压油吸入气缸与空气混合迅速燃烧,这时曲轴继续转动,喷油、燃烧继续进行,气缸内的压力和温度迅速增高,推动活塞向下移动,使曲轴转动向外输出机械功(2分)。

(4)排气冲程是活塞下行到下止点时工作过程结束,活塞再次由下而上的行程中。通过排气阀向气缸外排出经过膨胀作功的燃气,曲轴转了两圈(720°),活塞上下移动两次,四个冲程完成一个工作循环。曲轴在连续的转动,柴油机的工作循环不断重复(2分)。

21. 答:结构:减振器体、惯性体、端盖、簧片、硅油等(3分)。

原理:当曲轴发生扭振时,减振器体随曲轴一起扭摆。而惯性体由于无约束,仍按惯性保持等速运转。于是与减振器体产生相对位移,使簧片产生变形,硅油受到剪切,产生了与振动方向相反的硅油黏滞阻力矩和簧片的弹性阻力矩,从而抑制和减弱了曲轴系统的扭振,使扭振振幅在允许的范围内(7分)。

22. 答:(1)柴油机磨合试验的目的是磨合柴油机的零部件,检查零部件和柴油发电机组的装配质量,查明和消除全部缺陷(2分)。

(2)在磨合试验时,从最低速到最高速的各手柄位都要有30~60 min的空载或轻载的磨合运转,工况可不连接,可停车检查,随时排除故障(2分)。

(3)压缩压力不符合要求时,应用气缸垫片进行调整(2分)。

(4)在试验中,应调整柴油机转速,检验极限调速器,校验油压继电器(2分)。

(5)磨合试验后,应对气门间隙进行调整(2分)。

23. 答:(1)试验目的在于调整和检查柴油机全部工作参数,进一步检查零部件以及柴油机或柴油机发电机组的装配质量,查明或消除全部缺陷(1.5分)。

(2)检查试验的工况,在标定转速16位手柄以下运动时,功率可以较小些。时间可以短些(每手柄约5 min)。允许停车,需记录每手柄位的爆发压力和排气温度(1.5分)。

(3)检查试验的工况,在装车功率、额定功率、小时功率时,根据具体情况,可以进行调整喷油泵垫片、喷油泵齿条刻线或更换喷油泵、喷油器,柴油机经过调整后,在装车功率、额定功率、小时功率的情况下,检查全部参数,以确定柴油机各部件组装调整的正确性,并做全部记录(2分)。

(4)在作额定功率和小时功率的检查试验时,必须连续进行(1分)。

(5)小时功率试验后,应检查调整气门间隙(1分)。

(6)在小时功率试验后,应对柴油机在试验中出现的问题进行处理,处理后是否需要进行复合试验的工况,由检查人员根据具体情况确定。处理问题中如因更换零件涉及该缸工作参数时,需要重新记该缸参数。如该缸参数与其他各缸原始记录相比,超出规定值时,则该缸需做调整。如更换零件后影响三缸以上工作参数或整机参数时,柴油机应重新作台架试验。则需要重新测记所有各缸全部参数及其他有关参数(3分)。

24. 答:(1)经检查,试验合格的柴油机或柴油机发电机组方可提交验收试验。验收试验的目的,在于将各缸参数调整合格的柴油机—发电机组进行连续的试验检查其工作情况及测定柴油机的工作参数。其验收工况为手柄1~16位,在规定转数、规定负荷的情况下转,按规定的时间(无级变速的也要从低到高选取适当的转数、负荷、时间进行试验)内记录全部工况情况。主要校验增压器是否喘振,调速动作是否灵活准确(5分)。

(2)在装车功率,额定功率和小时功率试验时,必须连续进行。如有特殊情况停止时,由验收室通过验收员根据停车原因,停车时间确定额定试验是否需要延长(3分)。

(3)对电传动内燃机车应按规定牵引性能整定功率调节滑块位置。允许有一定的误差(2分)。

25. 答:(1)紧急措施:迅速关闭油门,若拉杆或调节齿杆露在外面,可用手直接拉回;带减压阀的发动机,可扳动阀门手柄,使其迅速减压;用高速档制动,使发动机熄火,拆下空滤器,堵住进气道,也可迅速打断油管,截断油路(5分)。

(2)诊断排除:当出现飞车迹象时,应迅速收回加速踏板,若加速踏板回不来,多为油门拉杆等被卡住,待将发动机熄火后,再详查故障予以排除。当发动机出现飞车。迅速收回踏板,转速随之下降或熄火,则为调速器失去调节,应拆下详查。首先查看机油是否过多,再查高、低速弹簧是否折断,飞锤销是否脱出,压力轴承是否损坏等(5分)。

26. 答:原因有:(每个小项1分)
(1)燃油泵磨损,泵体和齿轮的径向和轴向间隙大。
(2)燃油滤清器堵塞,过脏或毛毡的压紧度过大。
(3)限压阀失灵,喷油泵进油压力过低。
(4)燃油管内有空气。
(5)燃油箱缺油或有大量存水或燃油管泄漏。
(6)柱塞偶件磨损后间隙加大,回流燃油量多。
(7)齿条移动有阻滞。
(8)出油阀回油量大。
(9)喷油泵供油量不足。
(10)喷油器喷孔堵塞。

27. 答:凡是有柴油压力表的车辆,首先应观察柴油压力表,在起动中若指针不升起,说明不来油,属低压油路故障或油路中有空气(2分)。若指针升起,说明高压油路有故障。可用

"放气法"观察来油情况(2分);当打开放气阀,从放气管中往外畅流柴油,则为油道末端的定压阀密封不严,弹簧过软或折断,以致柴油在输油泵与喷油泵间产生小循环,可拆下定压阀排除故障(2分)。柴油不从管中流出或流出不畅,说明故障在油箱与精滤器间,应检查油箱开关,油箱盖等处是否有故障(2分)。输油泵工作不良,若输油泵进出油阀关闭不严,应研磨修复,若放气管中不畅流,并在按下手柄时感到阻力很大、可拆下精滤器进油管接头继续泵油试验。如此时感到阻力不大,并从油管中畅流柴油,说明精滤器堵塞,应分解修复(2分)。

28. 答:(1)喷油提前角过大或过小(1分)。

(2)喷油不均匀,甚至有的喷油器不喷油,雾化不良,排黑烟或白烟(1.5分)。

(3)喷油泵各缸供油间隔角不一致(1.5分)。

(4)调速器失准,使转速变化,出现忽快忽慢(1.5分)。

(5)燃油供给系中有空气或水(1.5分)。

(6)供给油量不均匀,柱塞调节齿环锁紧螺钉松动,引起油量变化(2分)。

(7)发动机支架固定螺栓松动或减振垫损坏(1分)。

29. 答:排气管冒白烟是柴油未燃烧而排出的结果,其原因有:

(1)发动机温度过低,柴油不易压燃(1分)。

(2)喷油时间过迟、气缸内温度下降(1分)。

(3)柴油中有水(1分)。

(4)各缸喷油间隔角不一致(1分)。

(5)喷油压力低(1分)。

排除方法:经检查供油良好,并有着火征兆,有时出现"突突"几响,起动机自动脱开,此为温度过低,应继续预热。预热后仍不能起动而冒白烟,则检查油路中是否有水。如果有水,采取如下措施:

(1)将油箱开关关闭,卸下油管,打开开关,使水流出直至柴油流出,将开关关闭(1.5分)。

(2)将滤清器下面螺塞拆下,使水流在容器内至流出柴油时再拧紧螺塞(1.5分)。

(3)若燃油中没有水,则应检查供油提前角,应进行调整。另外,还应检查喷油器的喷油压力是否过低(2分)。

30. 答:柴油机工作时发抖,冒黑烟的原因有:

(1)空气滤清器堵塞(1.5分)。

(2)喷油时间过早(1分)。

(3)气缸内温度、压力低(1.5分)。

(4)发动机个别缸不工作或工作不良(1.5分)。

(5)喷油泵供油量过大或各缸喷油量不均匀(1.5分)。

(6)喷油器雾化不良(1.5分)。

(7)发动机负荷过大(1.5分)。

31. 答:按系统分:(每个小项2分)

(1)调控系统:拉杆卡滞、最大功率限制挡调整不当、伺服放大器卡滞。

(2)燃油系统:滤清器有空气、喷油泵柱塞卡死、齿条卡滞、喷油泵弹簧折断、喷油器针阀卡死。

(3)配气系统:气门间隙不合适、配气相位偏差过大。

(4)活塞连杆装配:活塞环漏气、轴瓦烧损。

(5)增压系统:增压器轴瓦损坏、效率偏低、压气机损坏、转速偏低等。

32. 答:解:已知:$v=20$ m/min,$f=0.15$ mm/r,$\delta=30$ mm,$2\psi=1\,200$

则:$v=\pi dn/1\,000$

$n=1\,000\,V/\pi d=1\,000\times20/3.14\times20=531$ r/min(4分)

$L=\delta+6\times\tan30°=33.5$ mm(3分)

$T=L/fn=33.5/(0.15\times531)=0.42$ min(3分)

33. 答:传动装置的主要作用是将伺服马达杆的上、下运动,转变为花键轴的转动而传出。传动装置由花键轴、轴承、曲臂、连接板、杆头及活动销等组成。曲臂与花键轴用锥销固定,两臂的孔内装有带小轴的连接板(4分)。当伺服马达杆向上移动时,转销、连接板带动曲臂及花键轴作逆时针旋转(面对花键轴),通过杠杆系统拉动喷油泵齿条使供油量增加(3分)。反之,当伺服马达杆向下移动时,转销、连接板带动曲臂及花键轴作顺时针旋转,通过杠杆系统拉动喷油泵齿条使供油量减少(3分)。

34. 答:柴油机工作扭矩的传递,是通过花键轴与曲轴一起转动、由花键轴驱弹簧片,经簧片组将扭矩传递到牵引发电机转子轴上,由于通过簧片组传递力矩,就使柴油机与牵引发电机之间成弹性连接,起到缓冲作用(4分)。当曲轴系统发生扭转振动时,簧片产生反复的反向变形,因而迫使联轴节内机油的流动反复换向,产生较大的黏滞摩擦阻尼(3分)。同时,由于簧片的变形,产生弹性反力矩,起到抑制扭振振幅的目的(3分)。

35. 答:主轴瓦装入主轴承座和主轴承盖之后,应使接触面均匀适当地紧密配合。主轴瓦孔与主轴颈之间要有良好的配合间隙。上、下瓦口接口处不许向内凸出变形,一般应做削薄处理(2分)。主轴瓦与轴承座和主轴承紧密贴合,一是防止瓦松动,引起位移和变形(2分);二是有利于传导热量。但不能贴合过紧,否则会使上、下瓦口处形成过度的内凸变形,从而影响与主轴颈的正确配合(3分)。主轴瓦与主轴颈之间,适当的配合间隙有利于获得适当的油膜厚度,形成良好的润滑(3分)。

内燃机装配工(初级工)技能操作考核框架

一、框架说明

1. 依据《国家职业标准》^注，以及中国北车确定的"岗位个性服从于职业共性"的原则，提出内燃机装配工(初级工)技能操作考核框架(以下简称:技能考核框架)。

2. 本职业等级技能操作考核评分采用百分制。即:满分为 100 分,60 分为及格,低于 60 分为不及格。

3. 实施"技能考核框架"时,考核制件(活动)命题可以选用本企业的加工件(活动项目),也可以结合实际另外组织命题。

4. 实施"技能考核框架"时,考核的时间和场地条件等应依据《国家职业标准》,并结合企业实际确定。

5. 实施"技能考核框架"时,其"职业功能"的分类按以下要求确定:

(1)"内燃机装配"属于本职业等级技能操作的核心职业活动,其"项目代码"为"E"。

(2)"工艺准备"、"精度检验"、"设备维护"属于本职业等级技能操作的辅助性活动,其"项目代码"分别为"D"和"F"。

6. 实施"技能考核框架"时,其"鉴定项目"和"选考数量"按以下要求确定:

(1)按照《国家职业标准》有关技能操作鉴定比重的要求,本职业等级技能操作考核制件的"鉴定项目"应按"D"+"E"+"F"组合,其考核配分比例相应为:"D"占 10 分,"E"占 70 分,"F"占 20 分(其中:精度检验 15 分,设备维护 5 分)。

(2)依据中国北车确定的"核心职业活动选取 2/3,并向上取整"的规定,在"E"类鉴定项目——"内燃机装配"的全部 6 项中,至少选取 4 项。

(3)依据中国北车确定的"其余'鉴定项目'的数量可以任选"的规定,"D"和"F"类鉴定项目——"工艺准备"、"精度检验"、"设备维护"中,至少分别选取 1 项。

(4)依据中国北车确定的"确定'选考数量'时,所涉及'鉴定要素'的数量占比,应不低于对应'鉴定项目'范围内'鉴定要素'总数的 60%,并向上取整"的规定,考核制件(活动)的鉴定要素"选考数量"应按以下要求确定:

①在"D"类"鉴定项目"中,在已选定的 1 个或全部鉴定项目中,至少选取已选鉴定项目所对应的全部鉴定要素的 60%项,并向上保留整数。

②在"E"类"鉴定项目"中,在已选定的至少 4 个鉴定项目所包含的全部鉴定要素中,至少选取总数的 60%项,并向上保留整数。

③在"F"类"鉴定项目"中,对应"精度检验",在已选定的 1 个或全部鉴定项目中,至少选取已选鉴定项目所对应的全部鉴定要素的 60%项,并向上保留整数;对应"常用设备维护保养"的 3 个鉴定要素,至少选取 2 项。

举例分析:

按照上述"第 6 条"要求，若命题时按最少数量选取，即：在"D"类鉴定项目中选取了"读图"1 项，在"E"类鉴定项目中选取了"钻铰孔"、"清洗"、"部件小组装"、"间隙调整"4 项，在"F"类鉴定项目中分别选取了"外观检验"和"常用设备维护保养"2 项，则：

此考核制件所涉及的"鉴定项目"总数为 7 项，具体包括："读图"，"钻铰孔"、"清洗"、"部件小组装"、"间隙调整"，"外观检验"，"常用设备维护保养"；

此考核制件所涉及的鉴定要素"选考数量"相应为 16 项，具体包括："读图"鉴定项目包括的全部 3 个鉴定要素中的 2 项，"钻铰孔"、"清洗"、"部件小组装"、"间隙调整"4 个鉴定项目包括的全部 16 个鉴定要素中的 10 项，"外观检验"鉴定项目包含的全部 3 个鉴定要素中的 2 项，"常用设备维护保养"鉴定项目包括的全部 3 个鉴定要素中的 2 项。

7. 本职业等级技能操作需要两人及以上共同作业的，可由鉴定组织机构根据"必要、辅助"的原则，结合实际情况确定协助人员的数量。在整个操作过程中，协助人员只能起必要、简单的辅助作用。否则，每违反一次，至少扣减应考者的技能考核总成绩 10 分，直至取消其考试资格。

8. 实施"技能考核框架"时，应同时对应考者在质量、安全、工艺纪、文明生产律等方面行为进行考核。对于在技能操作考核过程中出现的违章作业现象，每违反一项（次）至少扣减技能考核总成绩 10 分，直至取消其考试资格。

注：按照中国北车规定，各《职业技能操作考核框架》的编制依据现行的《国家职业标准》或现行的《行业职业标准》或现行的《中国北车职业标准》的顺序执行。

二、内燃机装配工（初级工）技能操作鉴定要素细目表

职业功能	鉴定项目				鉴定要素		
	项目代码	名　　称	鉴定比重(%)	选考方式	要素代码	名　　称	重要程度
工艺准备	D	读图	10	任选	001	能够读懂一般零件图	X
					002	识读零件图中各种符号含义	X
					003	零件在装配图中的表示方法	X
		编制装配工艺			001	能基本掌握柴油机装配工艺	X
内燃机装配	E	划线	70	至少选4项	001	能掌握划线工具的使用及保养方法	X
					002	掌握划线用料的配制方法及应用场合	Y
					003	掌握划线基准的选择方法	X
					004	能进行一般零件的平面划线	X
					005	能进行简单零件的立体划线	X
		钻铰孔			001	基本掌握钻铰孔设备安全操作规程	Y
					002	掌握各种钻头与铰刀的使用方法	Y
					003	能刃磨标准麻花钻头	Y
					004	能正确选择切削液	Y
					005	能在平面上钻铰孔	Y
					006	满足位置度公差要求	Y
					007	满足表面粗糙度要求	Y
		清洗			001	能正确使用专用设备对零部件进行清洗	X
					002	能选择正确清洗剂对零部件进行清洗	X
					003	能正确对清洗后零部件进行防护	X
					004	能正确打印各种标识	X

职业功能	鉴定项目				鉴定要素		
	项目代码	名　称	鉴定比重(%)	选考方式	要素代码	名　称	重要程度
内燃机装配	E	选配	70	至少选4项	001	能使用专用量具正确选配轴瓦	X
					002	能使用专用量具正确选配垫片	X
		部件小组装			001	能合理吊运部件小组装所用零件	X
					002	能使用专用工装工具正确对零件进行小组装	X
		间隙调整			001	能使用专用吊具正确吊运	X
					002	能正确安装相关零部件	X
					003	能正确使用量具进行调整	X
精度测验	F	钻铰孔质量检验	15	任选	001	能正确判断销孔粗糙度	X
					002	能正确判断销孔接触精度	X
		外观检验			001	保证各油路畅通,无渗漏等	X
					002	保证零部件完整无磕碰,清洁	X
					003	保证各部位连接可靠	X
		组装和调整性能精度检验			001	会正确使用各种检测工具和量具	X
					002	能够判断产品实际尺寸是否满足技术要求	X
设备维护		常用设备维护保养	5	必选	001	能掌握各种设备的安全操作规程	Y
					002	能掌握各种设备的保养方法	Y
					003	能对设备进行正常点检	Y

注:重要程度中 X 表示核心要素,Y 表示一般要素,Z 表示辅助要素。下同。

内燃机装配工(初级工)
技能操作考核样题与分析

职 业 名 称：＿＿＿＿＿＿＿＿＿＿＿

考 核 等 级：＿＿＿＿＿＿＿＿＿＿＿

存 档 编 号：＿＿＿＿＿＿＿＿＿＿＿

考 核 站 名 称：＿＿＿＿＿＿＿＿＿＿＿

鉴 定 责 任 人：＿＿＿＿＿＿＿＿＿＿＿

命 题 责 任 人：＿＿＿＿＿＿＿＿＿＿＿

主 管 负 责 人：＿＿＿＿＿＿＿＿＿＿＿

中国北车股份有限公司劳动工资部制

职业技能鉴定技能操作考核制件图示或内容

技术要求：

    1. 各齿轮支架轴必须转动灵活；

    2. 各齿轮端面不平齐度允许偏差 1.5 mm；

    3. 曲轴齿轮与中间齿轮间隙为 0.20～0.45 mm；

    4. 其余齿隙为 0.15～0.35 mm；

    5. 各齿轮啮合面积在齿宽方向不少于 60%；在齿高方向不少于 45%。

    6. 钻铰中间齿轮支架、左右过轮支架 1：50 锥销孔，粗糙度 Ra1.6，锥销大端伸出高度 1～2 mm。

考试规则：

    1. 每违反一次工艺纪律、安全操作、劳动保护等扣除 10 分；

    2. 有重大安全事故、考试作弊者取消其考试资格。

职业名称	内燃机装配工
考核等级	初级工
试题名称	内燃机传动机构安装

材质等信息：

职业技能鉴定技能操作考核准备单

职业名称	内燃机装配工
考核等级	初级工
试题名称	内燃机传动机构安装

一、材料准备

1. 材料规格
2. 坯件尺寸

二、设备、工、量、卡具准备清单

序　号	名　称	规　格	数　量	备　注
1	摇臂钻床		1	
2	塞尺组	标准	1	
3	磁力表架		1	
4	百分表		1	
5	扳手	23,23	2	
6	刻字机		1	
7	专用吊具		1	

三、考场准备

1. 相应的公用设备、工具：
①专用台位。
②清洗设备。
2. 相应的场地及安全防范措施：
清洗防护手套(可自带)。
3. 其他准备。

四、考核内容及要求

1. 考核内容(按考核制件图示及要求制作)。
2. 考核时限：240 分钟。
3. 考核评分(表)。

职业名称	内燃机装配工		考核等级		初级工
试题名称	内燃机传动机构安装		考核时限		240 min
鉴定项目	考核内容	配分	评分标准	扣分说明	得分
读图	读懂各齿轮图纸	10	每处理解有误扣 2 分		
	正确识读				
钻铰孔	刃磨标准麻花钻	6	不符合标准不得分		
	能钻铰齿轮法兰定位销孔	5	每有一处不符合不得分		
	锥销大端伸出高度 1～2 mm	5	每有一处不符合不得分		
	销孔粗糙度 $R_a 1.6$	5	每有一处不符合不得分		
清洗	能正确使用清洗机清洗齿轮	2	每有一处不符合不得分		
	会选用正确清洗剂清洗齿轮	1	每有一处不符合不得分		
	能正确烘干或吹扫清洗后的齿轮	1	每有一处不符合不得分		

鉴定项目	考核内容	配分	评分标准	扣分说明	得分
部件小组装	齿轮吊运合理准确	5	吊运不正确不得分		
	各齿轮安装准确无误	10	每有一处安装不正确扣5分		
间隙调整	各齿轮安装合理准确	4	正确得2分		
	齿面接触精度：在齿宽上不少于60%；在齿高上不少于45%	5	每有一处不符合扣2分		
	各齿轮不平齐度不超过1.5 mm	5	每有一处不符合扣2分		
	曲轴齿轮与中间齿轮间隙为0.20～0.45 mm；	8	每有一处不符合扣2分		
	其余尺侧间隙为0.15～0.35 mm	8	每有一处不符合扣2分		
钻铰孔质量检验	销孔精度	2	不符合要求不得不到分		
外观检验	各齿轮无磕碰、清洁	3	每有一处不合格扣1分		
	保证各齿轮轴承灵活程度	5			
组装和调整性能精度检验	各齿轮端面不平齐度和齿轮间隙	5	每有一处不合格扣2分		
常用设备维护保养	检查摇臂钻床	5	每有一处不合格扣2分		
质量、安全、工艺纪律、文明生产等综合考核项目	考核时限	不限	超时停止操作		
	工艺纪律	不限	依据企业有关工艺纪律管理规定执行，每违反一次扣10分		
	劳动保护	不限	依据企业有关劳动保护管理规定执行，每违反一次扣10分		
	文明生产	不限	依据企业有关文明生产管理规定执行，每违反一次扣10分		
	安全生产	不限	依据企业有关安全生产管理规定执行，每违反一次扣10分，有重大安全事故，取消成绩		

4. 实施该工种技能考核时，应同时对应考者在文明生产、安全操作、遵守检定规程等方面行为进行考核。对于在技能操作考核过程中出现的违章操作现象，每违反一项（次）扣减技能考核总成绩10分，直至取消其考试资格。

职业技能鉴定技能考核制件（内容）分析

职业名称	内燃机装配工				
考核等级	初级工				
试题名称	内燃机传动机构安装				
职业标准依据	中国北车职业标准				
试题中鉴定项目及鉴定要素的分析与确定					
分析事项＼鉴定项目分类	基本技能"D"	专业技能"E"	相关技能"F"	合计	数量与占比说明
鉴定项目总数	2	6	4	10	鉴定项目总数为 10 项，其中专业技能为 6 项，选取 4 项，占比大于 2/3 的所选鉴定项目中鉴定项目总和为 29 项，从中选考 19 项，总选取数量占比为 66.5%
选取的鉴定项目数量	1	4	4	7	
选取的鉴定项目数量占比	50%	66.7%	100%	70%	
对应选取鉴定项目所包含的鉴定要素总数	3	16	10	29	
选取的鉴定要素数量	2	11	6	19	
选取的鉴定要素数量占比	66.7%	68.8%	60%	66.5%	
所选取鉴定项目及相应鉴定要素分解与说明					
"D"	读图	10	能够读懂一般零件图	读懂各齿轮图纸	10	每处理解有误扣 2 分	
			识读零件图中各种符号含义	正确识读			
"E"	钻铰孔	70	能刃磨标准麻花钻头	刃磨标准麻花钻	6	不符合标准不得分	难点
			能在平面上钻铰孔	能钻铰齿轮法兰定位销孔	5	每有一处不符合不得分	
			满足位置度公差要求	锥销大端伸出高度 1～2 mm	5	每有一处不符合不得分	
			满足表面粗糙度要求	销孔粗糙度 Ra1.6	5	每有一处不符合不得分	
	清洗		能正确使用专用设备对零部件进行清洗	能正确使用清洗机清洗齿轮	2	每有一处不符合不得分	
			能选择正确清洗剂对零部件进行清洗	会选用正确清洗剂清洗齿轮	1	每有一处不符合不得分	
			能正确对清洗后零部件进行防护	能正确烘干或吹扫清洗后的齿轮	1	每有一处不符合不得分	
	部件小组装		能合理吊运部件小组装所用零件	齿轮吊运合理准确	5	吊运不正确不得分	
			能使用专用工装工具正确对零件进行小组装	各齿轮安装准确无误	10	每有一处安装不正确扣 5 分	
	间隙调整		能正确安装相关零部件	各齿轮安装合理准确	4	正确得 2 分	
				齿面接触精度：在齿宽上不少于 60%；在齿高上不少于 45%	5	每有一处不符合扣 2 分	难点
				各齿轮不平齐度不超过 1.5 mm	5	每有一处不符合扣 2 分	
			能正确使用量具进行调整	曲轴齿轮与中间齿轮间隙为 0.20～0.45 mm;	8	每有一处不符合扣 2 分	
				其余尺侧间隙为 0.15～0.35 mm	8	每有一处不符合扣 2 分	

鉴定项目类别	鉴定项目名称	国家职业标准规定比重(%)	《框架》中鉴定要素名称	本命题中具体鉴定要素分解	配分	评分标准	考核难点说明
"F"	钻铰孔质量检验	15	能正确判断销孔接触精度	销孔精度	2	不符合要求不得不到分	
	外观检验		保证零部件完整无磕碰,清洁	各齿轮无磕碰、清洁	3	每有一处不合格扣1分	
			保证各部位连接可靠	保证各齿轮轴承灵活程度	5		
	组装和调整性能精度检验		能够判断产品实际尺寸是否满足技术要求	各齿轮端面不平齐度和齿轮间隙	3	每有一处不合格扣2分	
			会正确使用各种检测工具和量具		2		
	常用设备维护保养	5	能对设备进行正常点检	检查摇臂钻床	5	每有一处不合格扣2分	
	质量、安全、工艺纪律、文明生产等综合考核项目			考核时限	不限	超时停止操作	
				工艺纪律	不限	依据企业有关工艺纪律规定执行,每违反一次扣10分	
				劳动保护	不限	依据企业有关劳动保护管理规定执行,每违反一次扣10分	
				文明生产	不限	依据企业有关文明生产管理定执行,没违反一次扣10分	
				安全生产	不限	依据企业有关安全生产管理规定执行,每违反一次扣10分,有重大安全事故,取消成绩	

内燃机装配工(中级工)技能操作考核框架

一、框架说明

1. 依据《国家职业标准》^注，以及中国北车确定的"岗位个性服从于职业共性"的原则，提出内燃机装配工(中级工)技能操作考核框架(以下简称:技能考核框架)。

2. 本职业等级技能操作考核评分采用百分制。即:满分为 100 分,60 分为及格,低于 60 分为不及格。

3. 实施"技能考核框架"时,考核制件(活动)命题可以选用本企业的加工件(活动项目),也可以结合实际另外组织命题。

4. 实施"技能考核框架"时,考核的时间和场地条件等应依据《国家职业标准》,并结合企业实际确定。

5. 实施"技能考核框架"时,其"职业功能"的分类按以下要求确定:

(1)"内燃机装配"属于本职业等级技能操作的核心职业活动,其"项目代码"为"E"。

(2)"工艺准备"、"精度检验"属于本职业等级技能操作的辅助性活动,其"项目代码"分别为"D"和"F"。

6. 实施"技能考核框架"时,其"鉴定项目"和"选考数量"按以下要求确定:

(1)按照《国家职业标准》有关技能操作鉴定比重的要求,本职业等级技能操作考核制件的"鉴定项目"应按"D"+"E"+"F"组合,其考核配分比例相应为:"D"占 15 分,"E"占 70 分,"F"占 15 分。

(2)依据中国北车确定的"核心职业活动选取 2/3,并向上取整"的规定,在"E"类鉴定项目——"内燃机装配"的全部 6 项中,至少选取 4 项。

(3)依据中国北车确定的"其余'鉴定项目'的数量可以任选"的规定,"D"和"F"类鉴定项目——"工艺准备"、"精度检验"中,至少分别选取 1 项。

(4)依据中国北车确定的"确定'选考数量'时,所涉及'鉴定要素'的数量占比,应不低于对应'鉴定项目'范围内'鉴定要素'总数的 60%,并向上取整"的规定,考核制件(活动)的鉴定要素"选考数量"应按以下要求确定:

①在"D"类"鉴定项目"中,在已选定的 1 个或全部鉴定项目中,至少选取已选鉴定项目所对应的全部鉴定要素的 60%项,并向上保留整数。

②在"E"类"鉴定项目"中,在已选定的至少 4 个鉴定项目所包含的全部鉴定要素中,至少选取总数的 60%项,并向上保留整数。

③在"F"类"鉴定项目"中,在已选定的至少 1 个鉴定项目中,至少选取已选鉴定项目所对应的全部鉴定要素的 60%项,并向上保留整数。

举例分析:

按照上述"第 6 条"要求,若命题时按最少数量选取,即:在"D"类鉴定项目中选取了"编制装配工艺"1项,在"E"类鉴定项目中选取了"钻铰孔"、"刮削研磨"、"部件组装"、"相位升程调整"4项,在"F"类鉴定项目中选取了"外观检验"1项,则:

此考核制件所涉及的"鉴定项目"总数为6项,具体包括:"编制装配工艺"、"钻铰孔"、"刮削研磨"、"部件组装"、"相位升程调整"、"外观检验";

此考核制件所涉及的鉴定要素"选考数量"相应为13项,具体包括:"编制装配工艺"鉴定项目包括的全部2个鉴定要素中的2项,"钻铰孔"、"刮削研磨"、"部件组装"、"相位升程调整"4个鉴定项目包括的全部15个鉴定要素中的9项,"外观检验"鉴定项目包括的全部3个鉴定要素中的2项。

7. 本职业等级技能操作需要两人及以上共同作业的,可由鉴定组织机构根据"必要、辅助"的原则,结合实际情况确定协助人员的数量。在整个操作过程中,协助人员只能起必要、简单的辅助作用。否则,每违反一次,至少扣减应考者的技能考核总成绩10分,直至取消其考试资格。

8. 实施"技能考核框架"时,应同时对应考者在质量、安全、工艺纪律、文明生产等方面行为进行考核。对于在技能操作考核过程中出现的违章作业现象,每违反一项(次)至少扣减技能考核总成绩10分,直至取消其考试资格。

注:按照中国北车规定,各《职业技能操作考核框架》的编制依据现行的《国家职业标准》或现行的《行业职业标准》或现行的《中国北车职业标准》的顺序执行。

二、内燃机装配工(中级工)技能操作鉴定要素细目表职业

职业功能	鉴定项目				鉴定要素		
	项目代码	名　称	鉴定比重（%）	选考方式	要素代码	名　　称	重要程度
工艺准备	D	读图	15	任选	001	能够读懂连杆、曲轴、凸轮轴等一般零件图	X
					002	识读零件图中各种符号含义	X
					003	零件在装配图中的表示方法	X
					004	能绘制简单零部件图纸	X
		编制装配工艺			001	能编制柴油机基本装配工艺	X
					002	能绘制简单零件装配图纸	X
内燃机装配	E	刮削研磨	70	至少选4项	001	能掌握刮刀的刃磨方法	Y
					002	能正确选择使用刮刀	Y
					003	能掌握研磨平板的使用方法	Y
					004	能正确选择磨料	Y
		钻铰孔			001	正确使用钻铰孔设备	Y
					002	正确使用各种钻头与铰刀	Y
					003	能刃磨标准麻花钻头、刃磨群钻	Y
					004	能够按图样要求钻复杂工件上的孔	Y
					005	满足位置度公差要求	Y
					006	满足表面粗糙度要求	Y

职业功能	鉴定项目				鉴定要素		
	项目代码	名　称	鉴定比重(%)	选考方式	要素代码	名　称	重要程度
内燃机装配	E	攻螺纹	70	至少选4项	001	能了解螺纹种类和用途	X
					002	能选择正确板牙丝锥进行操作	X
		内燃机台架试验			001	能正确使用台架试验各设备工装	X
					002	能掌握内燃机燃油系统试验方法	X
					003	能掌握内燃机机油系统试验方法	X
					004	能掌握内燃机冷却水系统试验方法	X
					005	能够正确测量内燃机试验各数据	X
		部件组装			001	能合理吊运部件小组装所用零件	X
					002	能使用专用工装工具正确对零件进行小组装	X
		相位升程调整			001	能使用专用吊具正确吊运	X
					002	能正确安装相关零部件	X
					003	能正确使用量具进行调整	X
精度检验	F	钻铰孔质量检验	15	任选	001	能正确判断销孔粗糙度	X
					002	能正确判断销孔接触精度	X
		外观检验			001	保证各油路畅通,无渗漏等	X
					002	保证零部件完整无磕碰,清洁	X
					003	保证各部位连接可靠	X
		组装和调整性能精度检验			001	会正确使用各种检测工具和量具	X
					002	正确掌握公差配合知识	X
					003	能够判断产品实际尺寸是否满足技术要求	X
		内燃机试验性能检验			001	能检验内燃机异常现象	X
					002	能排除内燃机试验过程中一般故障	X

内燃机装配工(中级工)
技能操作考核样题与分析

职 业 名 称：＿＿＿＿＿＿＿＿＿＿＿

考 核 等 级：＿＿＿＿＿＿＿＿＿＿＿

存 档 编 号：＿＿＿＿＿＿＿＿＿＿＿

考核站名称：＿＿＿＿＿＿＿＿＿＿＿

鉴定责任人：＿＿＿＿＿＿＿＿＿＿＿

命题责任人：＿＿＿＿＿＿＿＿＿＿＿

主管负责人：＿＿＿＿＿＿＿＿＿＿＿

中国北车股份有限公司劳动工资部制

职业技能鉴定技能操作考核制件图示或内容

技术要求：

1. 第一缸活塞在曲轴转角 $310°^{+20}_{0}$ 时，第一缸的进气凸轮升程应为 $0.68^{+0.03}_{0}$ mm；

2. 第七缸活塞在曲轴转角 $260°^{+20}_{0}$ 时，第一缸的进气凸轮升程应为 $0.68^{+0.03}_{0}$ mm；

3. 凸轮轴齿轮与左右齿轮支架接触精度在齿宽方向不少于 60%；在齿高方向不少于 45%；

4. 钻铰凸轮轴齿轮 $1:50$ 锥销孔，粗糙度 $Ra1.6$，锥销大端伸出高度 $1\sim2$ mm；

考试规则：

1. 每违反一次工艺纪律、安全操作、劳动保护等扣除 10 分。

2. 有重大安全事故、考试作弊者取消其考试资格。

职业名称	内燃机装配工
考核等级	中级工
试题名称	确定左右凸轮轴与轮轴的对位
材质等信息：	

职业技能鉴定技能操作考核准备单

职业名称	内燃机装配工
考核等级	中级工
试题名称	确定左右凸轮轴与曲轴的相对位置

一、材料准备

1. 材料规格
2. 坯件尺寸

二、设备、工、量、卡具准备清单

序号	名称	规格	数量	备注
1	锉刀		1	
2	塞尺组	标准	1	
3	油石		1	
4	刻字机		1	
5	扳手	16,24,27	3	
6	摇臂钻床		1	
7	测配气相位工具		1	
8	百分表		1	
9	磁力表架		1	

三、考场准备

1. 相应的公用设备、工具:
柴油机配气台位。
2. 相应的场地及安全防范措施:
清洗防护手套(可自带)。
3. 其他准备。

四、考核内容及要求

1. 考核内容(按考核制件图示及要求制作)。
2. 考核时限:300分钟。
3. 考核评分(表)。

职业名称	内燃机装配工		考核等级		中级工
试题名称	确定左右凸轮轴与曲轴相对位置		考核时限		300 min
鉴定项目	考核内容	配分	评分标准	扣分说明	得分
编制装配工艺	能掌握凸轮轴安装各项操作规程	5	每有一处安装不当扣2.5分		
	能编制确定左右凸轮轴升程工艺	5	每有一处不合理扣2.5分		
	能绘制各齿轮齿隙测量示意图	5	每有一处绘制不清楚扣3分		

鉴定项目	考核内容	配分	评分标准	扣分说明	得分
刮削研磨	正确选择使用刮刀,控制齿轮接触精度	3	刮刀使用不合理不得分		
	凸轮轴齿轮法兰接触良好	4	接触精度超差不得分		
	掌握刮刀的刃磨方法	3	刮刀刃磨不合理不得分		
钻铰孔	正确使用摇臂钻床	4	每有一次操作不当扣2分		
	正确刃磨使用钻头和铰刀	4	刃磨不当不得分		
	钻铰座体 1∶50 锥销孔,粗糙度 $R_a1.6$	6	粗糙度超差不得分		
	锥销大端伸出高度 1~2 mm	6	每有一处超差扣3分		
部件组装	使用专用吊具吊运凸轮轴齿轮	4	吊具使用不当扣2分		
	用工装工具正确对零件进行小组装	16	每有一处不合格扣4分		
相位升程调整	正确吊运安装凸轮轴齿轮	6	安装不符合要求不得分		
	正确调整左右侧凸轮轴升程(进排气凸轮角度控制)	14	每次调整不正确扣5分		
钻铰孔质量检验	粗糙度 $R_a1.6$	2	粗糙度不合格不得分		
	锥销大端伸出高度 1~2 mm	2	不合格不得分		
外观检查	各部位无磕碰	1	出现磕碰不得分		
	各凸轮轴齿轮清洁	1	不干净不得分		
	各部位连接可靠	1	每有一处松动不得分		
组装和调整性能精度检验	第一缸活塞在曲轴转角 $310°^{+20}_{0}$ 时,第一缸的进气凸轮升程应为 $0.68^{+0.03}_{0}$ mm;	3	调整一次超差扣1分		
	第七缸活塞在曲轴转角 $260°^{+20}_{0}$ 时,第一缸的进气凸轮升程应为 $0.68^{+0.03}_{0}$ mm;	3	调整一次超差扣1分		
	凸轮轴齿轮与左右齿轮支架接触精度在齿宽方向不少于 60%;在齿高方向不少于 45%;	2	每有一处超差不得分		
质量、安全、工艺纪律、文明生产等综合考核项目	考核时限	不限	超时停止操作		
	工艺纪律	不限	依据企业有关工艺纪律管理规定执行,每违反一次扣10分		
	劳动保护	不限	依据企业有关劳动保护管理规定执行,每违反一次扣10分		
	文明生产	不限	依据企业有关文明生产管理规定执行,每违反一次扣10分		
	安全生产	不限	依据企业有关安全生产管理规定执行,每违反一次扣10分,有重大安全事故,取消成绩		

4. 实施该工种技能考核时,应同时对应考者在文明生产、安全操作、遵守检定规程等方面行为进行考核。对于在技能操作考核过程中出现的违章操作现象,每违反一项(次)扣减技能考核总成绩 10 分,直至取消其考试资格。

职业技能鉴定技能考核制件（内容）分析

职业名称	内燃机装配工
考核等级	中级工
试题名称	确定左右凸轮轴与曲轴相对位置
职业标准依据	中国北车职业标准

试题中鉴定项目及鉴定要素的分析与确定

分析事项 ＼ 鉴定项目分类	基本技能"D"	专业技能"E"	相关技能"F"	合计	数量与占比说明
鉴定项目总数	2	6	1	9	鉴定项目总数为9项，其中专业技能为6项，选取4项，占比大于2/3的
选取的鉴定项目数量	1	4	1	6	
选取的鉴定项目数量占比	50%	66.6%	100%	66.7%	
对应选取鉴定项目所包含的鉴定要素总数	2	15	8	25	所选鉴定项目中鉴定项目总和为27项，从中选考17项，总选取数量占比为62.9%
选取的鉴定要素数量	2	9(10)	6	17(18)	
选取的鉴定要素数量占比	100%	60%	75%	62.9%	

所选取鉴定项目及相应鉴定要素分解与说明

鉴定项目类别	鉴定项目名称	国家职业标准规定比重(%)	《框架》中鉴定要素名称	本命题中具体鉴定要素分解	配分	评分标准	考核难点说明
"D"	编制装配工艺	15	能编制柴油机基本装配工艺	能掌握凸轮轴安装各项操作规程	5	每有一处安装不当扣2分	
				能编制确定左右凸轮轴升程工艺	5	每有一处不合理扣4分	
			能绘制简单零件装配图纸	能绘制各齿轮齿隙测量示意图	5	每有一处绘制不清楚扣3分	
"E"	刮削研磨	70	正确选择使用刮刀	正确选择使用刮刀，控制齿轮接触精度	3	刮刀使用不合理不得分	
				凸轮轴齿轮法兰接触良好	4	接触精度超差不得分	
			掌握刮刀的刃磨方法	掌握刮刀的刃磨方法	3	刮刀刃磨不合理不得分	
	钻铰孔		正确使用钻铰孔设备	正确使用摇臂钻床	4	每有一次操作不当扣2分	
			能刃磨标准麻花钻头、刃磨群钻	正确刃磨使用钻头和铰刀	4	刃磨不当不得分	
			满足表面粗糙度要求	钻铰座体1:50锥销孔，粗糙度 $Ra1.6$	6	粗糙度超差不得分	难点
			满足位置度公差要求	锥销大端伸出高度1~2 mm	6	每有一处超差扣5分	
	部件组装		能合理使用专用吊具吊运零部件	使用专用吊具吊运凸轮轴齿轮	4	吊具使用不当扣2分	
			能使用专用工装工具正确对零件进行小组装	用工装工具正确对零件进行小组装	16	每有一处不合格扣5分	
	相位升程调整		能使用专用吊具正确吊运	正确吊运安装凸轮轴齿轮	6	安装不符合要求不得分	
			能正确使用量具进行调整	正确调整左右侧凸轮轴升程（进排气凸轮角度控制）	14	每次调整不正确扣5分	难点

鉴定项目类别	鉴定项目名称	国家职业标准规定比重(%)	《框架》中鉴定要素名称	本命题中具体鉴定要素分解	配分	评分标准	考核难点说明
"F"	钻铰孔质量检验	15	能正确判断销孔粗糙度	粗糙度 $Ra1.6$	2	粗糙度不合格不得分	
			能正确判断销孔接触精度	锥销大端伸出高度 $1\sim2$ mm	2	不合格不得分	
	外观检查		保证零部件完整无磕碰,清洁	各部位无磕碰	1	出现磕碰不得分	
				各凸轮轴齿轮清洁	1	不干净不得分	
			保证各部位连接可靠	各部位连接可靠	1	每有一处松动不得分	
	组装和调整性能精度检验		能够判断产品实际尺寸是否满足技术要求	第一缸活塞在曲轴转角 $310°^{+20}_{0}$ 时,第一缸的进气凸轮升程应为 $0.68^{+0.03}_{0}$ mm;	3	调整一次超差扣1分	
				第七缸活塞在曲轴转角 $260°^{+20}_{0}$ 时,第一缸的进气凸轮升程应为 $0.68^{+0.03}_{0}$ mm;	3	调整一次超差扣1分	难点
				凸轮轴齿轮与左右齿轮支架接触精度在齿宽方向不少于 60%;在齿高方向不少于 45%;	2	每有一处超差不得分	
质量、安全、工艺纪律、文明生产等综合考核项目				考核时限	不限	超时停止操作	
				工艺纪律	不限	依据企业有关工艺纪律管理规定执行,每违反一次扣10分	
				劳动保护	不限	依据企业有关劳动保护管理规定执行,每违反一次扣10分	
				文明生产	不限	依据企业有关文明生产管理规定执行,每违反一次扣10分	
				安全生产	不限	依据企业有关安全生产管理规定执行,每违反一次扣10分,有重大安全事故,取消成绩	

内燃机装配工(高级工)技能操作考核框架

一、框架说明

1. 依据《国家职业标准》注,以及中国北车确定的"岗位个性服从于职业共性"的原则,提出内燃机装配工(高级工)技能操作考核框架(以下简称:技能考核框架)。

2. 本职业等级技能操作考核评分采用百分制。即:满分为 100 分,60 分为及格,低于 60 分为不及格。

3. 实施"技能考核框架"时,考核制件(活动)命题可以选用本企业的加工件(活动项目),也可以结合实际另外组织命题。

4. 实施"技能考核框架"时,考核的时间和场地条件等应依据《国家职业标准》,并结合企业实际确定。

5. 实施"技能考核框架"时,其"职业功能"的分类按以下要求确定:

(1)"内燃机装配"属于本职业等级技能操作的核心职业活动,其"项目代码"为"E"。

(2)"工艺准备"、"精度检验"属于本职业等级技能操作的辅助性活动,其"项目代码"分别为"D"和"F"。

6. 实施"技能考核框架"时,其"鉴定项目"和"选考数量"按以下要求确定:

(1)按照《国家职业标准》有关技能操作鉴定比重的要求,本职业等级技能操作考核制件的"鉴定项目"应按"D"+"E"+"F"组合,其考核配分比例相应为:"D"占 20 分,"E"占 60 分,"F"占 20 分。

(2)依据中国北车确定的"核心职业活动选取 2/3,并向上取整"的规定,在"E"类鉴定项目——"内燃机机装配"的全部 6 项中,至少选取 4 项。

(3)依据中国北车确定的"其余'鉴定项目'的数量可以任选"的规定,"D"和"F"类鉴定项目——"工艺准备"、"精度检验"中,至少分别选取 1 项。

(4)依据中国北车确定的"确定'选考数量'时,所涉及'鉴定要素'的数量占比,应不低于对应'鉴定项目'范围内'鉴定要素'总数的 60%,并向上取整"的规定,考核制件(活动)的鉴定要素"选考数量"应按以下要求确定:

①在"D"类"鉴定项目"中,在已选定的 1 个或全部鉴定项目中,至少选取已选鉴定项目所对应的全部鉴定要素的 60%项,并向上保留整数。

②在"E"类"鉴定项目"中,在已选定的至少 4 个鉴定项目所包含的全部鉴定要素中,至少选取总数的 60%项,并向上保留整数。

③在"F"类"鉴定项目"中,在已选定的 1 个或全部鉴定项目中,至少选取已选鉴定项目所对应的全部鉴定要素的 60%项,并向上保留整数。

举例分析:

按照上述"第 6 条"要求,若命题时按最少数量选取,即:在"D"类鉴定项目中选取了"编制复杂装配工艺"1 项,在"E"类鉴定项目中选取了"刮削研磨"、"钻铰孔"、"复杂零部件装配"、

"同轴度调整"4项,在"F"类鉴定项目中选取了"钻铰孔质量检验"1项,则:

此考核制件所涉及的"鉴定项目"总数为6项,具体包括:"编制复杂装配工艺","刮削研磨"、"钻铰孔"、"复杂零部件装配"、"同轴度调整"、"钻铰孔质量检验"。

此考核制件所涉及的鉴定要素"选考数量"相应为16项,具体包括:"编制复杂装配工艺"鉴定项目包括的全部1个鉴定要素中的1项,"刮削研磨"、"钻铰孔"、"复杂零部件装配"、"同轴度调整"4个鉴定项目包括的全部20个鉴定要素中的12项,"钻铰孔质量检验"鉴定项目包括的全部2个鉴定要素中的2项。

7. 本职业等级技能操作需要两人及以上共同作业的,可由鉴定组织机构根据"必要、辅助"的原则,结合实际情况确定协助人员的数量。在整个操作过程中,协助人员只能起必要、简单的辅助作用。否则,每违反一次,至少扣减应考者的技能考核总成绩10分,直至取消其考试资格。

8. 实施"技能考核框架"时,应同时对应考者在质量、安全、工艺纪律、文明生产等方面行为进行考核。对于在技能操作考核过程中出现的违章作业现象,每违反一项(次)至少扣减技能考核总成绩10分,直至取消其考试资格。

注:按照中国北车规定,各《职业技能操作考核框架》的编制依据现行的《国家职业标准》或现行的《行业职业标准》或现行的《中国北车职业标准》的顺序执行。

二、内燃机装配工(高级工)技能操作鉴定要素细目表

职业功能	鉴定项目				鉴定要素		
	项目代码	名称	鉴定比重(%)	选考方式	要素代码	名　　称	重要程度
工艺准备	D	读图	20	任选	001	能够读懂轴承座、端盖、套、轴等一般零件图	X
					002	识读零件图中各种符号含义	X
					003	零件在装配图中的表示方法	X
		编制复杂装配工艺			001	能编制柴油机复杂装配工艺	X
内燃机装配	E	刮削研磨	60	至少选4项	001	能掌握刮削研磨工具的使用及保养方法	X
					002	掌握研磨用料的配制方法及应用场合	Y
					003	能对复杂零部件进行刮削	X
					004	能对复杂零部件进行研磨	X
					005	能处理刮削研磨中出现的各种疑难问题	X
		钻铰孔			001	能掌握钻铰孔设备的操作方法	Y
					002	掌握各种钻头与铰刀的使用方法	Y
					003	能刃磨标准麻花钻头	Y
					004	能正确选择切削液	Y
					005	能够钻削、铰削高精度孔系	Y
					006	满足位置度公差要求	Y
					007	满足表面粗糙度要求	Y
		复杂零部件装配			001	能掌握安装所需各种工装设备使用方法	X
					002	能熟练安装各种复杂零部件	X
					003	能妥善处理零部件各种质量问题	X
					004	能妥善处理工装设备各种故障	X
		同轴度调整			001	能掌握安装所需各种工装设备使用方法	X
					002	能使用专用量具熟练调整同轴度	X
					003	能分析调整过程中复杂问题原因	X
					004	能妥善处理调整过程中复杂故障	X

续上表

职业功能	鉴定项目				鉴定要素		
	项目代码	名称	鉴定比重（%）	选考方式	要素代码	名　称	重要程度
内燃机装配	E	内燃机性能试验	60	至少选4项	001	能熟练掌握试验设备操作方法	X
					002	能熟练掌握内燃机性能试验各种参数测量方法	X
		内燃机试验故障分析处理			001	能准确分析内燃机试验中的故障原因	X
					002	能正确处理内燃机试验中的各种故障	X
					003	能妥善处理试验设备的各种故障	X
精度检验	F	钻铰孔质量检验	20	任选	001	能正确判断销孔粗糙度	X
					002	能正确判断销孔接触精度	X
		组装、调整、试验性能精度检验			001	会正确使用各种检测工具和量具	X
					002	能正确判断各部位调整精度	X
					003	能够判断产品实际尺寸是否满足技术要求	X

内燃机装配工(高级工)
技能操作考核样题与分析

职 业 名 称：＿＿＿＿＿＿＿＿＿＿＿＿

考 核 等 级：＿＿＿＿＿＿＿＿＿＿＿＿

存 档 编 号：＿＿＿＿＿＿＿＿＿＿＿＿

考核站名称：＿＿＿＿＿＿＿＿＿＿＿＿

鉴定责任人：＿＿＿＿＿＿＿＿＿＿＿＿

命题责任人：＿＿＿＿＿＿＿＿＿＿＿＿

主管负责人：＿＿＿＿＿＿＿＿＿＿＿＿

中国北车股份有限公司劳动工资部制

职业技能鉴定技能操作考核制件图示或内容

技术要求：

1. 泵主动齿轮与高低温水泵的齿侧间隙为 0.20～0.45 mm，与机油泵齿轮的齿侧间隙为 0.15～0.35 mm；

2. 各齿轮啮合面积在齿宽方向不少于 60％；在齿高方向不少于 45％；

3. 各齿轮端面不平齐度不大于 4 mm；

4. 密封盖内孔与泵主动齿轮轴颈的间隙为：上部比下部大 0.2±0.02 mm；左右允许偏差 0.03 mm；

5. 粗糙度 Ra1.6，锥销大端伸出高度 2～3 mm。

考试规则：

1. 每违反一次工艺纪律、安全操作、劳动保护等扣除 10 分。

2. 有重大安全事故、考试作弊者取消其考试资格。

职业名称	内燃机装配工
考核等级	高级工
试题名称	内燃机机油泵水泵安装小油封同轴度调整
材质等信息：	

职业技能鉴定技能操作考核准备单

职业名称	内燃机装配工
考核等级	高级工
试题名称	内燃机机油泵水泵安装、小油封同轴度调整

一、材料准备

1. 材料规格
2. 坯件尺寸

二、设备、工、量、卡具准备清单

序号	名称	规格	数量	备注
1	摇臂钻床		1	
2	塞尺组	标准	1	
3	磁力表架		1	
4	百分表		1	
5	扳手	14,16,18	2	
6	齿隙测量工具		1	
7	专用吊具		1	

三、考场准备

1. 相应的公用设备、工具:
①专用台位;
②清洗设备。
2. 相应的场地及安全防范措施:
清洗防护手套(可自带)。
3. 其他准备。

四、考核内容及要求

1. 考核内容(按考核制件图示及要求制作)。
2. 考核时限:360 分钟。
3. 考核评分(表)。

职业名称	内燃机装配工		考核等级		高级工
试题名称	内燃机机油泵水泵安装、小油封同轴度调整		考核时限		360 min
鉴定项目	考核内容	配分	评分标准	扣分说明	得分
编制复杂装配工艺	能编制三大泵安装调整工艺	10	每有一处不合理扣 5 分		
	能编制小油封调整工艺	10	每有一处不合理扣 5 分		

鉴定项目	考核内容	配分	评分标准	扣分说明	得分
刮削研磨	正确选择使用刮刀锉刀	3	选择不正确不得分		
	能正确刃磨刮刀	4	不合格不得分		
	保证密封盖密封精度	3	不合格不得分		
复杂零部件装配	泵主动齿轮与高低温水泵的齿侧间隙为0.20～0.45 mm	8	每有一处超差扣3分		
	各齿轮啮合面积在齿宽方向不少于60%；在齿高方向不少于45%	8	每有一处超差扣3分		
	各齿轮端面不平齐度不大于4 mm	4	每有一处超差扣2分		
同轴度调整	密封盖内孔与泵主动齿轮轴颈的间隙为：上部比下部大0.2±0.02 mm；左右允许偏差0.03 mm	10	每有一处超差扣5分		
	同轴度均匀调整	5	每有一处不均匀扣2分		
	齿隙调整不均匀故障排除	5	故障处理不彻底不得分		
钻铰孔	数量使用铰刀与钻头	2	每有一处超差扣1分		
	能熟练使用摇臂钻床	1	钻床使用不熟练不得分		
	熟练刃磨麻花钻	2	钻头刃磨不合理不得分		
	能正确选择切削液	1	选择错误不得分		
	粗糙度Ra1.6	2	每有一处超差扣1分		
	钻铰定位销孔，锥销大端伸出高度2～3 mm	2	每有一处超差扣1分		
钻铰孔质量检验	粗糙度Ra1.6	3	每有一处不合格扣1分		
	锥销大端伸出高度2～3 mm	2	高度不合格不得分		
组装、调整、试验性能精度检验	泵主动齿轮与高低温水泵的齿侧间隙为0.20～0.45 mm	5	每有一处不合格扣2分		
	各齿轮啮合面积在齿宽方向不少于60%；在齿高方向不少于45%	5	每有一处不合格扣2分		
	各齿轮端面不平齐度不大于4 mm	5	每有一处不合格扣2分		
质量、安全、工艺纪律、文明生产等综合考核项目	考核时限	不限	超时停止操作		
	工艺纪律	不限	依据企业有关工艺纪律管理规定执行，每违反一次扣10分		
	劳动保护	不限	依据企业有关劳动保护管理规定执行，每违反一次扣10分		
	文明生产	不限	依据企业有关文明生产管理规定执行，每违反一次扣10分		
	安全生产	不限	依据企业有关安全生产管理规定执行，每违反一次扣10分，有重大安全事故，取消成绩		

4. 实施该工种技能考核时，应同时对应考者在文明生产、安全操作、遵守检定规程等方面行为进行考核。对于在技能操作考核过程中出现的违章操作现象，每违反一项（次）扣减技能考核总成绩10分，直至取消其考试资格。

职业技能鉴定技能考核制件(内容)分析

职业名称	内燃机装配工				
考核等级	高级工				
试题名称	内燃机机油泵水泵安装、小油封同轴度调整				
职业标准依据	中国北车职业标准				

试题中鉴定项目及鉴定要素的分析与确定

分析事项 ＼ 鉴定项目分类	基本技能"D"	专业技能"E"	相关技能"F"	合计	数量与占比说明
鉴定项目总数	2	6	1	9	鉴定项目总数为9项,其中专业技能为6项,选取4项,占比大于2/3的
选取的鉴定项目数量	1	4	1	6	
选取的鉴定项目数量占比	50%	66.6%	100%	66.6%	
对应选取鉴定项目所包含的鉴定要素总数	1	20	5	26	所选鉴定项目中鉴定项目总和为26项,从中选考16项,总选取数量占比为61.5%
选取的鉴定要素数量	1	12	3	16	
选取的鉴定要素数量占比	100%	60%	60%	61.5%	

所选取鉴定项目及相应鉴定要素分解与说明

鉴定项目类别	鉴定项目名称	国家职业标准规定比重(%)	《框架》中鉴定要素名称	本命题中具体鉴定要素分解	配分	评分标准	考核难点说明
"D"	编制复杂装配工艺	20	能编制柴油机复杂装配工艺	能编制三大泵安装调整工艺	10	每有一处不合理扣5分	
				能编制小油封调整工艺	10	每有一处不合理扣5分	
"E"	刮削研磨	60	能掌握刮削研磨工具的使用及保养方法	正确选择使用刮刀锉刀	3	选择不正确不得分	
			能对复杂零部件进行刮削	能正确刃磨刮刀	4	不合格不得分	
			能处理刮削研磨中出现的各种疑难问题	保证密封盖密封精度	3	不合格不得分	
	复杂零部件装配		能熟练安装各种复杂零部件	泵主动齿轮与高低温水泵的齿侧间隙为 0.20~0.45 mm	8	每有一处超差扣3分	
				各齿轮啮合面积在齿宽方向不少于60%;在齿高方向不少于45%	8	没有一处超差扣3分	难点
				各齿轮端面不平齐度不大于4 mm	4	每有一处超差扣2分	
	同轴度调整		能使用专用量具熟练调整同轴度	密封盖内孔与泵主动齿轮轴颈的间隙为:上部比下部大 0.2±0.02 mm;左右允许偏差0.03 mm	10	每有一处超差扣5分	难点
				同轴度均匀调整	5	每有一处不均匀扣2分	
			能妥善处理调整过程中复杂故障	齿隙调整不均匀故障排除	5	故障处理不彻底不得分	

续上表

鉴定项目类别	鉴定项目名称	国家职业标准规定比重(%)	《框架》中鉴定要素名称	本命题中具体鉴定要素分解	配分	评分标准	考核难点说明
"E"	钻铰口	60	掌握各种钻头与铰刀的使用方法	数量使用铰刀与钻头	2	每有一处超差扣1分	
			能掌握钻铰孔设备的操作方法	能熟练使用摇臂钻床	1	钻床使用不熟练不得分	
			能刃磨标准麻花钻头	熟练刃磨麻花钻	2	钻头刃磨不合理不得分	
			能正确选择切削液	能正确选择切削液	1	选择错误不得分	
			满足表面粗糙度要求	粗糙度 $Ra1.6$	2	每有一处超差扣1分	
			满足位置度公差要求	钻铰定位销孔,锥销大端伸出高度2~3 mm	2	每有一处超差扣1分	难点
"F"	钻铰孔质量检验	20	能正确判断销孔粗糙度	粗糙度 $Ra1.6$	3	每有一处不合格扣1分	
			能正确判断销孔接触精度	锥销大端伸出高度2~3 mm	2	高度不合格不得分	
	组装、调整、试验性能精度检验		能够判断产品实际尺寸是否满足技术要求	泵主动齿轮与高低温水泵的齿侧间隙为0.20~0.45 mm	5	每有一处不合格扣2分	
				各齿轮啮合面积在齿宽方向不少于60%;在齿高方向不少于45%	5	每有一处不合格扣2分	
				各齿轮端面不平齐度不大于4 mm	5	每有一处不合格扣2分	
	质量、安全、工艺纪律、文明生产等综合考核项目			考核时限	不限	超时停止操作	
				工艺纪律	不限	依据企业有关工艺纪律管理规定执行,每违反一次扣10分	
				劳动保护	不限	依据企业有关劳动保护管理规定执行,每违反一次扣10分	
				文明生产	不限	依据企业有关文明生产管理规定执行,每违反一次扣10分	
				安全生产	不限	依据企业有关安全生产管理规定执行,每违反一次扣10分,有重大安全事故,取消成绩	